눈속에 피는 에델바이스

박상열 지음

수문출판사

책머리에

산을 오른 지 어언 40년이라는 세월이 흘렀다. 까까머리 소년으로 등산모 대신 교모를 눌러쓴 채 그저 산이 좋아 무작정 시작한 등산이었다. 팔공산 기슭에서 모닥불을 피워놓고 반합에 밥을 지어먹고 끝없는 능선으로 내 달리던 청춘시절이 엊그제 같았는데 벌써 흰머리카락이 하루가 다르게 늘어나고 있다.

산에 가기 위해 배낭을 꾸릴 때마다 부모님이 못마땅하게 여겨 늘 하시던 말씀이 새롭다. "산에 가면 누가 밥 먹여 주냐?"는 이 말씀을 귓전으로 흘려버렸다. 가족들 몰래 뒤주 쌀을 털어 산을 찾던 어려웠던 시절의 등산이 더욱 더 그리워진다.

내 젊음을 몽땅 산에 바친 탓에 남들이 부러워하는 명예나 벌어놓은 돈도 없다. 내게 남은 것이라고는 산의 기억들이 호젓이 담겨있는 낡은 등산수첩이 오히려 예금통장보다 귀하다.

주말 산행 때마다 장비를 챙겨주는 아내는 "귀신보따리 같다"고 푸념하지만 베란다에 앉아 내일의 산행을 그리며 등산화에 박힌 돌을 끄집어내는 그 순간 나는 정말 행복을 느낀다.

인간은 항상 자신의 한계를 뛰어넘고 싶어한다. 그래서 나는 말 없는 산을 선택했는지도 모른다. 등산은 삶의 전부가 아닌 일부분이지만 역경의 고비를 넘겼던 수많은 순간들이 떠오를 때마다 때론 아찔하기도 하고, 그 때가 그리워 아련하기도 하다.

1971년 스물일곱의 나이로 히말라야의 로체 샬(8,383m) 등반에 나섰다. 그러나 운 사납게 캠프3에서 눈사태를 만났으나 구사일생으로 살아났다. 그 때 강한 자외선을 받아 설맹에 걸렸다. 눈을 감싸고 아픔을 호소하면서 천막에 갇혀 밤을 지새워야했다.

1977년 에베레스트(8,848m)정상을 향하던 날, 인간의 생존이 불가능하다는 고도에서 지구의 끝을 불과 48미터를 남겨두고 악천후에 산소마저 떨어져 불운하게도 되돌아 서야만했다. 날이 어두워 마지막 캠프에 도착하지 못해 8,700미터의 고도에서 눈구멍을 파고 밤을 지새웠다.

생과 사의 갈림길에서 눈을 뜨니 산소부족으로 인한 시력장애로 앞이 보이지 않았다. 두 손으로 허공을 내 저으면서 죽음의 늪지대를 겨우 빠져 기적처럼 살아 돌아왔다. 이런 불운이 겹쳐 나의 육신에는 그때의 상처가 아물지 않았다. 심한 동상으로 하복부의 살을 뜯어내어 발꿈치에 붙이는 이식수술을 받아야 했다.

살을 도려내는 아픔보다 오히려 정상을 딛지 못한 패자의 고통에서 참된 등산의 의미가 무엇인가를 느꼈다. 이러한 시련들은 나이가 들자 후유증으로 시달려야만 했다. 안구염증이라는 진단으로 병원에 입원하여 수술을 세 번이나 받았지만 그 후 장애인이라는 스티커 한 장이 내 육신에 대한 보상의 전부였다. 그렇다고 나는 원망해본 적이 없다. 나의 목표는 항상 좀 더 높은 곳을 지향했기 때문에 지상의 사람들은 좀처럼 누릴 수 없는 대자연의 신비를 두 눈으로 보았다는 대가로 돌릴 뿐이다.

매년 첫눈이 내리는 날이면 많은 사람들은 창문을 열어 하늘과 땅 사이에 뿌리는 눈을 바라보면서 즐거워하지만 나는 잿빛 하늘이 싫어 커튼을 얼른 닫아버리는 습관이 한 동안 몸에 배여 있었다.

하얀 눈을 보면 설악산에서부터 이국의 먼 땅 만년설에 이르기까지 눈사태로 숨진 여러 동료들의 얼굴들이 눈발 사이로 어른거린다.

이제 산이 좋아 눈 속에 피는 한 송이 고귀한 에델바이스가 되어버린 그들의 발자취를 만년설이 녹아 강물로 흘러들기 전에 그들의

4

넋을 달래면서 한 권의 책을 엮기로 했다.

산사랑이 세월이 흘러 빛바랜 저녁노을의 글이지만 자질구레한 원고가 한 권의 책으로 완성되기까지는 세 사람의 그늘이 있었다. 항상 내가 한 길을 걷는 산사람으로 남아 주기를 바라던 키 훤칠한 具活 형, 또 20년 동안 글쓰기를 다그쳐 왔던 산과 바다 동굴의 파트너인 張健雄 형, 그리고 산에 갈 때마다 묵은 김치나마 정성껏 챙겨 주던 아내와 더불어 내가 사랑하는 모든 이들에게 고마운 마음을 전한다. 그리고 이 책을 흔쾌히 출간해 주신 수문출판사 이수용 사장님과 귀중하고 생생한 사진을 챙겨 준 김운영, 전미조 님께도 감사드린다.

새 천년 11월 박 상 열

큰곰이 재주를 넘었네!

일찍이 20세기 초반 루즈벨트 대통령은 '미국의 진정한 의미의 상징적 동물은 독수리가 아니라 북미에 사는 곰이어야 한다'는 주장을 편 바 있었다. 곰은 이성적 성격에 감히 맞설 적수가 없는 맹수임에 분명하나 느긋한 동작에 순하게 생겼고, 한 번 도전할 때에는 결코 포기하는 법이 없으며, 평소에는 평온한 자세로 대자연의 섭리에 순응하는, 적응력이 강하고, 때를 기다릴 줄 아는 매우 영리하고 우직한 동물이라는 것이다.

나는 1960년대 초반에 청년 박상열을 만났다. 그 당시의 박상열은 날렵한 몸매에 잘 생긴 청년이었지만 그의 지인들은 그를 곰이라고 불렀다. 처음에는 의아하게 생각했었지만 그와 사귀면 사귈수록 이 친구야말로 오늘날 이 땅의 보기 드문 진정한 곰이라고 느낀 적이 한 두 번이 아니었다. 우리 홍익인간들은 곰의 자손이니까 박상열은 그야말로 100퍼센트 순수한 토종 한국인임에 분명한 것이다.

대자연은 그의 마음 속에 항시 살아 있었다. 그는 바다와 산을 모두 사랑했다. 학창시절에 이미 최고수의 잠수실력을 보유하고 있던 그는 바다 못지 않게 산도 좋아했다. 숲과 나무를, 능선과 계곡을, 바위와 눈을 그리고 태양과 바람을 끔찍이 좋아한 청년 박상열은 산에서도 크게 두각을 나타내기 시작했다. 그는 바다와 산에서 헤아리기 힘든 수많은 일화를 남겼다.

박상열이 처음 히말라야를 찾았을 때는 지금으로부터 꼭 30년 전인 1971년 봄이었다. 당시의 히말라야 원정은 요즈음 말로 호랑이 담배 피우던 시절이었다. 대한산악연맹의 로체 샬 원정대에 대원으로 선발된 그는 7,000미터선을 넘나들며 실로 많은 것을 느끼고 배우고 돌아왔다. 1977년 한국 에베레스트 원정대에 부대장으로 참여한 그는 정상 바로 밑의 '힐라리 스텝'을 넘어섰지만, 함께 등반하던 앙 푸르바 셰르파가 기진맥진하여 등정을 포기하자, 자신도 등정을 포기하고 뒤돌아선다. 힐라리 스텝을 넘어서면 정상은 다 오른 셈이다. 완만한 설릉길을 천천히 20분만 걸어가면 바로 정상이다. 그토록 힘들게 여기까지 왔는데, 어느 누구라도 포기한 동료를 잠시 쉬도록 하고 혼자서 정상을 얼른 다녀왔을 것이다. 그러나 박상열은 그러지를 못했다. 함께 올라왔으면 정상도 함께, 죽음도 함께 였다. 셰르파는 돈받고 참여한 직업인이다. 그러나 박상열의 눈에는 그도 똑같은 산악인이었다. 박상열은 그런 사람이다. 이미 기력이 소진한 앙푸르바를 부축해 뒤돌아섰다. 하산길도 쉽지 않았다.

남봉을 넘어야 했다. 산소는 떨어졌고, 미실 물도, 비상식도 다 떨어진 상태에서 앙 푸르바가 더 이상 걷기를 포기하자 박상열은 남봉 바로 밑에서 비박을 감행한다. 8700미터 고도에서의 비박이란 정말이지 상상키 어려운 처절한 사투였을 것이다. 당시 아래에 있던 대원들은 모두들 절망 속에 빠졌다. 그러나 박상열은 다음날 오전 앙 푸르바를 부축한 채 8천미터에 있는 제4캠프로 무사히 귀환한다. 박상열은 그런 인간이다.

사흘 후 고상돈 대원이 박상열의 발자국을 따라 한국인 최초로 에베레스트 정상에 서게 되었다. 60을 코 앞에 둔 지금 금복주 모양이 되어 그래도 열심히 산악운동을 한다. 눈이 안좋아 항상 걱정이 되지만 박상열은 오늘도 산을 오른다. 내가 사랑하는 박상열!

우리들의 곰! 늙어 쇠약할 때까지 산에서 만나자. 이번에는 큰곰이 재주를 넘었나. 생각지도 못하게 픽을 냈다.

한국등산학교 교장 이인정

7

1971년 3월 히말라야 로체 샬(8,383m) 등반중 캠프 2에서 눈보라를 뚫고 전진하는 사진에 '山高百年雪(산고백년설)' 이라는 한솔 이효상 선생의 글을 받아 1983년 12월 〈히말라야 산악사진전〉에 출품한 작품.

산

한 솔 이 효 상

언제 보아도 침묵을 지키고
언제 보아도 늠름한 기색이요.

바위와 시내들을 거느리고
초목과 맹수들을 고스란히 기르오.

누구보다도 태양을 일찍 맞이하고
누구보다도 태양을 늦게 보내오.

낮이면 구름과 동무하고
밤이면 별들과 남모를 속삭임.

네 발은 땅에 있으되
너의 허리는 하늘에 솟았오.

내 즐겨 너를 향해 앉음은
깊이 네 모습을 그려 함이오.

또 자주 네 몸을 찾아 듦은
네 심장의 맥박을 호흡코자 함이오.

마침내 네 발 밑에 와 삶은
너같이 항시 묵묵코자 하는 것이요

차 례

에베레스트

8,848 더 이상 오를 곳이 없다

태양의 문이 활짝 열리는 날이었다. 1977년 9월 15일 낮 12시50분, 지구의 끝과 하늘이 맞닿는 그 순간이었다.

"여기는 정상입니다. 지금 정상에 막 도착했습니다." 고상돈대원의 흥분된 떨리는 목소리가 고요한 설원의 적막을 깨트리고 무전기를 통해 흘러나왔다.

"오-- 장하다, 상돈아! 정상에서 오래 지체하지 말고 빨리 내려오도록 해라. 오~버," "잘 알았습니다. 대장님! 여기에 올라서기까지는 전대원들의 노력의 덕분입니다, 오~버."

대한산악연맹 '77한국에베레스트원정대(Korean Everest Expedition·77 KEE)가 한국 최초로 세계 최고봉에서 보내는 메시지였다.

"아아! 성공이다 만세, 만세, 만만세 ~~."

대원들의 승리의 함성이 만년설을 다 녹여 버릴 듯 우렁차게 캠프마다 메아리쳤다. 대원들은 너무나 기쁨에 넘친 나머지 천막에서 맨발로 뛰쳐나와 한 점의 구름도 보이지 않는 정상을 바라보면서 서로 부둥켜안고 눈물을 삼키며 흥분을 좀처럼 가라앉히지 못했다. 만년설로 단장한 세계 지붕의 벼랑에 선 정상의 사나이는 발 아래 전개되는 대운해의 파노라마를 바라보면서 우주질서조차 잠시 멈춰 버린 듯 무아의 경지로 빠져들고 있었다.

정상의 사나이는 세상을 모두 가진 듯 형용할 수 없는 행복감에 사로잡혀 초모롱마(눈의 성모라는 뜻)의 손을 잡고 시간가는 줄 모르고 서 있었다. 눈 아래 보이는 봉우리와 거대한 산줄기는 아릿답고 깨끗한 공주같기도 하고 천군만마가 옹위하고 서 있는 것 같기도 하다. 바람에 날리는 설연이 얼굴로 달려들자 그제야 정신을 차려 태극기와 네팔기를 피켈에 달아 오른 손을 높이 쳐들어 정상의 사진을 찍었다.

그리고 설악산에서 함께 훈련도중 눈사태로 먼저간 세 동료들의 사진을 품속에서 꺼내 그토록 염원했던 에베레스트(Everest·8,848m) 정상에 묻었다. 동료들의 사무친 원한을 풀어주는 그의 얼굴에는 눈물이 흘러내리고 있었다.

오늘의 이 순간이 있기까지는 동료들의 희생이 밑바탕 되었으며 피와 땀으로 얼룩진 훈련의 결실이 인간승리의 드라마가 되어 만년설에 펼쳐졌다. 이때까지만 해도 선진국이 국력을 과시하면서 오르던 에베레스트! 이제 한국 산악인도 세계에서 8번째로 정상에 올라 산악선진국 대열에 섰다. 이것이야말로 이 땅 산악운동 발전에 크나큰 전환의 계기를 마련해 준 하나의 쾌거였다.

1962년 대한산악연맹이 창립된 후 해외원정의 첫 걸음은 1971년 봄, 프레 몬순(Pre-Monsoon)시기에 로체 샬(Lhotse-Shar·8,383m)을 시도한 것이었다. 그러나 불운하게도 경험부족에다 장비 및 식량부족으로 최수남 대원이 정상을 3백미터 남겨둔 8천미터 지점에서 실패로 끝나고 말았다.

뼈저린 좌절의 슬픔을 안고 산에서 내려오며 이대로 우리는 도저히 물러설 수 없어 등반 실패의 경험을 바탕으로 한 번 더 기회를 갖기 위해 네팔 관광성에 들러 에베레스트 등반 신청서를 제출하고 우리는 어둡고 쓸쓸한 마음으로 귀국했다.

1972년은 한국산악운동 시련의 한 해였다. 제2차 김정섭 마나슬루(Manaslu·8,156m) 원정대가 눈사태로 15명이 희생되자 온

15

국민들은 경악을 금치 못했다. 이 사고로 히말라야에 가면 모두 죽음을 당할 것이라는 막연한 불안의 어두운 그림자가 국민들의 마음속에 드리워지게 되었다.

1973년 늦가을 기다렸던 에베레스트 등반을 신청한지 2년만에 문화관광부를 통해 등반허가증이 나왔다. 그로부터 4년 후, 1977년 포스트 몬순(Post Monsoon) 즉 가을시즌에 동남릉으로 오를 수 있다는 기대감으로 한껏 마음이 부풀어 있었다.

대한산악연맹 사무실에는 김영도 회장을 중심으로 임원들이 한마음이 되어 등반계획을 세우느라 밤 늦게까지 불이 꺼질 줄 몰랐다. 그 해 겨울부터 각 시도 연맹에서 추천한 유능한 산악인들이 전국에서 모여들었다. 제1차 동계 지리산 훈련등반을 시작으로 해마다 강도 높은 훈련이 4년간에 걸쳐 매해 겨울마다 네 차례나 실시됐다. 또 두 차례 현지에 정찰대를 보내 아일랜드 피크(6,189m)를 오르는 등 고도적응 훈련과 함께 에베레스트에 관한 등반 자료를 모으기 시작했다.

1976년 2월16일 제3차 설악산 공룡능선을 중심으로 훈련 도중 설악산 좌골에서 불의의 눈사태로 3명의 동료를 잃었다. 눈 구덩이에서 동료들의 시신을 파냈을 때 대원들은 말없이 울음을 삼켰고 사기는 떨어질 대로 떨어졌다.

그토록 열망했던 높은 산에 대한 꿈을 스스로 포기하는 사람들도 한 두 사람씩 생겨났다. 왜냐하면, 1,708미터밖에 안되는 설악산에서도 눈사태의 제물이 되는데 8,848미터인 에베레스트 만년설의 그 엄청난 눈을 감당할 수 있을까 하는 두려움이 앞섰기 때문이다. 그러나 우리대원들은 한 두 사람의 값비싼 희생의 대가를 치르더라도 기어코 세계 최고봉에 올라서겠다는 굳은 의지로 뭉쳐 있었다.

1977년 제4차 마지막 오대산 동계훈련은 히말라야의 실제등반을 방불케 하는 강도 높은 훈련이었으나 누구하나 마다하지 않았다.

다양한 에베레스트 도안우표

스스로 택한 험난한 길이었기 때문이다. 영하 30도 추위와 강한 바람이 사람을 날려보낼 것 같았으나 모두가 묵묵하게 참고 훈련에 임했다. 그래야 에베레스트로 가는 험난한 길을 보장받을 수 있을 것 같았다. 어떻게 정상에 오르느냐 하는 것은 다음 문제였다.

최종 대원선발에 혹시 탈락될까 싶어 가슴 조였던 '77KEE대 원은 모두 19명으로 좁혀졌다.

대장 김영도(53·대한산악연맹회장 국회의원), 등반대장 장문 삼(35). 등반부대장 박상열(33), 총무 이윤선(36), 장비 김명수 (33), 수송 곽수웅(33), 식량 김영한(30), 장비 한정수(29), 총무 고상돈(29), 수송 김병준(29), 식량 이원영(27), 식량 이기용(28), 장비 이상윤(29), 식량 도창호(26), 장비 전명찬(25), 의료 조대행 (31), 보도 한국일보 김운영(44), 보도 한국일보 이태영(36), 보도 KBS 특파원 김광남(38)이 바로 그들이었다.

세계의 지붕 에베레스트라는 이름은 1865년 인도 측량국장으로 있던 조지 에베레스트경(Sir. George Everest)의 이름을 땄다. 그전에는 공식명칭이 없어 측량기호 K-15라 불렸다. 본래 티베트 말로는 초모룽마(Chomo Lungma·눈의 성모), 네팔어는 사가르마타(Sagarmatha·하늘의 여신 또는 바람의 여신), 중국은 추랑룽마라 한다. 이러한 토착지명이 있었으나 영국정부가 이것을 모두 무시했다. 에베레스트는 남·북극에 이어 제3의 극지로 1953년 5월29일 영국의 존 헌터 대장이 이끄는 등반대의 에드먼드 힐라리와 셰르파 노르게이 텐징에 의해 인류 최초로 동남릉이 초등되어 온 세상이 흥분의 도가니가 되었다.

6월2일 이 날은 엘리자베스 여왕이 영국 왕위에 오르는 대관식 전 날. 이른 아침부터 온통 잔치 분위기로 들떠 있을 때 에베레스트 등정소식이 전해지자 온 나라가 환호와 기쁨으로 넘쳤다. 영국 등반대는 여왕과 국민에게 가장 멋진 선물을 한 셈이다. 그러나 이 날이 있기까지는 수십 년에 걸친 패배와 희생을 딛고 일어선 영국의 쾌거였다.

1921년 봄 티베트 정부가 오랫동안 봉쇄해온 국경선을 외국인에게 개방하자 영국의 하워드 베리(Howard Bury)중령이 이끈 이 원정은 네 명의 대원과 세 명의 과학자가 참가한 정찰 목적이었다. 티베트를 통한 등반가능성 루트를 찾을 목적으로 한 원정대가 처음으로 구성되었다. 인도의 다질링에서 티베트 고원을 가로질러 650킬로미터에 이르는 멀고 먼 캐러밴을 거쳐 에베레스트의 북동릉의 안부까지 올라가 그곳에서 내려다 본 아이스 폴은 등반이 불가능하다는 판단을 내렸다.

1922년 인도 쿠르카병 찰스 브루스(Charies G. Bruse)준장이 이끄는 대원12명으로 구성된 영국의 제2차 에베레스트 공격 당시는 7,600미터에 제5캠프를 설치했다. 세 차례의 정상 공격을 감행하여

18

산소를 사용치 않고 북동릉 8,326미터까지 진출했다. 산소 사용이 등산정신에 위배된다고 생각했지만 영국대는 2차공격까지 산소 없이 등반이 불가능하다는 결론을 내렸다. 그후 베이스 캠프에서 휴식을 취한 후 산소를 갖고 제3차 정상공격에 돌입했다. 그러나 비극으로 끝났다.

6월7일 노스 콜의 사면에서 행동 중 갑자기 눈사태에 휩쓸려 버린 것이다. 일행은 4인1조로 나눠 등반 중이었다. 위에 있던 2조는 눈 표면으로 탈출할 수 있었으나 밑에 있던 2조는 눈사태에 휩쓸려 높이 15미터의 절벽으로 떨어져 크레바스에 묻히고 말았다. 급히 구조를 폈으나 2명만 기적적으로 살고 포터 7명은 모두 사망했다. 이때 이곳 셰르파 및 포터의 풍습을 알게 됐다. 죽은자는 그대로 크레바스에 묻어 주는 그곳의 풍습을 알게된것이 그때였다.

1924년 영국의 제3차 등반대는 밀로리(George II.Leigh Mallaory)와 앤드류 어빈(Andrew Irvine)이 정상을 향한 채 영원히 행방불명으로 끝난 비극으로 너무나 유명하다. 대장은 브루스장군이었으나 티베트에서 캐러밴 도중 병으로 쓰러져 에드워드 펠릭스 노튼(E. F. Norton)중령이 대신했다.

4월29일 룽부크 승원 부근에 베이스 캠프를 설치한 이들은 6월 1일 북동릉 노스 콜을 넘어 7,710미터까지 진출했으나 폭풍설과 추위로 퇴각했다.

이때 포터들 중 폐렴 환자가 속출 2명이 숨졌다. 포터들의 사기를 돋구기 위해 룽부크 승원에 참배하고 등반대는 다시 노스 폴로 갔으나 또 사건이 발생했다. 큰 눈이 내려 제3캠프로 철수할 때 셰르파 4명이 탈출하지 못한 것이다.

이때 노튼과 소머벨(Dr. T. H. Somervell)도 세차례나 참가한 말로리 등 3명의 베테랑대원이 위험지대를 뚫고 셰르파 4명을 사지에서 구했다. 이때까지 셰르파가 대원을 구한 적은 있어도 대원이 생명을 걸고 셰르파를 구한 것은 처음이다. 이후 셰르파들의 헌신적 봉사 동기가 되었다고 한다. 8,270미터에 제6캠프를 치는데 성공한 노튼과 소머벨 제2공격조는 8,572미터까지 진출했으나 산소 결핍으로 정신이 몽롱한데다 소머벨이 기진맥진하여 다시 되돌아서고 말았다. 이것이 산소 없이 8,572미터까지 올라간 첫 기록이다. 한편 제1공격조 말로리는 옥스퍼드 대학생인 젊은 어빈을 선발해 6월 8일 제6캠프를 치는데 성공, 하룻밤을 새웠다. 이때 말로리는 지원을 맡은 오델에게 나침반을 보내달라는 편지를 남겼다. 이것이 그들 인생 최후의 밤이었고 마지막 편지였다. 이튿날 둘은 산소 호흡기를 지고 등정길에 올랐다.

6월 8일 오델이 다음날 7,800미터 정도 도착했을 때 에베레스트 사면에는 두 개의 작은 점이 설면에 붙어 움직이는 것을 발견했다. 그 드라마틱한 순간을 지켜보고 있는 짧은 사이 안개가 덮쳐 시야를 가렸다. 이것이 그들을 본 마지막 순간이었다. 그로부터 두 시간의 폭풍설이 불어닥친 후 에베레스트 북사면에는 다시 햇빛이 비치고 암벽도 훤히 드러났으나 그들의 모습은 간 곳 없었다. 오델은 그날밤 노스 콜에서 밤을 지새며 기다렸으나 헛수고였다. 두 사람은 돌아오지 못했고 그 후 그들을 본 사람은 아무도 없다.

'산이 거기 있기 때문에(Because it is there.)' 산을 오른다는 유명한 명언을 남긴 영국의 등산가 말로리는 1924년 끝내 어빈과 함께 정상 부근에서 안개 속으로 사라져버렸다. 에베레스트가 초등되기까지는 15명의 꽃다운 생명이 설원에 희생되었다. 당시 에베레스트 등반은 '77 K.E.E가 등정한 동남루트가 아니고 티베트를 통한 북면 루트였다.

말로리는 과연 정상에 도달했을까? 그 탁월한 등산 정신을 믿고 있는 산악인들은 오랫동안 정상을 정복했을 것으로 믿었다. 그들의 실패가 밝혀진 것은 9년 후였다. 1934년 봄 윌슨이라는 영국

20

카트만두의 새벽 공기를 가르는 '77 한국 에베레스트 원정대

퇴역장교가 단신으로 티베트에 밀입국했다.

그는 에베레스트 등정을 일생 일대 자신의 사명으로 생각했던 3주간 단식하면 육체와 정신의 결합이 끊어져 새로운 힘이 넘친다고 믿고 있었다. 셰르파 3명을 고용한 윌슨은 노스 콜 산록에 천막을 쳤다. 셰르파들은 전년에 등반대가 남기고 간 식량저장 장소를 알려주고 떠났다.

윌슨은 매일같이 조금씩 노스 콜을 향해 전진했으나 차츰 쇠약해져 드디어 천막에서 허무하게 운명하고 말았다. 그 유해는 제5차 영국등반대에 의해 발견됐다. 일기장은 점차 문장이 짧아지고 흐트러져 있었으며 5월31일로 끝나고 있다.

1953년 에베레스트는 이같이 숱한 희생과 비극을 딛고 영국의 국운을 건 9번째의 끈질긴 도전 끝에 32년만에 뉴질랜드 출신인 에

드먼드 힐라리경(Sir. Edmund Hillary)과 네팔의 텐징 노르게이(Tenzing Norgay) 셰르파에 의해 인간의 등정을 허용했다. 그러나 초등정의 서막이 걷혀진 이후 각국의 알피니스트들은 앞 다투어 좀 더 험난한 새로운 루트를 탐색하고 있었다.

대한산악연맹의 에베레스트 원정대도 바로 그런 알피니스트들이었다. 우리는 '77KEE 이라는 선명한 태극마크를 자랑스럽게 가슴에 달고 1977년 7월2일 김포공항을 통해 장도에 올랐다.

태국의 방콕에서 며칠간 머물면서 약간의 가공 식품을 구입한 뒤 7월6일 네팔의 수도 카트만두 공항에 도착했다. 대원들은 기내 창문을 통해서 내려다 본 장엄한 히말라야 산맥의 대 파노라마에 모두 넋을 잃었다. 우리가 올라야 할 에베레스트의 웅장한 자태는 수평선에 퍼져 있는 구름에 가려 그 모습은 볼 수 없었으나 아쉬움 속에 저마다의 깊은 상념에 잠겨있는 듯 했다.

저 산이 그리워 얼마나 많은 알피니스트의 희생을 강요했던가! 결코 후회 없이 뜨거운 젊음의 정열을 아낌없이 저 산에 바치겠노라고 나는 다짐했다.

네팔 트리부반 국제공항에는 주 네팔 홍수희 대사를 비롯하여 현지 교민들이 태극기를 앞세우고 우리들을 환영했다. 그 중에는 우리 원정대를 물심양면으로 도와준 AP특파원 비나야 씨가 커다란 눈망울을 굴리면서 "나마스테(안녕하십니까?)" 네팔 말과 우리 말을 섞어가면서 반가이 맞아주었다.

우리는 도착하던 첫 날부터 바쁜 나날의 연속이었다. 새벽마다 사원들이 즐비한 구 왕궁앞 거리 듀버광장을 누비는 로드웍을 김 대장을 위시해 셰르파들도 모두 빠짐없이 매일 새벽마다 실시했다. 그럴 때 마다 길가던 네팔사람들은 "꼬레아 에베레스트"라고 우리들을 격려해 주었다.

이튿날부터 우리와 생사고락을 같이 할 셰르파 고용에 들어갔다.

22

장문삼 등반대장은 면담을 통해 등반경력을 알아보는 등 신경을 곤두세웠다. 왜냐하면 등반의 성패 여부는 그들에게 달려있다 해도 과언이 아니기 때문이다. 1971년 로체 샬 등반에서 인연을 맺은 비나야의 도움으로 네팔 사람답지 않게 얼굴이 준수하게 생겨 침착성이 엿보이는 루크라 출신의 락파 텐징(39)을 베이스 캠프의 매니저로 뽑았다. 원숭이 같은 생김새에 깡마른 쿰부 출신인 앙 푸르바(30)를 클라이밍 사다(Climbing Sardar · 등반 우두머리)로 찍는 등 모두 25명을 고용했다.

셰르파는 일종의 티베트 계열의 소수 고산부족인데 그들의 옛 고향은 동부의 '드 캄사루모 칸'이다. 이 부족은 네팔히말라야 에베레스트 산 부근 남쪽 기슭인 솔루 쿰부(Solu Khumbu)로 이주하여 살고있는 티베트계고 원래는 농업, 목축업을 해왔다. 셰르파족은 고지대 작업에 맞는 선천적인 체질을 타고났으며, 희생과 봉사 협농심이 남달리 강하다고 한다. 이 부락들이 등산기지로 변하면서 안내 및 짐꾼으로 생계를 잇는 셰르파가 늘어났다.

1900년대 영국이 히말라야등반에 눈을 돌리면서 이들을 고용하기 시작했고 주인을 따르는 절대복종, 봉사정신 등 예의범절도 영국대에서 배웠다. 그러나 각국 등반대가 이곳에 몰리고부터 셰르파에 질도 많이 떨어졌다. 돈에 눈독을 들이기 시작하여 등반도중에 도망치는 사례도 잦아진 것이다.

이번 우리대도 포터들이 임금이 적다고 불평 잠적해버려 포터를 구하는데 곤욕을 치렀다.

에베레스트 등정의 성공여부는 이들 셰르파의 협조 여하에 따라 판가름 날 정도로 이들의 역할은 크다. 한 예로 1953년 영국대가 초등정할 때 힐라리경과 동행한 셰르파 텐징 노르게이가 아니었더라면 힐라리는 침니에서 조난 당했을 것이다. 그 후 텐징 노르게이는 남체에서 셰르파조합장, 등산학교장으로 일을 했다.

셰르파의 이름은 보통 요일의 이름을 따 명명하기 때문에 같은 이름이 허다하다. 태어난 날이 월요일이면 '푸르바', 화요일이면 '니마', 수요일이면 '락파', 금요일이면 '파상', 토요일이면 '펨바' 라고 짓는다. 그래서 같은 이름이 많아 사람이 많이 모인 곳에서 '앙 푸르바' 라고 부르면 쳐다보는 셰르파가 많아 나를 민망스럽게 한다. 그래서 보통 어디에 사는 누구로 호칭한다. 셰르파와 떼 놓을 수 없는 것은 포터이다. 이들은 보통 5천미터 밑에서 짐을 나르는데 짐을 질 때는 이마에 끈을 거는 것이 특색이다.

수송을 맡은 김병준, 고상돈 대원은 부산에서 선편으로 보낸 국내장비의 세관 통관을 위해 카트만두에서 720킬로미터나 떨어져 있는 먼 인도의 캘커타로 갔다. 4일 동안 한낮의 폭염에 시달리면서 주야로 자동차를 달려 험난하기로 이름난 네팔국경을 넘어왔다. 나머지 대원들은 고용한 셰르파들을 데리고 현지 식량을 구입하기 위해 마샴바잘에 뛰어다니는 등 캐러밴 출발 준비에 여념이 없었다.

특히 잊을 수 없는 것은 교민들이 매일 김치와 음식물을 가져와 대원들을 격려, 사기를 왕성케 해주었다. 이곳 음식이 입에 맞지 않을 뿐만 아니라 대원들이 식중독에 걸려 한때 고생했다. 이러한 잊지 못할 14일간의 카트만두 생활을 끝내고 새로운 캐러밴 생활이 시작되자 한층 마음도 가벼웠다.

캐러밴의 대장정

7월18일 먼동이 트는 이른 새벽. 카트만두의 바니포카리의 거리에서 6대의 트럭에 짐을 가득 싣고 대원들과 셰르파들을 태운 버스가 해발 1,300미터의 카트만두 분지를 벗어나자 날이 밝아 오기 시작했다. 차이나 로드 티베트로 넘어가는 순코시 강을 거슬러 올라가는 시골 풍경은 마치 한국의 두메산골 같아 낯설지 않았다.

자동차의 행렬이 험난한 계곡의 비포장 길로 접어들자 기온이 제법 서늘해지기 시작했다. 카드만두를 출발한지 6시간만에 람상고(780m)에 도착했다. 한국원정대의 소식을 어떻게 들었는지 카트만두에서 이곳까지 따라와 "꼬레아, 꼬레아" 라고 외치면서 짐을 지겠다고 나선다.

야윈 몸매에 앞가슴을 풀어헤친 누더기 옷차림에다 새 같은 가느다란 다리로 30킬로그램의 무거운 짐을 지고 20일 동안 험난한 산길을 과연 올라갈 수 있을까 하는 걱정이 꼬리를 문다. 우리가 고용할 포터는 모두 760명을 예상했으나 모인 인원은 약 400명에 불과했다. 그렇다고 일정을 늦출 수 없어 선두는 출발을 서둘러야 했다. 한꺼번에 많은 포터들이 움직이면 통솔 능력은 물론 하룻밤을 묵을 잠자리 또한 부족하다. 대부분의 포터들은 천막 없이 짐승의 털을 덮고 바위틈이나 동굴에서 노숙하는 것이 그들 습성이다. 한꺼번에 몰리면 그 만한 인원을 수용할 수 없다는 점을 고려해야 한다. 그래서 세 팀으로 나눠 장장 380킬로미터나 되는 멀고도 먼 캐러밴의 대장정이 시작되었다.

낮 12시30분 포터들이 짐 번호와 똑같은 프라스틱으로 만든 번호판을 목에 걸고 30킬로그램을 안겨주었다. 그들은 맨발로 박카르 고원을 기어오른다. 외국대들은 평균 30일이 넘을 정도로 캐러밴이 길다. 이를 통해 대원들의 체력단련은 물론 고도에 적응해 나가기 때문이다.

표고 780미터에서 시작되는 캐러밴은 해발 5,400미터의 베이스 캠프에 도착하기까지 21일이 걸린다. 포터들 하루 임금은 18루피(한화 720원)로 하루 20킬로미터를 걸어야 한다. 그것도 식량은 자기 스스로 해결해야 해 감자나 보리 미싯가루와 비슷한 짬바라를 물에 타서 손으로 먹는다. 다 먹고 나면 손가락을 쭉쭉 빤다.

7월의 히말라야 기후는 몬순(중앙아시아의 계절풍에 의한 우기)이 끝나지 않아 낮과 밤을 가리지 않는 장대비가 내려 캐러밴 행렬을 늦추게 한다. 계곡을 삼킬 듯이 흐르는 급류를 수십 차례 건너고 산을 넘고 또 넘어야 한다. 첫날부터 시련은 시작됐다. 포터 50명이 람상고를 출발 박카르에 도착하자 짐을 팽개치고 3일분 일당을 챙겨 도망쳐 버린 것이다. 이곳은 농번기라 포터를 구하기가 힘들어 카트만두까지 가서 데려왔다.

B대는 이틀간이나 이곳에서 머물면서 포터를 다시 고용하는 사이 두 사람의 나이케(포터 십장)에게 많은 루피를 사기 당하는 촌극이 벌어졌다. "포터를 구해 오겠다" 선불을 달라면서 받아가고는 포터는 커녕 나이케도 나타나지 않았다. 이틀동안 박카르에서 머물면서 포터를 겨우 구해 대열을 정비했다.

슈르케 초원에서부터 루크라 밑 페이안까지 10일간에 걸쳐 쥬가(산거머리)의 시련이 시작된다. 그래 쥬가의 이야기는 빠뜨릴 수 없다. 태양을 가리는 밀림을 정신없이 걷다 보면 사람이나 동물의 피 냄새를 맡은 쥬가가 나뭇잎에 붙어 긴 몸을 빼들고 '어느 나라에서 왔어요. 좀 쉬었다가 가세요' 하면서 날름거린다. 그때 조금이라도 멈추면 피부에 달라붙어 피를 빨아먹는다.

실컷 빨아먹고 난 쥬가의 몸은 두 배로 부풀어 저절로 떨어진다. 심지어 짐을 나르는 버팔로의 눈에도 파고 들어간다. 고통을 이기지 못한 소는 울부짖으면서 바위나 나무에 얼굴을 문질러 파고드는 쥬가를 떼려고 애쓰는 모습은 너무나 애처롭다. 셰르파들은 "천천히 가면 달라붙어요, 빨리 지나가요" 하고 외친다.

토세에서 창마로 향하는 길은 지루하다. 처음 캐러밴을 시작하여 2,700미터까지 올랐다가 다시 1,700미터까지 내려가야 한다. 나는 이 코스에서 쥬가의 공격을 받아 다리 두 군데를 물렸다. 맨발로 30킬로그램의 짐을 지고 걷는 포터들의 다리에 쥬가 떼가 달라붙어 피를 철철 흘리며 걷기가 예사이다.

막영지에 도착하여 피곤한 나머지 일찍 잠자리에 들어가면, 더욱 다정한 놈(?)은 침낭 안까지 파고 들어와 목덜미에 달라붙어 피를 빨아먹는다. 잠결에 통증을 느껴 목을 만져보고 손에 피가 묻어 나오자 화들짝 천막을 뛰쳐나와 옷을 벗어 내던지는 등 한밤중에 소동을 벌일 때도 종종 있었다.

우리 후발대에는 12명의 여자 포터도 섞여 있다. 에베레스트를 향해 며칠을 걷고 난 어느 날 밤 천막에 엎드려 편지를 쓰고 있으려니 희뿌연한 달빛 아래 모닥불을 피워놓고 여자 포터들이 모닥불 주위에 둘러서서 손에 손을 맞잡고 투스텝의 포크 댄스를 추면서 노래를 부른다. "마초리 순다리 깡바라 뚱네 빠니 마초리 순다리 우띠우띠 빠릉 빠니." 네팔 셰르파족의 고유민요로 '금과 같이 아름다운 내 딸'이란 뜻의 노래다. 12명의 처녀 포터들이 '순다리' 노래를 잠시도 쉬지 않고 계속 구성지게 부르는 소리를 들으니 갑자기 향수에 젖어 나는 천막에 엎드려 대구의 악우늘에게 편지를 쓰기 시작했다.

지저분한 몸차림에 비해 반짝이는 검은 눈동자에 친밀감이 넘치는 네팔의 아가씨들! 촉촉이 젖은 두 눈동자 금방 눈물이 배어 나올 것 같습니다.

섹스를 신과 같이 숭상하는 나라 네팔. 박타푸로 사원의 용마루마다 섹스 조각이 이국인들의 뭇시선을 모으고, 거리엔 히피족들이 맨발로 거리를 방황하고 있습니다. 어느 히피는 몽키 템플에 살고 있는 원숭이를 잡아먹어 그 숫자가 자꾸 줄어 히피추방령이 내렸습니다. 지금은 거리의 소와 함께 히피도 줄어들고 있습니다. 분주했던 카트만두 생활이 끝나고 캐러밴을 시작했습니다.

2,500여 년 전 석가모니가 설산을 향해 걷던 고행의 그 길을 포터를 이끌고 에베레스트를 향해 하루 17~20킬로미터의 기나긴 산행을 하고 있습니다.

이 곳도 한국의 장마기와 같은 몬순 계절이어서 비가 온종일 내립니다. 때론 쌍무지개가 펼쳐지는 언덕을 넘어 구름을 헤치며 걸어가기도 합니다. 밤이면 모닥불 옆에서 셰르파들이 부르는 순다리란 춤과 노래를 들으면 이국의 정취에 빠지기도 합니다.

어제는 루크라에서 채용한 포터 130명이 모두 도망가 버려 캐러밴이 지연되고 있습니다.

낮이면 쥬가란 거머리 놈의 습격을 받고 밤이면 모기 떼 들에게 O'형의 내피를 적십자정신으로 헌혈하기도 합니다. 지금은 2~3,000미터의 에베레스트의 발치점인 능선입니다.

오늘 처음으로 구름 사이에서 흰 눈에 뒤덮인 히말라야의 파노라마를 겨우 볼 수 있었습니다. 용기와 힘을 내어 정상에 오를 수 있도록 마음 속으로 성원을 보내주십시오.

편지를 다 쓰고 나니 모닥불 옆에서 춤을 추며 노래를 부르던 셰르파들도 하나 둘 천막으로 돌아갔다. 나는 편지를 쓰는 이 순간만큼은 잠시 에베레스트 산록을 떠나 대구의 악우들 곁에 있다.

네팔 히말라야의 지역 7, 8월은 몬순이라는 계절풍의 영향으로 낮과 밤을 가리지 않고 우기철이라 비가 내린다. 눈물의 고개 박카르 (1,750m)에서는 장대같은 비를 맞아야 했다.

7월 31일 아침 창마에서 다시 세테로 향하는 고된 행군을 계속해야 한다. 쿡이 지은 조반이 오늘 따라 엉망이다. 나는 아침도 굶고 계속 전진했다. 중간 지점에 이르러 창(토속주) 한 잔과 계란 세 개로 간신히 허기를 면했다. 이곳 세테에는 삼일만에 한 번씩 장이 서는데 나에게 온갖 충성을 다하는 셰르파 앙 다와에게 작은 선물을 사주고 싶었다. 그는 평소 가장 갖고 싶은 것이 플래시라고 했다. 한화 3,500원 짜리를 사서 앙 다와에게 쥐어주니 그는 "바라사보(주인)" 하며 감사의 눈물을 보였다. 나는 이러한 셰르파들의 순수한 감정과 때묻지 않은 마음씨가 좋다. 나는 앙 다와의 어깨를 두드려 주었다. 그는 나의 친절과 선물에 봄눌 바를 모르며 감사해 한다.

오늘밤은 해발 2,500미터 지점 쿰바사원에서 자기로 했다. 나는 셰르파 몇 명과 함께 사원에 들어가 예불 드리는 광경을 구경했다. 어두컴컴한 법당에는 부처님이 눈을 부릅뜨고 앉아 있었다. 나는 법당에서 이번에 에베레스트를 꼭 등정하고 돌아올 수 있게 해달라고 마음 속으로 빌었다.

선발대가 남겨두고 간 27개의 짐까지 떠맡았다. 셰르파와 포터들의 사보타쥬가 심하니 캐러밴 일정이 자꾸 늦어질 것 같아 불안하다. 짐 12개를 한정수 대원에게 맡겨두고 포터 126명을 거느리고 마니딩바로 향한다. 온종일 비가 근심처럼 내리는 길을 따라 무작정 걸었다. '가도 가도 왕십리처럼 비가 오네 / 오는 비는 한 닷 새 왔으면 좋지' 이런 시가 얼른 떠올라 한참 중얼거려 본다. 오전 11시 10분에 출발한 행군이 오후 5시 10분에야 끝났다.

밤에는 다친 포터와 쥬가에게 물린 환자를 치료하기에 여념이 없다. 포터들은 거의 약을 사용해 본 경험이 없어 시쳇말로 약발 하나는 정말 잘 받는다. 머큐롬 하나로 웬만한 외상은 완치시킬 수 있다. 고름투성이 상처도 항생제 몇 알이면 금방 나아버린다. 이들을 치료하면서 히말라야의 슈바이처가 된 기분이다.

하루종일 비를 맞으며 강행했던 행군으로 나는 몹시 지쳤다. 바라사보하며 상처를 내보이며 찾아드는 포터들을 그냥 둘 수가 없었다. 그 중에는 젊었을 때 일본대와 이태리 대에서 유능한 셰르파로 활약한 사람이 이젠 늙어 포터로 일하는 사람도 끼어 있었다. 나는 그 늙은 포터에게 인생무상을 뼈저리게 느꼈다. 나는 그가 되도록 가벼운 짐을 지도록 세심한 배려를 해주었다.

만년설이 녹아 하얀 거품을 내 뿜어내 소용돌이치는 세찬 급류의 계곡을 거슬러 올라가면 우기라 폭우로 나무다리가 유실되어 위험을 무릅쓴 도하작전을 할 때도 있다. 빙하의 크레바스를 건너기 위해 갖고 온 사다리를 유용하게 사용할 때도 있다. 급류를 건너다보면 물에 잠긴 다리는 차갑다 못해 뼈속까지 시려온다.

낮과 밤을 가리지 않고 내리는 비바람을 온종일 맞고 강행군 하면 감기에 걸리기 십상이다. 캐러밴 일주일만에 루크라(2,800m)의 가파른 언덕길을 오르면 고도의 상승에 따른 기온차이를 실감한다.

8월4일 오전 7시 20분 박틴을 출발하여 페이안에 도착했다. 가는 도중에 카리다산(3,050m)을 통과했다. 페이안에 도착해서 내가 1971년도 로체 샬 등반때 셰르파로 같이 일했던 쌍게 집을 찾았다. 그는 한국대의 에베레스트 1, 2차 정찰 등반 때 셰르파로 일했으나 이번 본대에는 빠져있어 섭섭함을 금할 수 없다. 쌍게부인이 경영하는 롯지에서 창을 마셨다. 우리는 완전 의사소통이 될 수는 없었으나 잔을 들고 그저 웃고 내가 아는 몇 마디 네팔어로 마음과 정이 통했다. 가령 부채를 가져오라고 할 땐 "방카" 하고 말하면 단번에 부인이 부채를 가져온다. 나는 창 밖을 내다보며 "바니 보루차(비가 온다)" 하면 "오우! 바니 보루차" 하고 답했다. 마음의 전달은 대화

눈 속에서도 피는 생명력 강한 에델바이스

에 있지만, 이민족간에도 따뜻한 정은 대화로만 느낄 수 있는 것이 아니라 순수함과 사랑하는 마음을 통해 온몸으로 느낄 수 있다는 것을 알았다. 쌍게 집에서 창을 잘 대접받고 그와 부인의 배웅을 받으며 나는 페이안을 떠났다.

주위의 산 군데군데에는 만년설이 보이고 기온이 떨어지자 아열대 지방에서 생활하던 포터 30명이 추위에 못 이겨 짐을 팽개치고 도망쳐 버렸다. 할 수 없이 한정수 대원이 인솔하기로 하고 내가 혼자 남아 뒤처리하기로 했다.

루크라의 산 비탈길을 수 차례 오르내리면서 포터를 구하기 위해 수소문했으니 대부분의 부락민들은 외국 등반대에 먼저 고용되어 아녀자와 어린이뿐이었다. 다행히 먼저 올라간 포터들이 남체까지 짐을 나르고 임금을 받아 흥겹게 내려오고 있었다. 손짓 발짓을 해가면서 임금을 배로 준다는 내 뜻을 겨우 전달하여 남아있던 짐 마지막 수송을 마쳤다.

내일이면 선발대가 머물고 있을 지 모르는 남체에 도착한다. 오랜만에 태양이 비치고 있다. 날씨도 맑게 개어 멀리 눈 덮인 히말라야 산맥이 웅자를 드러내고 있다. 이제 쥬가의 공포에서 해방되었다.

우리는 6일 낮 12시 10분 남체에 도착했다. 우리가 도착하는 날이 마침 일주일에 한 번 서는 장날이라 많은 사람들이 붐볐다. 저 멀리 티베트에서 야크의 등짐으로 만년설이 쌓인 험난한 낭파라 고개를 넘어 갖고 온 소금과 네팔 곡물이 서로 물물교환 된다. 척박한 삶을 살아가는 그들을 바라보니 1950년대 할머니 손을 잡고 가본 어느 시골 장터가 연상되어 감회가 새롭다.

셰르파의 고향 남체에서 마지막 포터들의 임금을 지불하여 되돌려 보냈다. 그 대신 운송수단은 3천미터 이상의 고지대에서 자라 고도순응이 잘되어 있고 추위를 이겨내기 위해 온몸에 긴 털이 많으며 다리가 짧은 야크(Yak)를 이용하여 장비 및 식량을 운반할 계획을 세웠다. 본격적인 등반이 시작되는 베이스 캠프로 향하는 지루하고 기나긴 행군은 하루도 쉬지 않고 계속 된다. 8일 아침 당보체를 출발 오후 1시20분 페리체에 도착했다.

여기가 해발 4,243미터지만 그러나 고산 증세는 조금도 나타나지 않는다. 짙은 안개가 끼어 내가 올라야 할 에베레스트는 어디쯤 있는지 보이지 않는다. 여기서부터 화사한 에델바이스는 지천으로 피어있다. 페리체의 에델바이스는 크기가 코스모스처럼 꽃송이가 크지만 점차 올라갈수록 꽃송이는 작아지는 반면 솜털이 많다. 비 내리는 벌판을 돌아다니며 에델바이스를 꺾어 일기장 갈피 속에 꽂아 두었다.

에베레스트 공격 후 살아서 고국으로 돌아갈 수 있다면 이 꽃을 사랑하는 사람들에게 에베레스트 등정기념으로 한 송이씩 나눠주고

32

히말라야의 설선 부근에 살고 있다는 예티(설인)의 여러 모습. 〈부탄 발행〉

싶었다.

　　예티(雪人)의 두개골과 손가락뼈가 보관되어 있다는 히말라야
의 전설이 얽힌 당보체(3,867m)의 곰파 사원을 찾았다. 예티는 히
말라야 설선 부근에 살고 있는 정체 불명의 전설적인 수인(獸人). 문
명인들은 실제로 본 사람은 없고 단 지역주민만 봤다고 주장하고 있
다. 1951년 2월 영국의 유명한 등산가 십튼도 가우리상카르 등반에
나섰다가 룸빙하 계곡에서 설인의 발자국을 보았다고 했다. 원주민
에 의하면 설인은 신장은 1.5미터 내지 2.5미터이며 얼굴은 사람이
고 몸은 원숭이 같은 괴물이란다 설인은 두 종류로 하나는 미티이로
사람을 잡아먹는 놈과 하나는 추우티이라고 야크를 잡아먹는 설인이
라고 한나.

　　미티이는 복부에 벨트 같은 띠가 있고 상반신은 털이 위로 하반
신은 털이 아래로 솟아 있으며 검은 색이고, 추우티이는 털이 길고

33

힘겨운 대캐러밴이지만 아름다운 아마다브람을 볼 수도 있다.

전부 아래로 나있으며 갈색이라고 한다. 이곳 셰르파나 포터들은 대부분 설선을 넘으면 예티의 공격을 받는다는 공포에 떨고 있다.

독특한 건축 양식으로 언덕 위에 솟아 있는 당보체사원 주위에는 눈 덮인 탐세르크(6,620m)와 캉테가(6,680m)와 더불어 하나의 그림을 보는 듯 했다. 남체로 가는 고갯마루에서 에베레스트의 웅자가 보였다. 로체(Lhotse·8,511m)능선에 가려 정상만 얼굴을 내미는 세계 최고봉을 6년만에 다시 보니 감회가 새롭다. 아침 햇살을받아 반짝이는 그 모습은 예나 지금이나 변함이 없는 신비가 감돌고있었다.

네팔왕국에는 아리안족을 위시하여 대표적인 종족으로 여섯 종족이 네팔전역에 걸쳐 살고 있다. 그 중에도 가장 용맹스럽고 충성심이 강한 고산족이 셰르파족으로 어떠한 자연환경 속에서도 잘 적응해 나가는 히말라야 등반에 없어서 안 될 절대적인 종족이다.

대부분 에베레스트 부근 남쪽 기슭에 자리잡은 솔루 쿰부(Solu-Khumbu) 지역에서 태어나 3천미터 이상의 고산에 살고 있어 누구보다도 고도순응이 잘되어 있다.

'77 K E E 원정대의 긴 행렬이 당보체 부락을 통과할 때였다. 셰르파의 아내들이 어린아이들을 데리고 나타났다. 산이 좋아서 이국만리까지 찾아온 우리와는 달리 그들은 생존 수단인 한푼의 보수 때문에 언제 닥칠 줄 모르는 운명을 라마(Rama)신에 맡기고 산을 올라야 했다.

에베레스트로 가는 길목에서 남편의 손목을 잡고 석별의 정을 나누는 장면은 보는 이로 하여금 가슴을 뭉클하게 한다. 대부분의 셰르파들은 생계 수단으로 사계절 중 절반을 산에서 보낸다. 돈과 생명을 맞바꿀 때도 종종 있다. 남편의 뒷모습을 하염없이 쳐다보면서걸음을 되돌릴 줄 모른다.

36

40넘은 할아버지가 두 번째 아내를 갖고 싶다네.
머리는 백발이 되고 이가 빠져 가는데 손자가 둘이나 있다는데.
레이ーー 레이ーー

히말라야 고산족 셰르파들이 저녁에 모닥불을 피워놓고 춤을 추
며 부르는 노래는 생활능력만 있으면 언제나 새 장가를 갈 수 있는 일
부다처의 결혼 풍습을 나타낸 노래가 고산족의 생활 현실을 대변해
주고 있는 것 같다. 이들 고산족의 결혼 풍습은 일부다처, 일처다부
가 공존하지만 같은 씨족끼리는 결혼하지 않는다.
　형, 동생 구별없이 생활능력이 강한 자가 가장이 되며, 가장 명령
에 복종하게 되어 있다. 부족에 부족장이 있는 것은 옛날 풍습과 비
슷하나. 종손이 아니고 가상은 생활능력이 상한 사람이 시배한나. 형
이 장가들면 동생도 형수를 공유할 수 있으며 같이 살다가 동생이
장가들면 형은 분가해 줄 의무가 있다. 형과 동생이 한 여자를

37

두고 살다가 형이 늙어 생활능력이 없어지면 형수는 자동적으로 동생과 사실 부부가 되고 형은 얹혀 사는 신세가 되는 것이 아이러니컬하다. 그러나 형이 제수와 같이 사는 법은 없다.

네팔 법률에는 두 남자가 한 여자와 사는 것은 허용하나 세 남자와 한 여자가 사는 것은 금지하고 있다. 그러면서도 같은 씨족끼리는 절대 결혼하지 않는다. 예를 들면 이모와는 결혼할 수 있어도 사촌과는 결혼하지 못한다.

당보체(3,867m)에서부터는 고도가 상승함에 따라 기온이 떨어지고, 고산병 증세가 나타난다. 어느 대원은 밤새 두통으로 잠을 못 이루다가 날이 새기 무섭게 저지대로 하산해 버리는 경우도 간혹 있다. 이러한 고산병은 체력과 관계없이 나타난다. 만약 숨기려 하면 병세가 더 악화될 수도 있다.

돌탑 위의 대나무 깃대에는 울긋불긋한 부적 같은 '쵸타르(라마 불교의 깃발)'를 달아놓아 바람에 나부끼고 있어 이곳을 찾는 이방인들에게 신비함을 더 해준다. 청, 백, 홍, 녹, 황색 깃발로 각기 하늘, 바람, 물, 불, 땅을 의미한다. 크리스천인 김 대장도 안전한 등반을 위해 종교를 초월하는가 보다. 라마 사원에 들러 오백 루피를 시주하고 한결 가벼운 마음으로 캠프로 돌아왔다.

언덕 풀밭에는 이름 모를 야생초가 아름답게 피어 있다. 여성 포터들이 둘러앉아 네팔 민요 '순다리'를 부르고 있다. 흰 눈 덮인 산들이 펼쳐져 있는 주위 환경과 더불어 너무나 평화스럽게 보였다.

7월의 태양이 내려 쪼이는 따사로운 햇볕을 온몸에 받아가면서 풀밭에 드러누웠다. 바로 앞 기슭에 솟아있는 아름다운 살인봉 아마다부람(6,856m)을 쳐다보며 이제까지 겪은 시련의 고통을 다 잊어버리고 오후 한나절을 침낭을 말리면서 한가하게 보냈다.

이튿날 당보체를 떠나 야크의 긴 행렬이 이어지는 가운데 베이스 캠프가 가까워지자 벗겨진 구름 사이로 신비한 그 모습은 의연한 자태로 솟아있다. 주위의 산군들을 쳐다보며 가파른 언덕을 넘고 또 넘었다.

야크 무리들이 이끄는 캐러밴의 긴 행렬이 가파른 벼랑의 언덕 길을 오르면 힘겨운 콧김이 서린다. 고갯마루에 올라서자 고개를 쳐 들어 하늘을 향해 내 뱉는 야크의 울부짖음이 애처롭다. 그러나 갈 길이 먼 셰르파의 돌팔매질은 포물선을 그리면서 허공을 날아가 야 크의 등에 떨어진다.

목동의 휘파람 소리가 긴 여운을 남기며 바쁜 발걸음을 재촉한 다. 딸랑딸랑 목에 단 방울소리는 전설의 예티를 쫓아버리는 듯 산 너머 바람소리와 함께 화음의 조화를 이루고 산마루에 걸쳐 붉게 타 오르는 저녁 노을 이 한 폭의 그림같이 아름다워 내 몸을 내 던지고 싶다.

눈의 성모

우리는 다시 로부체와 고락셉을 거쳐 8월11일 드디어 베이스 캠프 (5,400m)에 도착했다. 우리는 380킬로미터의 기나긴 캐러밴을 21일만에 무사히 끝냈다. 포터들의 집단 도망에서부터 쥬가떼의 습격과 이국에서의 외로움을 힘들게 이겨내고 참아왔다. 베이스까지 긴 캐러밴의 피로가 한꺼번에 몰려오는 듯 했다.

내일부터 캠프 설치를 위한 아이스 폴 공작에 나서야 한다. 이제까지 온 길은 천리지만 에베레스트 정상까지 갈 길은 만리나 되는 것 같다. 혼자 대형 텐트에 누워 잠을 청하나 공기가 희박하여 호흡이 가빠오는 것 같다. 일어나 앉으니 어느 산록에서 울려오는 눈사태 소리가 천둥벼락 같이 들려온다. 내가 만약 에베레스트 정상에 도전하다가 저와 같은 눈사태에 짓눌려 흔적도 없이 사라져 버린다면…. 갑자기 공포에 휩싸여 몸을 떨었다.

이러한 악몽을 떨쳐 버리고 짐을 조사해보니 어떻게 된 영문인지 고소 등산화 6켤레가 들어 있어야 할 박스 속에 돌멩이가 가득 차 있어 아연 실색할 수 밖에 없었다. 등반에 있어서 절대적인 장비이기 때문에 다시 주문하기 위해 매일 런너(Mail Runner)를 통해 긴급 메시지를 카트만두 주재 한국 대사관에 전달했다. 이 사실이 대한산악연맹에 전해지자 사무국장이 직접 일본에 가서 구입하여 카트만두까지 가지고 오는 큰소동이 벌어졌다.

베이스 캠프 주위를 둘러보니 얼음 위에 세워진 채석장 같이 돌과 얼음으로 덮여 있을 뿐 생명체라고는 찾아볼 수 없는 삭막한 모레인(Morain·빙하의 퇴석)지역이었다. 각국 등반대가 먹다버린 깡통들이 산더미같이 쌓여 있다. 신성한 이 땅도 오염되고 있다는 사실에 놀라움을 금치 못했다. 성모의 산 에베레스트는 일년 사계절 눈 내리는 동토의 땅으로 제3극지라고 불려진다.

외국등반대가 버리고 간 흔적들을 뒤지는 셰르파들은 먹을 것이라도 나올까 싶어 돌무덤을 파헤쳐 먹다버린 지저분한 쓰레기를 비롯하여 녹 쓴 깡통들이 흰 눈 표면에 노출되어 주위는 마치 쓰레기 하치장을 방불케 했다.

이곳 쿰부(Khumbu)히말라야 지역은 국립공원으로 지정되어 있다. 해발 3천 미터부터 향나무들이 무수히 자라고 있으나 쿨리들의 손에 마구 잘려 각국 등반대의 땔감으로 팔려 나가 고귀한 향나무는 멸종되어 가고 있다. 가난한 나라! 행정력이 이 깊은 산록까지는 못 미쳐 외국산악인들이 많이 찾는 태고의 신비감마서 감도는 이 신성한 땅을 파괴하고 있다.

'눈의 여신이 거처하는 신성한 이곳은 당연히 산악인의 이름 아래 보호 받아야 할 곳이다. 베이스 캠프에서 바라보이는 웨스턴 쿰은 양쪽에 에베레스트와 눕체를 사이에 두고 장엄하게 펼쳐진다. 중앙 끝 부분에는 로체(8,511m)가 자리 잡았으나 에베레스트의 웅장한 그늘에 가려 빛을 보지 못하고 로체 정상 부근에 치솟은 암벽만 비칠 뿐 아래 부분은 여자의 긴 드레스 옷자락처럼 흰눈의 설사면을 이루고 있다.

에베레스트의 정상에는 언제나 신비의 구름이 감돌고 있다. 바로 정면에 보이는 남서벽은 거대한 암벽인 옐로우 밴드로 깎아 세운 절벽으로 이루어져 있어 쳐다보면 볼 수록 고도의 위압감을 준다. 그 밑의 웨스턴 쿰에는 정상에서 내나버린 버림받은 설음의 눈넝이가 여러 군데 언덕을 이루고 있다.

돌과 얼음뿐인 황량한 모레인 지대 위에 두 달 가량 머물 26개 동

41

의 천막을 설치했다. 그리고 오후에는 46종의 개인장비가 지급되었다. 피켈(Pickel), 아이젠(Eisen), 고글(Goggle)은 눈과 얼음에 없어서는 안 될 중요한 장비들이다. 고글을 잊어버려 설맹에 걸려 장님이 되는가 하면 정상에서 내려오다가 장갑을 잊어버려 동상에 걸려 손가락을 잘라 낸 사례를 수 없이 보면 생명과 다름없는 귀중한 물건들이다.

베이스 캠프의 첫 날 밤은 고산병에서 오는 가벼운 두통과 불면증에 시달려야 하는가 보다. 그럼에도 이날 따라 달빛이 너무 좋아 창을 마시고 싶어 몰래 수통에 숨겨온 술을 서너 모금 마셔보았다. 얼마 못가 가슴의 뛰는 맥박소리를 들으면서 천막에 들어 누웠다. 세락(Serac·빙탑)의 붕괴소리와 눈사태 소리에 잠을 설치는 지루한 밤이 되고 만다.

이튿날 인간이 생존할 수 없는 삭막한 지대에도 변함없이 태양이 뜬다. 태양이 쿰부 빙하를 비추면 밤새 뒤척이던 고독은 사라지고 분주한 하루의 일과가 시작된다. 산더미같이 쌓인 장비와 식량을 캠프별로 재포장하고 크레바스를 통과할 때 사용할 100개의 알루미늄 사다리를 점검하는 등 락파 텐징의 지휘 아래 25명의 셰르파들이 분주하게 움직였다. 베이스 캠프에서 바라보는 웨스턴 쿰의 아이스 폴은 거대한 세락의 무리들이 마치 해일처럼 우리들을 덮쳐 버릴 것 같다. 에베레스트 등반 승패의 1/3은 제1관문인 이 지역을 통과하는데 있다. 하얀 유령의 집과 같은 빌딩의 늪을 건너야만 캠프를 전진시킬 수 있는 유일한 통로이기 때문이다.

우리가 넘어야 할 이 거대한 아이스 폴 지역에 대한 세밀한 검토가 시작되었다. 왼쪽 에베레스트 쪽은 정상 부근에서 비롯되는 눈사태의 위험성이 도사리고 있기 때문에 왼쪽을 피해야 했다. 차라리 세락의 붕괴 위험이 도사리고 있어도 중앙부를 돌파하는 것이 좋을 것 같다는 의견이 지배적이었다.

42

에베레스트 베이스 캠프에서의 대원들
뒷줄 왼쪽부터 조대행, 전명찬, 고상돈, 이상윤, 이윤선, 곽수웅, 김병준, 이기용, 도창호
앞줄 왼쪽부터 김명수, 박상열(필자), 이원영, 김운영, 이태영, 김영도, 장문삼, 김영한

8월 11일, 첫날 루트 파인딩(Route Finding)에 나선 고상돈과, 이원영 대원이 아이스 폴이 시작되는 지점에서 1974년 프랑스 등반대가 사용했던 것으로 추정되는 산소 통 13개를 주워왔다. 8개에는 산소가 가득 차 있다(당시 프랑스 원정대가 6,100미터 지점의 아이스 폴에서 눈사태로 대장과 셰르파 5명이 죽고, 산소 통은 3년이 지난 후 빙하의 이동으로 눈 표면에 노출된 것으로 추정된다).

매일 새벽 5시에 기상하여 아침식사를 마친 후 장비를 챙겨 나선다. 이른 새벽의 찬 기온을 피부로 느끼면서 헤드 램프의 불빛 따라 모레인 지대를 통과하여 한시간 가량 올라가면 아이스 폴이 시작되는 하단부에 도착하게 된다.

이 때가 되면 어김없이 여명의 찬란한 아침이 밝아온다. 한 차례의 휴식을 취하면서 아침 햇살에 빛나는 빙하를 쳐다보며 아이젠을 착용한다. 바로 머리맡에는 거대한 빙탑이 수 없이 펼쳐져있어 금방이라도 얼음덩이가 무너질 것처럼 우리를 위협하고 있다.

커다란 세락들이 즐비한 미로의 늪지대를 돌고 돌아 대나무 시그널을 눈 위에 꽂아 쉽고 안전하게 올라갈 수 있는 방향을 잡도록 했다. 위험지대를 통과할 때는 픽스 로프 하나에 몸을 의지하며 세락이 언제 무너질지 몰라 걸음도 빨라진다. 눈 표면이 꺼져 하반신이 눈구멍에 빠져 허우적거릴 때도 있다. 혼자 힘으로는 좀처럼 헤어나지 못해 주위에 구조요청을 하기도 했다.

갈라진 얼음 구덩이가 삼킬 듯이 입을 벌리고 있는 '히든 크레바스를 찾아라' 라는 구호 아래 선두자는 눈 속을 피켈로 쑤셔가면서 신경을 곤두 세워야 했다.

BC를 떠나 악마의 늪지대라고 부르는 아이스 폴을 지나 오전 11시가 되면 마치 약속이나 한 듯 짙은 안개가 몰려들어 천지를 다 덮어버린다. 그리고 나면 싸락눈이 내리기 시작한다. 오후가 되면 기온이 상승하여 세락의 붕괴 위험 때문에 행동을 오전에 마치고 베이스 캠

'77한국 에베레스트 원정대 ABC 캠프

프로 돌아와야만 한다.

아이스 폴에서 사다 중심으로 하루도 쉬지 않고 계속되는 루트 공작은 일주일이 지나도록 계속 되었다. 악마의 입은 좀처럼 다물 줄 몰랐다. 폭 9미터가 넘는 거대한 크레바스를 건널 때 아래로 내려다 본 얼음 구덩이는 밑바닥이 보이지 않을 정도로 깊다. 아래쪽으로 내려갈수록 얼음은 푸른색을 띠고 있어 더욱 더 짜릿함을 느낀다.

크레바스의 눈 표면에 뚫려진 구멍은 직선으로 갈라져있지 않고 꾸부러져 있어 만약 추락했을 경우 깊이를 측정할 수 없어 구조가 용이하지 않을게 틀림없다(1970년 일본 등반대가 이 지점에서 셰르파들이 쉬고 있는데 갑자기 얼음 바닥이 꺼져 내려앉는 바람에 6명이 크레바스에 빠져 죽었다).

8월15일 광복절 기념 행사는 삭막한 베이스 캠프에서 전 대원이 모인 가운데 모레인 지대에 돌탑을 만들어 그 위에 태극기를 게양하고 애국가를 부르는 감회가 깊었다.

' 77 KEE원정대는 '어떠한 역경의 고난을 이겨내고 기어이 성공을 하여 고국에 돌아가겠다' 는 굳은 의지가 전 대원들의 얼굴에 역력히 비쳤다.

지금쯤 한국에는 바캉스를 즐겁게 보내고 검게 탄 얼굴로 돌아와 TV를 보면서 등정의 소식을 기다리고 있겠지. 지구의 끝을 향해 달리는 우리는 강한 자외선과 눈에 반사된 햇빛에 그을러 얼굴은 검다못해 허물까지 벗겨져 있는 벅찬 현실 속에, 그리운 얼굴들이 빙하를 스쳐 가는 바람처럼 지나간다.

어둠의 장막이 서서히 깔려오면 천막에 누워 산이 안겨주는 무서운 고독과 싸워야만 한다. 이 고독은 눈 내리는 밤이나 바람이 천막을 두드리는 날이면 더욱 더 가슴을 죄어온다. 산들이 주는 공포와 긴장의 연속에서 산이 주는 고뇌의 포로가 되어 왜 가쁜 숨을 몰아쉬어야만 하는가? 대답은 전설의 예티 이야기처럼 산이 존재하고 있는 한

베이스 캠프에서 캠프 1로 가는 길목의 아이스 폴 지역

영원할 것 같다. 진눈깨비가 뿌리는 날이면 꼼짝없이 천막에 갇혀 있
어야 했다. 무료함을 달래기 위해 심술궂은 동료들은 무전기로 장난
도 친다.

　메일 런너에 의해 고국에서 배달된 사랑의 편지를 짓궂은 친구들은
공개해선 안될 중요 부분까지 무전기를 통해 읽어 내린다. 그럴 때마
다 전 캠프에서 흥분된 목소리가 터져나와 "와아!" 하는 함성은 스
포츠 중계방송을 듣는 것 같다. 천막에서 커피를 끓여 마시면서 아래
캠프에 있는 김명수 대원을 무전기로 불러 노래를 시킨다. 우리 가곡
은 전파를 타고 외로움이 가득찬 각 캠프로 흘러간다. 노래가 끝나
기 무섭게 "앙코르" 하는 목소리에 피로를 풀어본다.

아침 기온은 영하 8~12도. 그러다가 햇빛이 나면 천막 안은 복사열로 한증탕 같이 무덥다. 그래서 대원들은 낮이면 천막 밖으로 나와 어슬렁거리고, 구름이 끼는 날이면 기온은 급속도로 떨어져 밤으로는 영하 15도로 뚝 떨어져 추위가 엄습해와 낮과 밤의 기온 차이가 너무 심하다.

캠프1(6,100m) 설치까지 아이스 폴 사다 니마 체링의 공로가 대단히 컸다. 오랜 경험을 통해 얻어진 지식으로 아무런 사고 없이 베이스 캠프를 설치한지 5일만에 크레바스 전역에 사다리 설치를 완료했다. 니마 체링은 에베레스트 등반대의 아이스 폴 사다로 5번이나 경험이 있어 여유 만만하고 침착한 행동으로 등반이 끝날 때까지 이 지점만 오르내리면서 파손된 부분을 찾아 보수하는 일에 전념했다.

이 지역의 루트 공작에 필수 장비는 길이 3미터, 무게 20킬로그램의 알루미늄 사다리다. 한국에서 100개를 제작하여 선편으로 인도 캘커타를 거쳐 카트만두에 도착했다. 람상고에서 포터의 등에 업혀 21일 동안 캐러밴을 거쳐 베이스 캠프까지 갖고 온 만큼 돈으로만 환산하면 엄청나게 비싸게 먹힌 장비다.

외국산 쥬라밍보다는 무거워 운반에 어려움이 많았으나 막상 이곳에서 사용해보니 견고하고 안정감이 있어 셰르파들도 모두 좋아했다. 결국 이 사다리는 커다란 입을 벌리고 있는 크레바스에 다 사용하고 2개만 베이스 캠프에 남아있다.

그래서 얼마나 많은 눈구멍이 이곳에 산재해고 있다는 것을 알 수 있다. 폭 7미터의 크레바스를 통과할 때는 여러 개의 사다리를 연결하여 높이 세운 다음 자일을 이용하여 건너편 설면에 눕힌다. 그리고 난 후 양끝 부분이 눈에 미끄러지지 않도록 스노바를 박아 고정시킨다.

첫 발을 내딛는 셰르파들은 안전을 약속하듯 한 줌의 쌀을 크레바스 구덩이에 뿌리고 간단한 의식을 치른다음 건넌다.

크레바스 건너기에 몰두하는 대원들

　우리가 고용한 대부분의 셰르파들은에베레스트 경험이 있었다. 특히 앙 다와(37)는 앞가슴이 불룩한 오리형 가슴에다 원숭이 같은 생김새로 외국 등반대를 따라 11번이나 등반한 경험이 있어 고도순응은 어느 셰르파보다도 잘 되어 있었다. 그는 일본 원정대에 참가하여 8천 미터 사우드 콜을 오르다 로체페이스에서눈 사태를 만나 5백미터아래로 굴러 떨어서눈속에 파묻혔으나 운좋게 살아 남아 대원 1명을 구해 준 경험이 있다고 자랑을 늘어 놓기도 한다. 나이에 비해 힘이 좋아 보통 30킬로그램의 짐을 지고도 말없이 전진캠프를 오르는 복종심이 강한 셰르파이다.

그와 잊지 못할 인연은 캐러밴 때였다. 아침마다 커피를 끓여 천막 앞에서 "바라샤보 커피" 하면서 아침잠을 깨워 주고 밀림지역을 지날 때는 쥬가의 공격으로 다리에 피를 흘리고 있으면 살 속으로 파고드는 놈을 잡아 주기도 했다.

그 뿐 아니라 줄곧 내 옆에 붙어 다니면서 배낭을 자청해 메고 다녔기 때문에 롯지(주막촌)에 들릴 때마다 한 두 잔의 창을 나눠 마시면서 피로를 함께 풀기도 한 정감이 많았던 셰르파이다.

드디어 8월19일 캠프2가 6,450미터 지점에 설치되자 대원들의 팀웍에 셰르파들도 놀라는 기색이었다. 가장 염려한 것은 세락의 붕괴와 눈사태이다. 다행히 아무런 사고 없이 통과했다.

ABC (Advanced Base Camp) 가 설치됐으나 잠 못 이루는 밤이 되고 말았다. 침낭 속에서 몸을 뒤척이다 보면 "쩡" 하는 얼음이 갈라지는 빙하가 호흡하는 소리가 밑바닥에서부터 들려온다. 그럴 때마다 천막이 내려앉지 않을까 하는 불안 속에 잠을 설치기가 일쑤였다.

그러나 노련한 셰르파들은 두려움 없이 오히려 갈라진 크레바스를 오물 처리장은 물론 바람받이 식당으로 이용했다. 갈라진 얼음 사이에서 네팔 고유의 차파티(밀가루로 만든 호떡)를 구워 먹으면서 노닥거리고 있는 모습에 우리들은 질겁을 할 때도 있었다. 캠프2에 도착해보니 독일 등반대가 먹다버린 식량 박스를 비롯하여 쓸모 없는 장비가 눈 위에 노출되어 있다. 셰르파들은 탐이 난 나머지 눈을 파헤치는 바람에 주위가 너무나 지저분해졌다. 어느 셰르파는 장비를 줍기 위해 크레바스 아래로 내려가기도 했다. 이에 놀란 한정수 대원이 화가 잔뜩 난 나머지 손으로 목을 자르는 시늉으로 으름장을 주니 그제야 우리 눈치만 살피며 접근을 포기한다.

ABC가 설치되자 수송작전도 본격화되었다. 그러나 전진속도에

아이스 폴이 끝나는 지역에서 바라본 정경. 왼쪽은 에베레스트, 중앙이 로체 정상

비해 물자공급이 따라주지 못해 루트 공작에 나선 대원들의 식량공급이 여의치 않자 무전기를 통해 성화같이 요청한다. "식욕이 떨어졌다. 김치 통조림을 올려 보내라", "석유가 떨어졌다, 그 대신 가스를 부탁한다" 는 등 물자요구도 다양하다. 수송작전을 지휘하던 곽수웅 대원을 위시하여 짐을 나르는 셰르파들도 투덜거린다.

눈 앞에 펼쳐진 로체 페이스는 너무나 눈부시고 아름답다. 마의 아이스 폴이 끝나는 지점에서 상단부까지는 경사 50도가 넘는 가파른 설면이 시작되어 하루에도 수 차례씩 눈사태가 흘려 내린다. 웨스턴 쿰의 아이스 폴 지역은 언제 밑바닥이 꺼질지도 모르는 불안의 늪지대라면 로체 페이스는 눈사태가 언제 터질 줄 모르는 공포의 지뢰밭이다.

대부분의 암벽들이 설사면에 노출되어있지 않는 것으로 미투어 보아 이 지역에 엄청나게 눈이 쌓여 있다는 것을 짐작할 수 있다. 정상으로 가는 동남릉은 이 설사면을 거쳐 중간지점에 캠프3을 설치하도록 되어있어 물자수송에 따른 눈사태의 걱정이 꼬리를 문다.

셰르파들의 말에 의하면 영국대가 여기를 오르다가 눈사태를 당하여 2명이 희생되었다고 한다. 기온이 올라가는 오후에는 이곳을 오르기를 꺼려하는 기색이 역력하다. 이원영 대원이 이 루트에 대한 정찰을 마친 후 피곤한 기색으로 눈을 털면서 천막 안으로 들어와 상황 설명을 한다.

눈사태의 염려를 내세워 로체 페이스 하단부에 설치할 캠프를 하나 줄여도 등반이 가능하겠다는 제안을 내 놓았다. 희미한 등불 아래 머리를 맞대고 의논한 결과 김 대장의 판단이 내려졌다. ABC에서 한 개의 캠프만 설치하고 바로 사우드 콜에 진출하겠다는 결심이었다.

마침내 로체 페이스 공격이 시작되었다. 가파른 설벽에 휙스 로프를 2천미터 넘게 설치하면서 6일 만에 셰르파 5명을 데리고 제3캠프(7,500m)에 진출했다. 여기서부터 지상보다 산소량이 1/2밖에 되지 않아 가만히 있어도 호흡장애를 받아 가쁜 숨을 몰아쉬다가 퇴각하는 경우가 많다. 그래서 대부분의 원정대가 여기서부터 수면산소를 사용하는 경우가 허다하다.

1971년 로체 살에서 7,300미터에서 무산소로 며칠간 지낸 경험이 있기 때문에 이 정도의 고도에서는 산소결핍에 대한 자신이 있었다. 그래서 여기서 3일간 머물면서 산소를 사용하지 않고 사우드 콜(남쪽 안부·7,995m)로 셰르파와 함께 진출하기로 작정했다. 나는 산소부족으로 인한 인체의 반응 즉 호흡곤란이나 수면장애가 나타나지 않았다. 그러나 고소에서 오는 자연쇠퇴의 영향은 천막에 가만히 누워있어도 체중이 줄면서 체력이 떨어지는 사실을 몰랐다는 것이 나의 솔직한 답변이다.

그 날 저녁 셰르파들이 끓여온 차를 마시며 내려다 본 웨스턴 쿰의 전경은 잊을 수 없다. 푸모리(7,145m)봉에 황금빛 기운은 너무

52

나 휘황찬란하다 못해 신비감마저 느끼게 한다. 어둠의 장막이 쿰부 빙하로 서서히 깔려오자 한 점의 구름에 걸친 만월이 한결 아름답다. 인간들이 추구한 극락의 세계가 이곳에 존재하는 듯한 느낌마저 든 다. 자연과의 도전에서 극한 상황까지 도달한 자만이 등산의 진정한 뜻이 무엇인가를 느낄 수 있다. 그리고 좀 더 높이 올라가는 자 만이 자연의 위대한 경관을 눈으로 직접 볼 수 있기 때문이다.

만년설 덮인 산 속의 자락에서 밤하늘의 긴 여운 따라 흘러가는 별빛 아래 지새워 본 밤은 무어라고 형용할 수 없는 황홀한 밤이 되 었다.

제3캠프의 첫 날 밤은 셰르파들이 옆 천막에서 차를 끓여 마시 며 네팔말로 지껄이고 있어 무슨 말인지 알아들을 수 없다. 고독하 고 지루한 이 밤! 마음을 주고받을 벗이라도 옆에 있었으면 하는 마 음 간절히다.

산소부족에서 오는 호흡장애로 긴 숨을 몰아쉬며 침낭에서 뒤척 거리며 잠을 청해 보지만 피로가 겹쳐 눈까풀만 점점 무거워질 뿐 잠 을 이루지 못하는 밤이 되고 말았다. 지나간 온갖 망상들이 고개를 쳐들고 달려 든다.

한국을 떠나기 전 한국탐험협회(회장 장갑득)회원들과 함께 찝 차라는 술집에서 스쿠버 다이빙, 동굴탐사, 행 글라이딩 등 하늘 땅 바다를 주름잡던 사나이들이 열어준 송별회 장면이 생생하게 떠오 른다. 그 멤버 중엔 별난 친구 한사람이 있었다. 산 장비, 물 장비마다 소주병과 오징어를 상표처럼 그리고 다니는 주(酒)피니스트라고 자 처하는 장건웅 씨의 귀엣말 "정상에 너무 집착하지 말라. 그러면 영 원히 돌아오지 못한다" 라는 이 한마디가 되살아나 내 머리를 어지 럽게 했디.

지루했던 밤이 흘러가면 새 아침은 언제나 변함없이 찾아온다. 고소에서의 체류시간은 줄일 수록 좋다는 것을 잘 알고 있으나 사우드 콜의 루트 공작 때문에 이곳에서 머물렀다. 그러다가 이틀간 내린 폭설로 인한 눈사태의 위험이 있을 것 같아 천막을 비워두고 셰르파를 데리고 일단 ABC 캠프로 하산해 버렸다.

조대행 대원이 3박4일 동안 8천미터 가까이 산소 없이 접근했던 내 건강을 염려하여 청진기를 가슴에 대고 진찰을 하고 혈액검사도 했다. 약간의 헤모글로빈 수치 변화가 나타났다. 즉 16.5에서 16.8로 수치가 약간 올라갔다. 이 같은 수치는 정상상태의 변화로 별 다른 문제가 없다고 설명까지 해준다. 그러나 맥박수는 평지보다 10 정도 증가해 있었다.

이튿날 폭설이 멎었다. 하얀 설원에 파란 하늘이 펼쳐지자 온 시야가 너무나 가깝게 보였다. 이러한 날씨는 오히려 기온이 떨어져 눈사태의 위험을 가중시켰다. 그래서 사우드 콜의 진출은 당분간 눈 표면이 안정될 때까지 기다리는 수밖에 없었다. 로체 페이스를 트레버스하다 보면 표층 눈사태가 발생하기가 쉽다. 만약에 전 층에 눈사태라도 발생하여 수 만 톤이나 되는 거대한 눈덩이가 천막을 휩쓸어 버린다면 모든 것이 끝장이기 때문이다.

1971년 로체 샬 등반 때 캠프3에서 강호기 씨와 잠을 자다가 이른 새벽에 눈사태를 만나 천막을 탈출한 경험이 되살아나 잠자리에 들어갈 때는 언제나 머리맡에 칼을 준비했다. 만약에 눈사태가 덮친다면 칼로 천막을 찢고 탈출하겠다는 어리석은 발상이었으나 그런대로 마음이 안정되어 수면에 도움이 되었다.

9월4일 7,985미터의 사우드 콜에 캠프4가 설치되자 정상 공격의 날이 다가왔다. "여기는 ABC 각 캠프 감 잡았으면 즉시 응답하라, 오버." 김 대장의 음성이 무전기를 통해 설원을 울려 퍼진다. "대원들의 컨디션은 어떤가?", "이곳 대원들의 컨디션은 양호할 뿐 더러 날씨도 매우 좋다" 이윤선 대원의 응답이다. "내일 전 대원은 ABC로 개인장비를 갖고 집결하여 주기 바란다, 오버".

이 한마디의 깊숙한 곳에는 정상공격의 대원이 발표된다는 것을 직감적으로 느꼈다. 과연 정상의 선두주자가 누가 되느냐? 머리에 그리면서 대원들은 장비를 챙겨 ABC캠프로 집결하기 시작했다.

하늘은 맑게 개어 있었고 바람 한 점 없는 아침이었다. 로체 능선에서 떠오르는 아침 햇살은 에베레스트 남서벽의 록 밴드(Rock Band·암벽의 띠)를 비쳐 깎아 세운 듯한 절벽의 웅자함에 반해 오히려 무서움이 몸서리치게 한다. 정오쯤 대원들이 집결한 자리에 김영도 대장이 나타났다. 고글을 낀 얼굴에는 허물이 벗겨져 있었고 그동안 자란 턱수염은 초췌함을 내 비치고 있었다. 반사된 고글의 안경알에 비치는 대원들의 형상이 나타나는가 하면 얼굴을 돌리면 구름이 반사되어 흘러가기도 한다.

설원의 적막을 깨뜨리는 눈사태 소리가 간간이 들려온다. 침묵과 긴장 속에 전대원은 김영도 대장의 상기된 입술을 지켜본다. 중대발표의 첫 말은 약간의 경련이 입술에서 일어난 듯 잠시 머뭇거리다가 겨우 입을 연다. "오늘에 이르기까지 대원들의 고생이 너무나 많았수다. 누군가를 정상에 올려 보내야만 되기 때문에 여기에 모이자고 했습니다. 정상은 한 사람이 올라간다 해도 우리 모두가 올라가는 것과 다름없습니다. 그 뒤를 다 같이 밀어줘야 합니다"

이 한마디 내 뱉고는 감정에 복 받혔는지 더 이상의 말을 못하고 흐느낀다. 무거운 침묵이 또 한차례 적막한 빙하 위에 흐른다. "야르주(네팔어로 몬순이 끝날 무렵 폭설이 쏟아지는 기간을 말한다, 보통 9월중에 있으며 1주일 정도 계속된다.이 기간중에는 일체의 등반은 불가능하다.)가 예년에 비해 빨리 다가온다는 네팔 관상대의 발표가 있었기에" 라고 이어진다.

긴장된 분위기를 알아차린 듯 주위에서 서성거리던 세르파들도 천막으로 몸을 감춰 버린다. 모두 다 야심에 찬 얼굴로 에베레스트정상을 쳐다보는 눈빛은 빛나고 있었다. 곧 자기 이름이 발표될 것 같은

마음이었다. 아! 나는 왜 여기에 서 있어야만 하는가? 이때까지 산에
서 일어난 값비싼 동료들의 희생을 지켜보면서 오늘과 같은 이 순간
을 기다렸던가!

내 평생의 야심이 지금 내 손에 불끈 쥐어 질 것만 같다. 이제 걱
정할 필요는 없다. 1971년 로체 샬 원정에 비하면 이번 원정은 물자
가 풍부하여 조금도 두려움이 없다.

"1차 공격조는 박상열 부대장과 셰르파 앙 푸르바, 2차는 한정
수, 고상돈 대원으로 결정합니다."

이 말 한마디에는 거역할 수 없는 힘이 있었다. 77 KEE 영광의
기쁨과 실의에 찬 잔을 마시는 이 순간에 누구 하나 말이 없다. 막상
정상의 사나이가 발표되자 그토록 열망했던 정상의 간절한 소망과
집념의 사나이들에게는 희비가 엇갈리는 순간적인 교차가 쿰부빙하
에 조용히 흐르고 있다. 그렇다고 다 올려 보낼 수 없는 현실에 동요
되거나 불만을 나타내면 팀웍이 흩어지고 눈앞에 둔 정상은 점점 높
아진다는 사실은 누구나 잘 알고 있다.

그러나 대원들 중 순간적인 감정이 북받쳤는지 천막으로 들어가
짐을 챙겨 베이스 캠프로 내려갈 준비를 서두르는 대원도 없지 않았
다. 김 대장이 정상 공격에 앞서 등정자 선정을 하는 데에는 무척 많
은 고민을 하였을 것이다.

가장 중요한 것은 고소적응이 잘 된 사람을 선정해야 한다. 아무
리 우수한 기술과 체력의 소유자라도 고소순응이 되지 않으면 등반
능력의 절반 이상 감퇴된다는 사실은 대장으로서 누구보다도 잘 알
고 있기 때문이다.

또한 대원을 비롯 셰르파에게도 인정을 받아야만 한다. 이러한
조건이 상반될 경우 셰르파조차도 한 자일에 생명을 엮어 등반하기
를 꺼려 한다.

그 날 저녁이었다. 천막에 남아 있던 조대행, 이상윤 두 친구는

험난하고 외로운 정상의 길을 나서는 나에게 고소식량을 챙겨주는
등 뒷바라지를 해 주었다.

"좌우간 형만 믿겠어. 우리 모두의 운명이 형의 의지에 달려있단
말야. 나는 형의 체력으로 이번 등정은 가능하다고 믿어. 정말 우리는
꼭 성공할 꺼야. 형 알았지".

닥터 조의 이 말 한마디가 영원한 어두운 그림자의 포로가 될 줄
이야……

사카르마타 정상을 향해

9월6일은 정상에 올라서기 위해 앙 푸르바와 함께 전진캠프를 떠나는 날, 대원들은 일찍 일어나 아침식사를 손수 마련해 주고 이기용 대원은 행운의 마스코트를 내 배낭에 달아주는 등 어제의 어두운 표정은 사라진 채 손을 내밀어 성공을 비는 악수까지 청한다. "축하합니다. 형! 성공을 바라오"라는 이 말 한 마디에는 산 사나이의 깊은 우정이 서려 있었다. 주어진 막대한 책임감을 생각하니 가벼운 전률이 온몸에 흐른다.

오늘에 이르기까지 몇 년간 고생을 같이했던 대원들을 위해서라도 기필코 성공해서 돌아와 기쁨으로 보답하리라. 그리고 설악산에서 같이 훈련 도중 눈사태로 숨진 세 동료들의 한도 함께 풀어 주리라. 만약 등정을 못할 경우 돌아오지 않겠다는 굳은 의지가 가슴에 불타 올랐고 또한 자신에 넘쳐 있었다. 천막을 지키고 있던 셰르파들도 모두 나왔다. "바라사보 성공을 빕니다" 하면서 줄지어 서서 라마교 의식에 따라 두 손 모아 합장하며 격려해 주었다.

2차 공격대로 선발된 한정수, 고상돈 대원은 전송해주기 위해 로체 페이스 아래까지 뒤따라와 배웅해줬다. "상열이 형, 길 잘 닦아 놓아요. 내가 올라갈 수 있도록, 형 알았지" 하면서 한정수 대원의 특유의 제스쳐로 굵다란 눈동자를 굴린다. 고상돈 대원은 "형! 정상에 갖다오면 형이 좋아하는 창을 준비해 놓을게" 이 한 마디에는 진정한 산사나이의 우정을 감지할 수 있었다.

경사가 급한 로체 페이스 하단부에 도착했다. 앙 푸르바와 같이

안자이렌으로 경사가 급한 설사면으로 붙기 위해 설치해 놓은 횤스
로프에 유마르를 끼우고 몸을 맡겼다. 웨스트 쿰 상단부터는 급경사
라 속도가 느릴 뿐 아니라 몇 발자국도 못 가 가쁜 숨을 몰아 쉬면서
주저앉기를 수십 차례나 반복했다.

캠프3(7,500m)에 도착하니 일주일 전에 쳐놓은 천막이 3일 동
안 내린 폭설로 반쯤 파묻혀 있었다. 제설작업으로 원상 복구하는데
많은 시간이 소요됐다. 오후의 한나절은 따뜻한 햇살 아래 눈 위에
매트를 깔고 그 위에 들어 누워 파란 하늘을 쳐다보면서 진한 커피를
마셨다.

앞으로 다가올 시련의 운명을 다 잊어버리고 오직 산과 사람만
이 이곳에 존재하듯 휴식의 기쁨을 만끽했다. 발 아래에 전개되는 웨
스턴 쿰을 내려다보았다.

어둠의 상막이 깔리는 빛과 그림자를 지켜보면서 동화 같은 한
상 속으로 빨려 들어갔다. 빙하 위에 떠도는 구름 아래 ABC의 울긋
불긋한 원색 천막 앞에 대원들이 모여 내 모습을 지켜보는 듯했다.
그러나 식별하기는 거리가 너무 멀었다.

ABC에서 두 사람을 정상을 향해 올려보내 놓고 초조한 마음을
달래면서 적은 김 대장의 일기를 옮겨본다.

9월6일

맑은 후 흐림 기온은 영하9도.

오늘은 어느 때보다 일찍 눈을 뜨다. 그야말로 쾌적이다. 에베레
스트 정상에서 내려오는 동남릉과 사우드 콜 그리고 로체로 이어지
는 스카이 라인이 맑게 갠 하늘 아래 예리하게 드러나고 있다. 남서
벽과 로체 페이스와 눕체 북사면은 아직 이둠에 잠긴 듯하다. 오늘은
1차 공격조가 캠프3으로 진출하는 날이다. 박상열과 앙 푸르바는 간
밤에 잘 잤는지? 아니면 잠을 설쳤는지? 그럴리가 없다. 두 사람 모

두 역전의 용사요, 보통 인간이 아니다. 그들은 지금까지 언제나 선두에서 스스로 알아서 자기 길을 열었다. 그래서 이렇게 1차 공격 조로 뽑힌 것이다. 이것을 누구보다도 그들이 안다. 나는 이렇게 생각하며 나 자신의 불안과 회의와 흥분을 감추어 보려고 했다. 그런데 사실 나는 오늘 새벽에 이상한 체험을 했다. 꿈을 꾼 것이다.

나는 이것을 단순한 꿈으로 보지 않았다. 나는 이렇게 단순한 꿈으로 여기지 않는 데는 그럴 이유가 있다. 지금까지 나는 꿈을 모르고 살아왔다. 잠자리에 누우면 다음 날 일어날 때까지 누운 대로 깊이 잠들었다. 뿐만 아니라 에베레스트에 와서도 그 동안 어렵고 괴로운 나날에 잠을 잘 잤고 꿈꾸는 일이 없었다. 그런데 내가 간밤에 꿈을 꾼 것이다. 그리고 그 내용이 또한 이상했다.

나는 서울 수유동 집에 혼자 앉아 있었다. 이상하게도 거실에는 벽이 있었고 이층으로 통하는 계단만이 공중에 뜬 듯이 보였다 그런데 이때 그 계단으로 흰옷을 입은 사람들의 무리가 내가 앉아 있는 데로 내려 왔다.

나는 잠에서 깼다. 나는 물론 에베레스트 남서벽 밑 웨스턴 쿰 상단부에 설원에 친 천막 안에 있었다. 날은 아직 어두웠는데 날이 새면 1차 공격 조가 정상을 향해 여기를 떠난다. 집을 떠날 때 아내가 준 작은 「성경」을 놓고 시편 21편을 읽으며 기도했던 것이다. 내 기도는 그야말로 간절했다. "주님이 지으신 세계 최고봉 에베레스트에 지금 우리는 오르려고 합니다. 그런데 원정대장은 제가 아니고 주님이십니다. 주님이 직접 지휘하시고, 우리를 저 높은 곳에 서게 하소서. 그리고 그 영광을 받으소서, 아멘."

9월7일 오늘은 사우드 콜로 진출하는 날. 이른 아침에 눈을 뜨다. 날씨는 좋았으나 고도의 탓인지 잠자리에서 추위를 느꼈다. 침낭에서 빠져 나와 아침식사를 마련하기 위해 눈을 녹여 삼계탕을 끓이는데 많은 시간을 소비했다. 식욕감퇴로 다 비우지는 못했다. 고소에서 신체적인 영향은 없었으나 식욕부진만큼은 이겨내지 못했다. 아무리 맛있는 음식도 몇 숟갈 들고나면 저절로 손이 내려온다.

그래서 체중감소는 물론 체력이 떨어질 것을 염려하여 건조된 알파미를 버터에 볶아 갖고 다닌다. 휴식 때마다 입에 넣어 씹기도 하여 나름 대로의 변화 있는 요리로 체력을 유지하고 있다.

오전 6시30분 셰르파들에게 산소통을 지게하고 캠프3을 출발, 끝없이 펼쳐진 로체 페이스를 트래버스했다. 며칠 전에 러셀한 자국은 눈사태가 지나간 탓인지 흔적조차 없다. 어렵게 설치한 휙스 로프가 눈 속에 파묻혀 피켈로 눈을 파 자일을 끄집어내기도 했다. 밤새 기온이 떨어져 자일이 눈에 얼어붙어 경사 50도가 넘은 설벽을 기어오를 때 자일을 잡은 손이 밀리는 등 불편이 이만 저만이 아니었다.

아래 ABC캠프에서 김 대장은 천막 밖에 서서 무심코 로체 페이스를 올려다보고 있노라니 제3캠프에서 제네바 스퍼 (Geneve Spur ·사우드콜에 진입하기 전 웨스턴 쿰 위에 있는 돌출된 암릉)에 이르는 대설사면에 검은 점들이 보였다. 그 점들은 일렬 종대로 느리면서 꾸준한 속도로 로체 사면을 대각선으로 가로질러 조금씩 앞으로 나가고 있었다. 사우드 콜로 향하고 있는 정상공격 팀과 지원나선 일행임에 틀림없었다. 그들 아니고서 지금 거기 누가 있겠는가? 그것은 바로 웅대한 대자연 한 가운데 펼쳐진 숭고한 인생 드라마였다. 김 대장은 눈물이 핑 돌았다.

'우리는 지금 무엇을 하고 있으며 왜 이렇게 하고 있을까?'

「'77에베레스트 우리가 오른 이야기」 저자 김영도 대장의 일기문 중에서 사우드 콜 진입의 문턱에 이르면 눈 위에 돌출 된 제네바 스퍼(7.894m)를 넘어서야 한다. 레다(줄사다리)를 삽고 발판에 내딛을 때마다 아이젠 앞 발톱이 바위에 부닥치는 금속성 소리에 신경을 곤두 세웠다. 더구나 먼저 올라선 셰르파들의 부주의로 눈덩이가 얼굴에 마구 떨어져 앞이 안 보일 때는 온몸에 힘이 빠지는 듯 했다. 이 암벽의 돌출부를 힘겹게 올라서자 무거운 배낭을 뒤로 제치고 눈 위에 풀썩 주저앉아 버렸다. 그리고 숨가쁜 호흡을 진정시키는데는 얼마간의 휴식이 필요했다. 발 아래의 펼쳐진 웨스턴 쿰은 짙은 안개 가 가려 아무 것도 보이지 않았으나, 이와 대조적으로 8천미터의 상 공에도 파란 하늘이 전개되어 있었다.

'아 ! -- 한국인이 밟아 본 적이 없는 8천미터의 사우드 콜에 도착했구나!'

이 때였다. "획" 하는 바람이 밀려오는 소리에 놀라 정상을 쳐 다보니 남봉에서 엄청난 눈사태가 일어났다. 수천만 톤이나 되는 눈 덩이는 웨스턴 쿰의 지면에 닿은 듯 "펑" 하는 굉음과 함께 눈가루 가 구름을 뚫고 마치 원폭을 투하한 구름처럼 에베레스트 정상보다 더 높이 제트 기류를 타고 하늘로 치솟았다.

사우드 콜에 일찍 도착한 덕분에 오후는 무료했다. 티베트 쪽 산 야에 펼쳐지는 파노라마를 한 눈에 볼 수 있었고, 에베레스트의 시녀 로 설움을 받아 온 옆의 로체(8,511m)봉이 직선거리 3킬로미터라 바로 눈앞에 솟아있다.

로체와 어깨를 나란히 하고 있는 기생봉 로체 샬(8,383m)의 '샬'은 세르파어로는 동쪽을 의미한다. 그래서 로체의 동쪽에 있 다는 뜻이다. 지금부터 6년 전 8천미터까지 접근했으나 눈물을 머금 고 하산했는데 지금은 손에 잡힐 듯 너무나 가깝게 보였다.

저 멀리 초 오유(8,201m)가 구름을 거느리고 위용을 자랑하고 있다. 살인봉 아마다부람(6,896m)이 발 아래에 피라미드형으로 솟 아 있어 내가 서 있는 지점이 8천미터의 고도라는 것을 실감케 했다. 외국 서적을 통해서만 눈익혀 보았던 사우드 콜에 지금 내가 서있다 는 현실이 도대체 믿어지지 않는다. 티베트 캉슝빙하가 내려다보이 는 지점에서 사방 펼쳐져 있는 이름난 산군들의 파노라마를 만끽해

62

ABC 캠프에서 정상을 향하는 필자(좌)와 파트너인 앙 푸르바(우)

가며 주위 아름다움에 취해 있는데 셰르파들이 차를 끓여 주었다.

이곳은 세계에서 가장 높은 '국제 쓰레기장', 외국 등반대가 사용하고 내다 버린 빈 산소통이 딩굴고 있을 줄 알았는데 엄청나게 내린 눈 탓으로 다 파묻혀 아무 것도 보이지 않고 바람이 불 때마다 설연이 날려 고독만 남는다. 1974년 앙 푸르바가 일본 원정대에 참가했다가 남은 산소통 5개를 자일로 묶어 이곳에 숨겨뒀다는 말을 듣고 산소가 모자라 고심하고 있는 터라 귀가 솔깃했다.

한 가닥의 기대를 걸고 짐작되는 지점에 눈삽으로 1미터 가량 눈을 파 헤쳐 보고 피켈로 찔러보았으니 쌓인 눈이 너무니 깊어 지면까지 닿지 못해 아까운 시간과 체력만 낭비했다.

사우드 콜에도 밤이 왔다. 천막 안으로 들어가 내일 등반에 필요

63

한 장비를 챙겼다. 산소 마스크의 레귤레이터(Regulator·산소통의 배출량을 조절하는 장치)를 0.5리터로 조정하고 내일의 등반을 위해 8시쯤 일찍 잠자리에 들었다. "세-에" 하고 산소가 새어 나오는 소리가 들렸다. 여기는 지상 산소량의 1/3밖에 되지 않아 성냥불을 켜도 이내 불이 붙지 않을 뿐더러 담배를 피우다 그냥 두면 타들어가지 않고 이내 꺼져 버리는 곳이다.

차가운 바람이 천막을 두드리고 지나가는 황량한 산 중에 생물체라고는 찾아볼 수 없는 지구상에서 제일 높은 벌판에 나 혼자 누워 있다 라는 생각이 들자 외로움이 왈칵 치밀어 왔다. 또 한 지금 내 모습이 마치 병실의 중환자처럼 산소 마스크를 끼고 누워있다는 생각이 들자 자리를 박차고 일어나 어디론가 달아나고 싶었다.

왜! 우리 산악인들은 한 푼의 보수도 없는 험난하고 삭막한 길을 생명까지 내 걸고 스스로 선택한 괴로운 길을 걸어가야만 하는가----? 내 자신에게 물어보았으나 대답은 메아리처럼 되돌아오지 않았다.

'등산의 기쁨은 정상을 정복했을 때 가장 크다. 그러나 나의 최상의 기쁨은 험난한 산을 기어오르는 순간에 있다. 길이 험하면 험할수록 가슴은 뛴다. 인생에 있어서 모든 고난이 자취를 감췄을 때를 생각해 보라. 그 이상 삭막한 것은 없느니라.'

독일의 유명한 작가 니이체의 등산철학을 되새겨 보면서 눈을 애써 감아보았다.

이른 새벽 산소결핍에서 오는 불면증도 없이 평온한 잠에서 깨어나 천막 밖을 내다보니 밤하늘에는 별이 총총하다. 정상공격에 절대적인 장비와 식량을 챙겼다. 미 우주항공국 나사(NASA) 산소 12개, 일제 가모시가 천막 1동, 무전기 1대, 소형 카메라 1대, 식량 8식분을 준비했다. 최대한 중량을 줄이기 위해 몸에서 한시라도 떼어놓지 않았던 일기장까지 남겨 두었다.

64

마지막 캠프로 가는 길은 심연의 바다처럼 눈은 깊고 길었다. 기록을 통해 본 넓은 능선 위에 산소통이 너절하게 깔린 사우드 콜은 아니었다. 동서릉을 향해 펼쳐진 능선을 가로질러 심설을 헤치고 걷기 시작했다.

　　몬순 기간동안 하루도 빠짐없이 많은 눈이 내린 탓인지 허리까지 육박할 때는 한 발자국도 움직일 수 없는 눈의 포로가 되고 만다.

　　산소가 희박한 대기 속으로 피로에 지친 육체를 이끌고 어깨를 짓누르는 배낭의 중량을 의식하면서 걷다보면 발걸음도 점점 느려진다. 이때 달콤한 유혹이 뒤통수를 당긴다. 누군가 쉬고 있는가 싶어 되돌아보면 셰르파들의 힘겨운 호흡소리가 등뒤에서 들려와 발걸음을 멈출 수 없었다. 앞서가던 셰르파들이 러셀을 하면서 가끔 얼굴을 돌려 힐끔 나를 훔쳐본다. 과연 자기네들의 걸음을 따라올 수 있는지 걱정했으리라. 그러나 솜처럼 피로한 기색 없이 선두와 거리를 좁혀 나가자 엄지손가락을 내 밀면서 "베리 스트롱"이라고 또 한번 추겨 세운다.

　　선두가 결국 몇 발자국을 못 가 엄청난 눈에 밀려 뒤로 나자빠진다. 순번대로 뒤따르던 셰르파가 앞서 눈을 헤치고 나간다. 난생 처음 사용해보는 산소마스크가 얼굴 앞에 매달려 숨을 쉴 때마다 풍선처럼 부풀어올랐다가 쭈그러진다. 남봉으로 이어지는 설사면 하단부에 도착했을 때는 배낭을 눈 속에 팽개치고 쉬고 싶은 생각이 간절했다. 그러나 먼저 입 밖에서 나오지 않았다. 내 뒤를 따르던 앙 푸르바가 내 심정을 대변하듯 "비스타리 훈차(네팔말·천천히 가면 좋다)"라고 속삭인다.

　　점점 고도가 높아질수록 경사가 더욱 심해지는 것 같은 느낌이었다. 내 딛는 발은 천근같이 무거웠다. 결국 30보를 넘어서지 못하고 주저앉아 버린다. 심장이 파열 될 것 같은 고통을 진정시키기까지는 많은 휴식과 산소를 요구했다. '비스타리 훈차'라는 네팔말을 되새기며 마스크에서 새어 나오는 신선한 산소를 마셔도 다리는 천 근같이 무거운 것은 어쩔 수 없었다.

드디어 출발한지 6시간30분만인 오후 2시30분 경 마지막 캠프 5(8,490m)에 도착했다. 비교적 평탄한 설면에 한 동의 천막을 치기 위해 제설작업을 했다. 한 10분쯤 지났을까. 갑자기 "쩡" 하는 눈 표면이 갈라지는 소리가 들려왔다. 내려다보니 3미터 아래 지점에서 폭100미터 두께1미터 가량의 눈이 떨어져 나가면서 주위에 있는 눈을 휩쓸며 우리가 올라온 길을 휩쓸고 내려갔다.

너무나 당황한 나머지 "눈사태다" 하면서 능선을 향해 뛰어보았다. 마음만 조급할 뿐 깊은 눈이 발목을 잡는다.

다행히 눈사태는 더 이상 능선 쪽으로 번지지 않았다. 건설의 표층 눈사태는 하얀 눈가루를 날리면서 어렵게 올라온 길을 무너뜨리고 사우드 콜을 향해 여세를 몰아간다. 이 지역은 다행히 넓고 평탄해 캠프까지는 눈사태의 영향권에서 벗어날 수 있었다. 앙 푸르바는 눈 표면이 떨어져 나간 지점으로 몸을 잽싸게 옮겼다. 그리고는 사방으로 흩어져있던 셰르파들을 불러모았다. "한 번 발생한 눈사태의 지점은 당분간 발생하지 않는다"고 했다.

"바라사보! 이제 액운은 끝났습니다", "투데이 러키 데이" 하면서 앙 푸르바가 행복에 겨워 나를 껴안는다. 만약에 우리가 10분 늦게 도착했어도 우리 일행은 눈사태의 제물이 되고 말았을 것이다. 정말 소름이 끼친다.

얼마 후 눈사태로 떨어져 나간 지점에 일제 가모시가 천막 한 동으로 캠프5(8,490m)가 세워졌다. 히말라야의 특유의 제트바람이 불어닥치면 금방이라도 날려갈 것 같은 가냘픈 천막이었지만 우리 두 사람에게는 더 할 나위 없는 보금자리였다. 지원 차 올라왔던 셰르파들이 내 곁으로 다가와 "바라사보, 성공을 바랍니다" 하고 손을 내밀어 악수를 청하면서 어깨를 감싸준다. 언제 닥칠 줄 모르는 죽음의 그늘에 서 있는 두 사람의 불안한 마음을 어루만져 주었다.

그들은 따뜻한 이국의 정을 작별인사로 던지곤 내려갔다. 영원한 이별이 될지도 모른다는 걱정이 되는지 몇 번이나 걸음을 멈추고 되돌아서서 피켈을 흔들어 줬다. 내일 정상에 올라서서 피켈을 높이 쳐들라는 시늉인 것 같기도 하다. 이제는 우리를 도와줄 사람은 아무도 없다. 두 사람 만이 앞으로 닥칠 운명을 스스로 헤쳐가야만 한다.

에베레스트 정상을 향하는 문턱에서 전야제가 시작된다. 앙 푸르바는 라마교 의식에 따라 만년설 위에다 향불을 피우고 갖고 온 마니경(라마불교의 경서)을 외우고 난 후 천막 주위를 돌면서 "옴마니 밧메훔" 하면서 준비해온 한 줌의 쌀을 눈 위에다 뿌린다. '옴'은 천신들 속으로 환생하는 문을 닫고, '마'는 아수라들 속으로 환생하는 문을 닫고, '니'는 인간들 속으로 환생하는 문을 닫고, '밧'은 동물 속으로 환생하는 문을 닫고, '메'는 굶주린 아귀들 속으로 환생하는 문을 닫으며 '훔'은 지옥으로 태어나는 문을 닫아 준다고 한다.

나는 일기장도 중량을 줄이기 위해 사우드 콜에 남겨두고 올라왔는데 앙 푸르바는 경서를 여기까지 갖고 올라와 산신제를 지내는 것을 보고 종교의 위대한 힘을 느낄 수 있었다. 정상을 향한 샤머니즘은 초모룽마 눈의 여신에게 향 내음의 바람을 타고 전해 주길 바랄 따름이다.

그 날 밤 가까이 본 에베레스트의 정상은 바람 한 점, 구름 한 점 없이 고요했다. 이 날씨가 내일까지만 계속된다면 5시간이면 정상에 도착할 것 같다. 지구의 끝 모퉁이에도 밤이 찾아오는가 보다. 날이 어두워지자 기온이 떨어지고 바람이 세차게 불기 시작했다. 천막 안에서 저녁준비를 서둘렀다. 추위에 가스연료가 얼어붙어 눈을 녹여 수프를 끓이는데 한 시간 이상 걸렸다.

내일의 정상을 맞이하기 위해 산소 봄베에다 레귤레이터를 끼우고 수면용 0.5리터로 조정하고 산소 마스크를 얼굴에다 씌웠다. '모든 운명은 내일의 날씨에 달려있다' 면서 서둘러 일찍 잠자리에 들어갔다. 온갖 망상은 머리를 어지럽힐 뿐 좀처럼 잠이 오지 않았다.

새벽 2시쯤 되었을까. 어떻게 된 영문인지 산소가 나오지 않는다는 것을 어렴풋이 느꼈다. 바람이 천막을 두드리고 있는 이 추운 날씨에 침낭에서 빠져 나와 천막 밖으로 나가 새것으로 갈아 끼운다는 것은 공기가 희박한 고소에서는 신체의 잠행성을 가져와 움직인다는 것은 보통 번거로운 일이 아니었다. '일어나 산소를 갈아 끼워야 한다' 는 것은 생각일뿐이었고 몸은 따라주지 않아 그대로 잠들고 말았다.

8천 미터의 고소에서는 오히려 행동 산소보다는 수면용의 산소가 더 중요하다는 사실을 잊어버린 것이 크나큰 실책이었다. 저산소증에서 오는 뇌부종은 모든 행동에 지장을 초래한다. 그래서 고소에서 오는 자연쇠퇴의 영향을 받아 하루밤 사이에 내 몸이 극도로 쇠약해 버려진다는 사실도 모른 채 달콤한 유혹의 잠에 빠려들고 말았다.

68

초모룽마 여신의 싸늘한 미소

1977년 9월9일 평생토록 잊지 못할 운명의 그 날이었다. 절망의 상황, 비극의 순간, 제2의 생을 실감케 했다. 그것은 죽음과의 만남이었으나 다행히 죽음이 나를 비켜갔을 따름이었다. 심장이 찢어질 듯한 산소의 고갈, 칠흑 같은 밤에 영하30도 속에서의 허기짐, 거기에다 끊임없이 밀려오는 잠의 유혹, 그것은 바로 생지옥이었다. 한국에베레스트의 원정대의 1차 공격조로 크라이밍 사다 앙 푸르바와 힘께 정상 정복을 바로 눈 앞에 두고 악천후와 신소 부족으로 철수해야만 했다.

새벽 4시30분 새벽의 찬 공기를 깨뜨리는 김 대장의 목소리가 무전기를 통해 들려왔다. "아침 컨디션은 어떤가?", "간밤에 산소가 떨어져 그대로 잠들어 버렸기 때문에 약간 속이 메스꺼울 따름입니다", "도대체 무슨 소리야?" 하는 김 대장의 당황하는 목소리를 의식하면서 무전기를 꺼버렸다.

추운 날씨 탓으로 이중으로 된 천막 내피는 온 통 성애가 하얗게 얼어붙어 바람이 불거나 사람이 움직일 때마다 눈가루가 얼굴에 떨어진다. 연료 냉각을 방지하기 위해 가스통을 침낭 안에 넣고 잤는데도 불구하고 산소부족과 기온의 급강하로 가스버너에 불을 붙여보니 화력은 마치 촛불같다. 그래서 눈을 녹여 삼계탕을 끓이는데 한 시간 이상을 소비했다.

행동이 둔해져 등산화를 신고 무전기 1대, 스틸 카메라 1대, 무비 카메라 1대, 산소통 2개, 그리고 약간의 식량을 챙기는데 8,000

69

미터가 넘은 고소에서는 상당한 시간을 소비해야 했다.

한국 에베레스트원정대의 1차 정상 공격조란 무거운 사명감을 띠고 두 사람은 아침 6시경 천막 문을 밀치고 밖으로 나왔다. 날씨는 맑게 개어 파란 하늘은 마치 사파이어처럼 아름다웠다. 떠오르는 아침 햇살을 받은 황금빛 정상은 손에 잡힐 듯 너무나 가깝게 보였다. 남봉에서 정상으로 이어지는 능선에는 커다란 커니스(눈처마)가 수없이 티베트 쪽으로 뻗어있어 접근할 수 없는 싸늘함이 비쳤다. 내 젊음을 산에 바친 마지막 피나레, 에베레스트 정상에 도전하는 순간이 온 것이다. 정상을 바라보며 뛰는 가슴을 억제하면서 두 사람은 안자이렌(Anseilen·로프로 몸을 서로 엮는 것)했다. 가벼운 전율이 온몸에 흐른다. 만년설로 소복 단장한 저 산은 인간의 지혜로는 헤아릴 수 없는 신비감이 감돌고 있었다.

아! ―― 저 산릉이 그리워 얼마나 많은 알피니스트들이 목숨을 바쳤던가?

위대한 산릉이 때로는 희생을 요구할지 모른다. 그렇지만 등산가는 자신의 숙명적인 희생자가 되는 것을 알면서도 숭고한 이념은 버릴 수 없는 것이다. 낭가 바르바트(Nanga parbat)빙하에 감도는 머메리즘(Mummerism)의 영혼을 되 새겨 보았다.

얼굴에 산소 마스크를 씌우고 16킬로그램의 배낭을 진 몸으로 첫 발을 내딛자 갑자기 현기증이 일어나서 몸이 비틀거렸다. "아니 이럴 수가 있나"하고 간밤을 생각하니 그 이유를 알 듯 했다. '간밤에 산소를 사용하지 않고 잠을 잤기 때문이다' 라는 것을 느끼자 겁이 왈칵 났다. 산소용량을 2리터에서 최대용량인 4리터로 올렸다.

마치 구름 위를 걷고 있는 듯한 환각적인 증세는 차츰 사라져 버렸다. 남봉으로 이어지는 가파른 심설의 늪지대를 러셀해 나간다. 허벅지에서 허리로 점점 육박하는 눈! 마치 거센 파도가 닥쳐오는 듯했다. 마스크에서 나오는 입김은 금방 얼어붙어 버린다. 공 튜브처럼

70

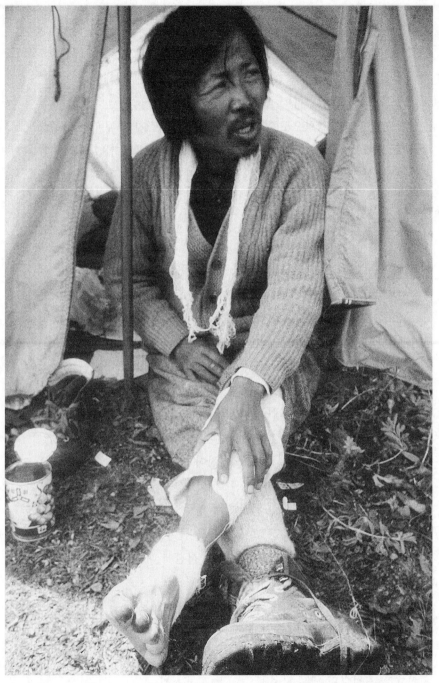

베이스 캠프에 내려와 동상걸린 발을 치료하는 모습

71

생긴 둥근 산소 주머니가 턱밑에 매달려 있다가 내 뿜은 숨결 따라 부풀었다가 오므라지는 것을 보고 내 육신이 산소에 의해 움직인다는 것을 느낄 수 있었다.

남봉에서 정상으로 이어지는 거대한 커니스가 북쪽 티베트 쪽으로 뻗어 있다. 그 위로 설연의 긴 꼬리가 동쪽으로 뻗어 있는 것을 볼 때 정상에는 제트기류의 강한 바람이 휘몰아친다는 것을 짐작할 수 있었다. 남봉이 가까워질수록 양옆으로는 한 사람도 비켜설 수 없는 벼랑길의 연속이었다.

좌측으로 고개를 돌리면 눕체와 로체의 정상이 나의 발과 평행한다는 것은 8,500미터를 넘어섰다는 뜻을 의미했다 .우측으로 에베레스트의 웅장한 모습이 바로 눈 앞에 전개된다. 아침 햇살을 받은 초모룽마 여신의 싸늘한 미소에는 두 사람이 감당하기 어려운 엄청난 눈이 복병처럼 도사리고 있을 줄이야 !

오직 정상에 도달해야만 된다는 생각뿐 두려움에서 오는 생명의 대한 애착 같은 것은 느낄 수 없었다. 산소부족에서 오는 천근같은 무게에서도 발걸음을 내딛는 것은 본능이다. 움직이지 않고 산소를 마신다는 것은 정상이 점점 멀어진다는 것을 어렴풋이 느낄 수 있었다. 그러나 산소 고갈에서 오는 심장이 파열될 것 같은 고통을 참을 수가 없었다. 그 자리에 풀썩 주저앉고 싶은 달콤한 유혹이 가슴에 와 닿는다. 그러나 경사가 워낙 심해 엄두도 내지 못한다. 오직 선 채로 피켈에다 체중을 맡긴 채 가쁜 숨을 몰아쉴 따름이다.

얼마의 시간이 흘렀는지 모른다. 시간에 대한 관념도 없어진지 오래다. 얼마 전까지만 해도 파란 하늘이 잿빛으로 변해 버렸다는 사실조차 의식하지 못했다. 저 아래 멀리 남체에서 쿰부 빙하 쪽으로 먹구름이 빠른 속도로 이동하여 탐세르크, 아마다브람, 푸모리봉을 휩쓸어 발 아래의 온 천지를 덮어 버렸던 것이다. 이러한 불길한 징후를 올라가는 데만 신경을 써 우리는 몰랐다.

웬일일까! 아침까지도 쾌청하던 날씨가 갑자기 심술을 부려 엄청난 폭풍설이 몰아쳤다. 서로의 몸을 자일로 엮은 앞모습은 커녕 내발 밑도 안 보일 정도의 무서운 눈보라가 방향 감각마저 잃게 했다. 오직 한 걸음이라도 더 내디뎌야만 된다는 인간 본능이 있었을 뿐이다. 허리까지 육박해오는 눈을 러셀하여 몇 걸음 올라서면 설사면이 무너져 눈더미와 함께 결국 제자리 걸음이 되고 만다. 그 때는 온 몸에 힘이 빠져 정상에 등을 돌리고 싶었다.

시야를 가리는 눈보라 속에 눈더미를 헤치는 것이 아니라 네 발짐승처럼 눈 위로 기어가는, 즉 수영의 접영하는 자세가 되어 버렸다. 악천후를 헤치고 나가는 것이 얼마나 다급했던지 아니면 산소가 희박한 지대에서 오는 정신력의 쇠퇴때문인지 산소가 얼마나 남았는지 계기를 볼 여유조차 없었다.

어깨를 짓누르는 두개의 산소 통을 짊어지고 심설을 헤치고 나아가는 것은 체력만 낭비된다는 생각이 어렴풋하게 들었다. 배낭을 벗어 산소 한 개를 끄집어내어 내려올 때 사용하기 위해 눈 위에 데포(Depot·임시보관) 시켜놓고 보니 순간적으로 한결 몸이 가벼워진 듯 했으나 심설을 헤쳐나가기는 마찬가지였다.

안자이렌으로 해발 8,760미터의 남봉에 도착한 것이 오후 1시 50분. 보통 이 시간이면 정상에 도달하는데 결국 표고 310미터를 오르는데 6시간 이상 소모한 셈이었다. 앞으로 표고 90미터를 올라야만 그토록 갈망했던 에베레스트 정상인 셈이다.

나와 앙 푸르바는 한 평 남짓한 남봉(8,760m)에 올라 가쁜 숨을 몰아쉬면서 털썩 주저앉았다. 주위를 살펴보니 날씨 탓으로 여기가 최고의 정상인가 착각할 정도로 더 높은 곳이 보이지 않을 정도의 눈보라가 시야를 가렸다. 너무나 피곤한 나머지 배낭을 멘채 뒤로 나가 자빠져 가쁜 숨을 몰아쉬면서 뛰는 심장의 맥박이 안정되기를 기다렸다. 그리고 허기진 배를 채우기 위해 마스크를 벗어 버렸다. 배낭에 있는 압축된 고소식량을 씹어보니 마치 나무토막 같이 딱딱했다. 오렌지 캔은 추운 날씨로 꽁꽁 얼어붙어 한 모금도 마시지 못하자 신경질적인 반응으로 남봉 아래로 내 던져 버렸다.

두 사람은 미처 예상치 못했던 적설에다 악천후까지 겹쳐 너무나 많은 시간을 낭비하여 체력이 한계에 도달한 처절한 모습이 되어가고 있었다.　ABC캠프를 비롯하여 전 캠프마다 무전기 앞에 두 사람의 정상의 목소리를 숨 죽여 초조히 기다리는데 "여기는 남봉, 지금 남봉에 도착했다. 오버"라는 소식을 알렸다. '오후1시면 정상에서 내려올 시간인데. 이제 남봉에 도착했다니. 아니 이럴수가 있나!' 다급해진 김영도 대장의 음성이 귓전을 때렸다. "지금 그곳 상황은 어떠한가?", "심한 눈보라로 정상은 보이지 않습니다", "그러면 정상까지 갈 자신이 있단 말인가? 확실히 대답해라", "앞으로 한 시간이면 정상에 도달할 것 같습니다", "고집부리지 말라"는 대장의 음성에는 괴로운 심정이 담겨 있었다.

남봉에서 7, 8미터 내려오니 정상으로 이어지는 설릉은 양쪽으로 한 치도 비켜설 수 없는 벼랑길의 연속이다. 한발씩 내 디딜 때마다 발 아래 눈이 무너져 작은 눈사태를 일으키는 바람에 신경을 곤두세워야만 했다. '정신을 바짝 차려야한다. 여기서 실수하면 2천미터가 넘는 쿰부빙하로 떨어지면 만사가 끝장이다.' 앞서가던 앙 푸르바도 나를 염려했던지 고개를 돌려 나를 힐끔 쳐다본다. 지척을 분간할 수 없는 눈보라 속에서도 정상이 가까워 졌다는 것을 어렴풋이 느낄 수 있었다. 죽음의 사각지대! 즉 나이프 릿지(Knife Ridge·칼 날 같은 등마루)가 40, 50미터쯤 뻗어 있었다. 천길 만길의 아찔한 벼랑길이었다. 눈보라가 시야를 가려 고도에 대한 스릴은 전혀 느끼지 못했다. 지상의 산소 1/3밖에 안 되는 적은 양의 산소는 사고 능력을 떨어지게 해 위험하다는 것조차 느끼지 못하게 했기 때문이리라. 만약 날씨가 좋았더라면 쿰부빙하를 내려다보는 장관과 더불어 짜릿한 공포를 맛보았을 것이다.

선 크러스트 (Sun Crust·햇볕에 의해 표면이 녹아 얼어붙어 있는 것)는 양쪽이 경사 60~80도에 가까운 칼날 같은 능선은 엄밀하게 따져보면 하나의 국경선이다. 좌측은 네팔, 우측은 티베트쪽이 된다. 하나의 칼날 같은 설선을 통과하게 되는데 주로 경사가 적은 네팔 땅에 발을 붙이고 피켈을 든 오른손은 칼날 같은 국경선을 넘어 겨드랑이를 끼고 돈다. 그 바람에 생명과 다름없는 피켈을 떨어뜨릴 뻔한 아찔한 순간도 겪었다.

산소 마스크에 달라붙은 눈 사이로 뿌옇게 악명 높은 '힐라리 스텝' 또는 '힐라리 침니(표고 8,800m에 위치한 초등자 에드먼드 힐라리 이름을 따 붙인 높이 11m 정도의 설벽)' 가 앞을 가로막았다. 이 때였다. 마스크에서 산소가 새어 나오지 않았다. 너무나 당황한 나머지 배낭을 벗어 산소 게이지를 보니 바늘이 제로에 멈춰 있었다. "앙 푸르바 노 옥시전(산소가 떨어졌다)" 라고 먼저 외쳤다. 그도 산소가 떨어졌다는 듯 배낭에서 빈 산소 통을 눈 위에다 내려놓고는 근심스러운 표정으로 나를 쳐다본다. 이제부터 내 몸에 신체의 변화가 일어날 것은 분명하다. 산소 부족으로 맥박과 호흡수 증가는 물론 혈액내 헤모그로빈에 의해 산소를 나르나, 저산소증은 심장부위에 공급하기 급급한 나머지 말초신경에 영향을 미치지 못해 손, 발의 동상 우려뿐아니라 뇌산소 결핍은 사고능력 또한 떨어지게 한다. 아니나 다를까! 교수형에 처한 사형수들이 마지막 숨이 넘어가는 순간 항문에서 오물이 나오듯 갑자기 변을 느꼈다.

눈보라 속에 겹겹이 입은 옷을 내리는 일도 보통 일이 아닌데 쭈그리고 앉을 장소 마저 마땅치 못해 몇 번이나 망설였으나 도저히 참을 수 없었다. 피켈을 눈 속에 박아 미끄러지지 않도록 두 손으로 움켜잡은 자세로 초모룽마 여신의 옷자락에 결국 오물을 누렇게 칠하고 말았다. 정상의 문턱에서 내다버린 이 오물은 남서벽의 허공따라 네팔쪽 쿰부빙하 아래로 떨어졌다.

앙 푸르바는 다급한 나머지 무전으로 두 사람의 소식을 초조히 기다리고 있던 김영도 대장한테 이러한 상황을 알렸다.

"노 옥시전"에서부터 "베리 헝그리", "타이어드." 죽음일보 직전의 표현을 모조리 쏟아냈다.

이 시간에 8,800미터의 고소에서 산소가 떨어졌다니 이젠 영락없이 다 죽는구나 하는 불길한 예감이 김 대장의 머리를 스쳐 지나갔다. 다급한 대장의 목소리가 또 다시 귓전을 때린다. "무조건 후퇴하라"는 명령이 떨어졌다.

나는 어릴 때부터 폐활량에 자신이 있어 물 속에서 오랫동안 버티기 내기를 자주 했다. 숨이 찬 친구들이 물 밖으로 코를 살짝 내 밀고 몇 차례 숨을 쉰 다음 다시 들어간 것도 모르고 혼자 미련스럽게 버틴 적도 있었다. 그래서 주위로부터 고집이 세고 승부욕이 강하다는 말을 자주 들었다.

절박한 순간! 죽음의 그늘이 서서히 다가서는 줄 모르고 내 고집은 결국 발동하고 말았다. 정상을 코앞에 두고 도저히 물러설 수가 없었다. 이심전심이라 할까. 앙 푸르바는 힐라리 침니의 설벽에 달라붙어 프론트 포인팅(Front Pointing)으로 피켈을 휘 두르면서 극히 위험스러운 모험을 하고 있었다.

책자를 통해 수없이 눈에 익힌 힐라리 침니는 어떻게 된 영문인지 너무나 달라져 있었다. 11미터 정도 되는 암벽으로 노출되어 약간의 눈이 붙어있는데 바위 하나 보이지 않는 깎아 세운 벽이 눈으로 엉켜붙은 벽이었다. 여기를 올라서서 밋밋한 능선 따라 20분 쯤 커니스로 이루어진 능선을 따라가면 그토록 갈망했던 정상에 올라설 수 있다는 기대감에 우리 두 사람에게 산소가 필요 없었다.

앙 푸르바는 정상을 불과 48미터를 남겨놓고 억울하게 물러설수 없다는 나의 심정을 이해하는 듯 가쁜 숨을 헐떡이면서 피켈로 아이스 커팅(Ice Cutting)을 하기 시작했다. 두 사람은 이제 말없이 행동을 실천에 옮기는 수밖에 없었다. 자일을 잡고 근심스럽게 쳐다보고 있는 내 얼굴에 눈덩이가 마구 떨어진다.

오후 5시쯤, 힐라리 스텝을 가까스로 넘어 주위를 살펴보니 또한번의 정상을 착각할 정도로 아무 것도 보이지 않았다. 배낭에서 카메라를 꺼내 사진을 찍으려니 눈보라가 렌즈에 엉겨붙어 촬영은 도저히 불가능했다. 산소의 결핍으로 심장은 터질 것 같았다.

감당할 수 없는 고통에 가쁜 숨을 몰아쉴 따름이다. 몸에 지닌 고도계를 보았다. 8,870미터이다. 고도계마저 고장이 아니면 나의 시력을 의심할 수밖에 없었다. 정상이 8,848미터인데 22미터를 더 넘어서 허공에 올라섰단 말인가? 아마 고도계도 바람과 기압의 영향을 받아 잘못 읽고 있는 모양이다..

앙 푸르바가 여기가 정상이나 다름없다는 듯, 너 이상 움직이지 않는다. 마치 사막의 신기루를 본 듯한 산소 부족의 흐리멍텅한 정신상태에서 오는 착란일지 모른다. 아니면 그처럼 염원했던 정상에 대한 꾸밈없는 반항인지 모른다. 그러나 여기서 표고 40미터를 더 올라가야만 정상이 거기에 있다는 엄연한 사실은 내 양심을 자극시켰다.

앙 푸르바는 네팔에서 잘 알려진 유명한 셰르파다. 이번 한국원정대를 포함 3번이나 에베레스트 정상에 도전할 수 있는 행운의 티켓을 얻었으나 불운이 겹쳐 한 번도 올라서지 못한 에베레스트에 징크스가 있는 인물이다.

그는 1976년 미국독립 2백주년 기념등반에서도 대원2명과 함께 정상 공격조에 가담했으나 남봉에서 레귤레이터가 고장이 나 혼자 하산을 서둘러야만 했다. 이때 같이 올라간 대원 2명은 정상 정복에 성공했다.

악천후에 산소까지 떨어진 상태에서 고집은 자칫하면 두 사람의 생명을 잃게 된다. 나는 잠시라도 지체할 수 없다. 손끝에 만져질 듯한 정상, 지구의 끝을 만져보지도 않고 떠나야 하다니 차디찬 빙벽을 향해 피켈이 부러지도록 땅덩어리를 두드리고 싶었지만 죽음 앞에는 손들고 말았다. 죽음에서의 빠른 탈출 즉 삶으로의 빠른 선회를 시도하지 않으면 안되었다.

결국 두 사람의 발걸음은 정상을 뒤로 하고 말았다. 내가 앞서고 앙 푸르바가 뒤따라 6미터의 간격을 유지하고 안자이렌으로 내려왔다. 정상을 눈앞에 두고 돌아설 때 그것은 후퇴가 아니었다. 바로 삶과 죽음의 투쟁이었다. 산소 고갈에다 이때까지 물 한 모금 마시지 못한 굶주림과 추위로 생존 한계에 도달해 있었다. 좀 전까지만 해도 정상을 못 다한 울분이 가슴에 치밀어 올랐지만 죽음의 면전에서는 어느덧 사라졌다. 이제부터는 살아야만 된다는 인간 본능만이 존재했다.

이제부터는 죽음의 길을 퇴치하는 혈투를 벌여야만 했다. 탈진 상태에서 오는 무기력으로 위험천만한 나이프 릿지를 어떻게 통과했는지 모른다. 반사적인 발걸음으로 남봉에 도착하니 어둠이 깔려왔다. "아! 이제는 끝장이구나, 하느님도 너무 무심하다"는 생각이 들었다.

남봉 바로 밑에 남겨놓은 산소를 찾기 위해 눈을 뒤졌으나 찾지 못할 만큼 눈이 쌓여 있었다.

천신만고 끝에 눈 속에서 꺼낸 산소는 나사가 얼어붙어 열지 못해 결국 이것마저 포기하고 말았다. 나는 해가 있을 때 캠프5까지 돌아온다는 생각을 하여 비상 랜턴을 준비하지 않았다.

앙 푸르바와 서로 연결된 자일로 한 덩어리가 되어 한 스텝, 한 스텝씩 죽음의 능선을 빠져 나왔다. 그러나 얼마 못 가 한아름씩 눈을 껴안고 무너져 내리는 눈덩이와 함께 처박혀 딩굴기를 수십번 얼마나 내려왔는지 모른다. 흐릿한 사고력은 시간에 대한 관념도 없어진지 오래다. 두 사람을 연결한 안자이렌이 갑자기 팽팽해졌다. 되돌아보니 그는 눈 속에 풀썩 주저앉아 버렸다. 서로 연결된 자일을 당겨보

죽음의 사지를 벗어나는 필자. 한정수 대원과 펨버 라마 셰르파의 부축을 받고 있다.

니 꼼짝하지 않는다.

　다급한 나머지 "앙 푸르바, 컴 다운"이라고 외치니 그가 서로 연결한 자일을 풀어버렸다. 끝마디에 캐라비너만 댕그랑 달린 채 눈 표면으로 미끄러져 내려왔다.

　네팔에서도 유명한 셰르파 앙 푸르바도 너무나 지친 나머지 삶을 포기한 듯했다. 마치 산이 좋아 멀리 이국만리에서 에베레스트까지 찾아온 이방인 너나 살아서 돌아가라는 듯 무릎사이로 얼굴을 파묻어 버린 모습이 어둠 속에 희미하게 보였다. 얼마 전까지만 해도 나를 돌봐주던 그가 먼저 쓰러지다니! 인간은 인간을 쉽게 배반하고 심지

79

어 신까지 배반하는 경우가 허다하지만 에베레스트는 버려도 나는 동족도 아닌 앙 푸르바를 도저히 배반할 수 없었다. 극한 상황에서 그를 버리고 나 혼자 살겠다고 산소가 남아있을 줄 모르는 캠프5를 찾아 떠날 수 없었다.

이 때처럼 삶과 죽음에 대한 두려움을 느껴본 적이 없었다. 산소 고갈에 따른 흐리멍텅한 정신이나마 한 시라도 빨리 그를 데리고 내려가야만 서서히 다가오는 죽음의 사각지대를 벗어나야만 된다는 생각으로 "앙 푸르바, 치토 치토(네팔어: 빨리 빨리)"라고 소리쳤다. 그는 움직이는 듯 했으나 다리가 굳어 얼마 못 가 눈 속에 주저앉아 버렸다.

이 어두운 밤! 추운 날씨에 산소 없이 눈 속에 파묻혀 날이 샐 때를 기다리는 죽음과 다름없는 비박(Biwak·불시노숙)을 감행해야 할 것인가, 어떻게 할까? 죽음의 문턱에서 시간적인 여유조차 없다. 이 밤에 혼자 내려간다 해도 삶의 회귀를 보장받을 수 있을 것인가? 나도 모르게 희미한 물체를 향하여 기어 올라갔다. 그의 하반신은 눈에 파묻힌 채 고통을 견디지 못해 얼굴은 일그러져 마치 거대한 짐승 얼굴 같았다.

아! 이제는 운명을 하늘에 맡기고 죽음과 맞서는 비박을 하기로 결심했다. 내가 갖고있는 것은 빈 배낭 뿐 아무 것도 없다. 따뜻한 오리털 침낭이나 허기진 배를 채울 수 있는 비스킷조차 없다. 다만 갖고 있는 것은 두 사람의 점점 식어 가는 체온뿐이다.

밤을 지새울 설동을 만들기 위해 두 손으로 눈을 파헤칠 기력조차 없다. 등으로 눈을 밀쳐 겨우 기댈 만한 공간을 확보했다. 추락을 대비하여 피켈을 사타구니 사이에 꽂아 눈에 미끄러지지 않도록 했다. 그리고 두 사람은 서로 껴안아 체온을 주고받았다. 히말라야 특유의 제트기류(Jet Stream)의 귀를 찢을 듯한 바람소리를 들어가면서 산소부족에서 오는 혼미한 정신을 가다듬었다.

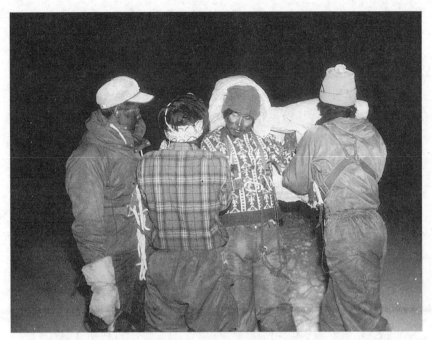

8,700미터에서 무산소 비박을 한 후 ABC에 기적같이 돌아오는 필자(오른쪽 두번째)

'이제 죽는구나' 라는 죽음에 대한 정신적 공포보다는 추위에서 오는 육체의 고통은 오히려 견디기 힘들었다. 얼마 후 눈발은 그쳤으나 세찬 바람은 여전했다. 설면을 스쳐 지나가는 눈가루가 얼굴에 달라붙자 앙 푸르바는 문득 생각이 난 듯 배낭을 뒤져 윈드 자켓을 꺼내 얼굴을 감싸준다.

영하 30도를 오르내리는 급박한 상황에서 신문지 한 장이라도 있으면 자기 체온을 보호할 형편인데 이렇게 나를 보호하다니 너무나 감격한 나머지 그를 감싸안고 얼굴을 부볐다.

아! 8천 미터 지구의 끝, 눈 벼랑에서 서로가 주고받은 고귀한 희생정신은 얼어붙은 눈을 녹였고 서로 내 뿜는 입김은 부족한 산소를 약간씩 채워주었다. 만약 눈 속에 쓰러진 앙 푸르바를 버리고 나 혼자 살겠다고 내려 왔다면 두 개의 눈 무덤을 남겼으리라. 그 죽음은 천길 만길의 빙벽 아래로 떨어져 시체조차 어머님 앞으로 보내지 못했을 것이다.

얼마의 시간이 흘렀는지 모른다. 이른 새벽에 기적이 일어났다. 눈을 떠보니 발 아래에 수 없이 많은 별들이 마치 손에 잡힐 듯이 반짝이고 있었다. 그 별은 점차 내 앞으로 다가오는 듯 몽롱한 의식을 일깨워 주었다. 눈보라가 멈추고 날씨가 개고 있다는 것을 어렴풋이 느꼈다. 주위를 살펴보니 우리가 내려온 뿌연 설릉 만이 별빛에 비칠 뿐 사위는 너무나 고요했다.

세찬 바람소리가 긴 여운을 남기고 지나갔다. 산 아래에 펼쳐져 있는 별처럼 반짝이며 살아야겠다는 생각이 들었다. 눈을 감으면 잠든 채로 얼어죽는다는 사실은 누구보다도 잘 알고 있다. 잠을 쫓기 위해 몇 번이나 차가운 눈으로 얼굴을 문질렀는지 모른다. 그것도 잠시 뿐이다. 나도 모르게 깜빡 잠이 들면 무수한 환각이 나를 괴롭히기 시작한다. 누구보다도 에베레스트 정상을 갈망했던 이원영 대원이 화려한 무당 옷차림으로 나타났다. '형, 기다려 천막을 쳐 줄 테니' 라고 말하고 덩실덩실 춤을 추다가 어디론가 사라져 버린다.

내 어린 시절 비슬산 용연사 사천왕문에서 비오는 날 추위에 떨면서 담요 사이로 훔쳐본 사천왕상의 부릅뜬 왕방울 같은 형상이 나타났다. 쇠몽둥이로 내 몸을 후려치는 순간 깜짝 놀라 눈을 뜨면 휘파람 같은 바람소리만 들릴 뿐 아무 것도 보이지 않는다. 추위와 굶주림 속에 끊임없이 빨려드는 잠은 포근한 이부자리에서 보다 더 깊고 짙었다.

눈감으면 무수한 환상들이 아편과 같이 달콤하였고 눈을 뜨면 마치 생지옥 같은 현실이 되풀이 된다. 죽음에서의 투쟁을 유일하게 알릴 수 있는 무전기가 빈 배낭 안에 들어있건만 산소 결핍의 사고력 저하로 갖고 있다는 사실조차 알지 못 했다.

집 떠나올 때 어머님이 손에 쥐어준 부적, 고모님이 목에 걸어준 성모상, 김 대장 사모님이 준 성경책, 모두다 무사 귀환을 바라는 선물이어서 항상 소중하게 간직하고 있다. 나도 모르게 손길이 닿는 순간 갑자기 무서운 힘이 솟았다. 성모 마리아의 은총일까, 아니면 부적의 힘일까?

절망속에서 살아 돌아갈 수 있다는 생각과 함께 용기가 나기 시작했다. 날이 밝아오는 것일까. 온천지가 희끄므레 하게 보이자 그토록 시달렸던 환상은 어디론가 사라져 버렸다. 주위를 살펴보니 극성스럽던 날씨는 개어 있었고 저 아래에 캠프5가 아련히 보였다.

'아! ─── 이제야 살았다' 는 생각이 들었다. 옆에 잠들어 있는 앙 푸르바의 몸을 흔들어 깨웠다. "겟업 겟업" 소리쳐 불러도 아무런 반응이 없었다. "아, 끝내 얼어 죽었구나" 라는 생각이 들자 갑자기 그가 무서워 졌다. 눈 속에 박혀있던 피켈을 뽑아들고 얼어죽은 듯한 그의 몸을 한번 쑤셔 보았다. 그제야 부스스 눈을 뜨고 나를 쳐다보는 그 얼굴은 처참하게 일그러져 있었다. "빨리 가자, 앙 푸르바." 그 이상 달리 할 말은 없었다.

새벽의 찬바람이 얼굴을 스치자 정신이 점차 맑아졌다. 엊그제의 발자국에 밤새 내린 눈이 덮여 있었다. 사람이 지나간 흔적에 용기를 얻었다. 그것은 우리가 전날 올라온 자국이었다. 기온이 마구 떨어지는 영하의 날씨에 침낭도 없이 맨몸으로 눈 구덩이에서 밤을 지새운 탓으로 온몸이 굳어있었다. 내 딛는 걸음은 천근같이 무거워 심설을 헤치고 내려오면서 몇 번이나 눈 속에서 곤두박질 쳤다.

캠프5에 도착했다. 천막 문을 밀치고 들어서자 마자 그대로 쓰러졌다. 이렇게 따스할 줄이야. '이제야 살았구나' 라는 생각과 함께 잠이 엄습해 왔다. 뒤따라 들어선 앙 푸르바는 그제야 생각이 난 듯 무전기로 두 사람의 생존을 알린다. "지금 캠프5에 도착했다." 더 이상 할 말을 잊은 듯 했다. 목이 몹시 말랐는지 눈을 코펠에 담아 가스버너에 올려 놓고 눈이 녹기도 전에 내 옆에 들어 누워 잠들어 버렸다. 두 사람은 한시라도 빨리 생존이 가능한 지점까지 하산을 서둘러야만 되는데 그것도 모른 채 잠의 수렁으로 빠져들었다.

이 급박한 소리는 전파를 타고 전 캠프에 울러 퍼졌다. 밤새도록 생사여부를 초조히 기다리던 김영도 대장을 위시하여 전대원들을 흥분시키는데는 충분했다.   와아, 상열이가 살아 있다"는 함성이 터졌다. 어제 오후 늦게   산소가 떨어져 오도가도 못한다"는 교신이 있는 후 밤새껏 소식이 끊어졌다가 하루가 지난 이제서야 날아오다니.

한편 아래 캠프에서는 김영도 대장을 위시하여 전 대원들이 밤새워 정상의 소식을 초조히 기다리고 있었다. 초저녁이 지나가고 어둠이 깃 들자 이제는 정상의 소식이 아닌 두 사람의 생사 여부를 밤새워 애타게 기다리는 것으로 바뀌졌다.

전날 오후 늦게 날아 온 교신은   산소가 떨어지고 날씨가 나빠 오도 가도 못한다" 라는 절박한 상황이 교신의 전부였다. 앞으로 시신을 어떻게 찾을까' 라는 등 사후수습에 대한 문제로 대원들이 술렁거리기 시작했다

무거운 침묵의 또 한 차례 ABC 캠프에 흐르자 대원들 중에는 흐느끼는 소리가 간간이 들리기도 했다. 곽수웅 씨는 지나간 심상치 않던 일들이 갑자기 머리를 스치고 지나갔다.

캐러밴 도중, 당보체에서 막영했을 때였다. 굶주림에 시달린 듯 뼈만 남은 개 한 마리가 천막 주위를 서성거렸다. 동물을 누구보다도 좋아했던 나와 곽수웅 씨는 그냥 놓아둘리 없었다. 먹을 것도 없는 이 나라에 개 줄 것이 어디 있겠느냐며 쥐포를 던져주고 귀여워 해주니 마치 주인처럼 무척 따랐다. 그래서   예티' 라는 이름까지 지어주었다.

그 다음날부터는 대원들과 정이 들어 집으로 돌아갈 생각도 하지 않고 우리를 뒤 따라와 베이스 캠프까지 데리고 왔다. 한 달 가량

잘먹은 탓으로 살이 붙은 이 개는 9월9일 내가 정상을 향해 떠나는 날 이상한 행동을 하기 시작했다.

그 날 따라 잘먹던 음식물도 먹지 않고 곽수웅 씨 꽁무니를 따라다니면서 "킹 킹"거렸다. 내가 남봉 아래에서 비박하는 그 날 밤에는 식당천막에서 뛰쳐나와 밤하늘을 쳐다보고 울부짖기 시작하여 곽 대원은 무언가 불길한 예감이 들었다고 했다.

에베레스트 '77 우리가 오른 이야기」 김영도 엮음 한국 에베레스트 초등정기(수문출판사)의 일부분을 발췌해 본다.

　〈중략〉

9월9일 맑은 후 눈보라.

길고 지루한 밤이 지나고 04시 약속했던 시간이 됐다. 조용하던 천막이 설렜다. 나는 급한 마음으로 무전기를 들었다. 캠프 5가 바로 나왔다. 순간 천막 안이 더욱 고요해진 듯싶었다. 모두 그만큼 긴장한 셈이다.

공격 조가 호출과 동시에 응답한 것은 그 시간에 벌써 깨어 있었다는 이야기일까? 나는 박 부대장에게 오늘 아침 컨디션이 어떤가를 물었다.

그러자 그는 몸이 좋지 않다고 평소와 달리 기운 없는 소리였다. 나는 깜짝 놀랐다. 컨디션이 괜찮다고 해도 안심이 안될 터인데 정상 공격을 눈앞에 두고 그게 무슨 말인가? 박상열은 어제 8,500미터, 그 고소를 일곱 시간이나 오르고도 피로를 모르고 자신에 넘쳐 있었다. 그런데 하룻밤 사이에 그처럼 달라질 그가 아니었다. 필경 무슨 까닭이 있었을 께다 나는 다그쳐 물었다. 결국 그는 간밤에 산소를 마시지 않았다는 것이다. 나는 왜 산소를 마시지 않았는가 묻지 않았다. 이제 그것을 따져 봐야 소용이 없었다. 그것은 뒤에나 물어 볼 일이다. 그들은 05시에 캠프5를 떠날 예정이었는데 결국 여섯 시가 지나서야 행동을 개시했다.

꼬박 밤을 새운 우리는 졸음도 오지 않았다. 날이 밝으면서 대원들은 모두 답답한 천막에서 밖으로 나갔다. 별로 해야 할 일이 있는 것이 아니었다. 말은 안 해도 모두가 불안하고 초조하기만 했다. 장 대장과 나는 시계만 쳐다보았다.

박상열은 남봉에 도착하면 무전을 치겠다고 했는데 오후 1시45분이 되어도 소식이 감감했다. 캠프 5에서 남봉까지 세 시간이면 충분히 오른다는 것을 우리는 알고 있었다. 그런데 공격조는 이미 일곱 시간이 지났는데도 연락이 없다. ABC에서 동남릉과 남봉은 빤히 올려다 보인다. 물론 망원경으로도 그곳에 사람이 움직이는 것은 보이지 않지만 이런 저런 생각이 머리 속을 오락가락 한다.

나는 답답한 가슴을 안고 천막 주변을 서성거렸다. 그때 나무 자루에 박상열 이라는 글씨가 적혀있는 피켈이 눈에 띄었다. 공격에 나선 박 부대장이 알피니스트의 중요한 무기인 자기 피켈을 안 가지고 갔을리가 없는데 하고 그 물건을 들어봤더니 그것은 피켈이 아니고 아이스 바일 이었다, 그런데 그 아이스 바일이 웬 일인지 끝이 부러져 있었다. 순간 불길한 생각이 머리를 스쳤다. 나는 장 대장과 다른 대원들을 불러 이것이 어떻게 된 일인가 물었다. 그러나 아는 사람이 없었다.

그러자 무전기가 울렸다. 방금 남봉에 도착했다는 박상열의 음성이었다. 그는 능선에 눈이 가슴까지 차서 길을 내는 데 너무나 시간이 걸렸다고 했다. 그러면서 그는 앞으로 두 시간이면 정상에 올랐다가 남봉까지 돌아올 수 있겠다고 했다. 우선 늦게나마 연락이 왔고 공격조의 소신까지 말하니 그 동안 우려했던 점이 조금은 가셨다. 그러나 장 대장과 나는 박상열의 말을 그대로 믿지 않았다. 첫째는 최종 캠프에서 남봉까지 진출하는 데 일곱 시간이나 걸렸는데 남봉에

86

서 정상을 두 시간에 왕복하겠다는 것은 말도 안되었다.

그가 그렇게 이야기한 데는 이유가 있었다. 남봉에서 바라보이는 정상은 바로 눈 앞이나 다름없다. 그러나 그것은 직선거리고 등로도 별 것 아닌 것 같았으리라. 그리고 둘째는 공격조가 휴대한 산소량은 그러기에는 너무나 부족하다는 것을 우리는 알고 있었다.

공격조는 NASA 산소 통을 두 개씩 가지고 있었는데 1,576리터가 든 이 산소통은 1분에 4리터 마시면 6시간35분 사용할 수 있다. 이러한 사실은 박상열 스스로가 잘 알고 있을 터지만 그가 지금 산소 문제를 자세히 체크할 마음의 여유가 있을는지도 극히 의심스러웠다. 그래서 나는 박 부대장에게 산소 계기를 잘 보고 산소가 떨어지기 전에 캠프 5로 돌아와야 한다고 강조했다.

맑았던 날씨가 오후부터 눈보라로 변했다. 그리고 에베레스트 정상 부근에는 검은 구름이 몰려가고 있었다. 심상치 않은 기상이다. 시간이 흐르고 또 흘렀다. 그리하여 오후 4시가 되었는데도 공격 조로부터 아무런 연락이 없다. 두 시간이면 갔다 온다던 그였는데--. 대원들은 눈 바닥에 놓여 있는 무전기 주위를 떠나지 않고 말없이 서성거리고 있었다.

16시40분이었다. 이때 무전기가 설원의 고요를 깨뜨렸다. 나는 급히 무전기를 들었다. 앙 푸르바의 목소리였다. "미스터 앙 푸르바! 왓 해픈?" 하고 소리를 질렀다. "노 옥시전! 베리 타이어---아이 헝그리-- 아이 다이--." 앙 푸르바의 숨가쁜 소리가 수화기를 통해 들려왔다. 드디어 산소가 바닥난 것이다. 나는 박 부대장이 어디 있느냐고 물었다. 그는 옆에 쓰러져 있다고 앙 푸르바가 간신히 말했다. 이제 더 이상 들을 것도 없다. 일은 끝났으며 보통 큰일이 난 것이 아니다.

"미스터 앙 푸르바! 유 머스트 캄 다운 투 더 라스트 캠프! 유 머스트---이프 유돈 다이!", "아이 트라이 벗 아이 돈 노오!" 이제는 다 틀렸다. 나는 혼자 외쳤다. 아무도 말이 없다. 밖은 어두웠고 천막 안은 절망과 공포의 분위기로 돌변했다.

도대체 8,500미터나 되는 고소에서 어째서 산소를 마시지 않고 잔단 말이냐. '미련한 곰 같은 놈! 미쳤어, 미쳤어!' 나는 혼자 중얼중얼거렸다. 아무리 이해하려 해도 이해가 가지 않았다. 여기까지 와서 이게 웬 일인가? 주위는 여전히 말이 없었다.

베이스 캠프에서 이태영 보도대원이 무전으로 나를 찾는다. 이 대원은 지금 이 상황을 본국에 타전할 것인가. 대장의 의견을 묻고 있었다. 순간 나는 망설였다. 사실은 정확 신속하게 보도하는 것이 그의 임무요 책임이다. 그러나 이제 아무런 전망도 대책도 없이 이 엄청난 사태만을 알린다면 멀리 고국에서 사람들은 얼마나 놀라며 안타까워할 것인가? 더욱이 가족들의 심정은 어떻겠는가 생각하니 얼른 판단이 떠오르지 않았다. 나는 무전기 앞에서 이것저것 생각 끝에 "하루 더 기다렸다가 역경에 빠진 공격조의 실태를 파악하고 새로운 대책을 세운 다음 모든 일을 한꺼번에 알리는 것이 어떻겠는가" 라고 말했다. 이태영 대원이 좋다면 내 의견에 호응했다.

이날 밤 우리는 어제와 마찬가지로 앉은 자리에서 밤을 지새웠다. 어제 밤에는 희망을 안고 있어서 견딜 만 했는데 오늘은 눈앞이 그야말로 캄캄했다. 침도 목구멍을 넘어가지 않았다. 침울한 시간만이 흘렀다. 마주 앉은 대원들의 얼굴이 흉하기만 했다. 나는 장문삼 대장과 대책을 논의했다. 8,700미터 고소에서 비박하는 일은 있을 수 있으나 영하 40도 가까운 이 추위에서 산소 없이 그들이 살아 남을 것 같지 않았다. 먹을 것이 없는 것도 문제였지만 산소를 마시지 않으면 우선 정신이 몽롱해지고 당장 손발에 동상이 온다. 그러나 장 대장과 다른 대원들은 박상열이라는 사람과 앙 푸르바는 보통 인간과 다르니 견딜지도 모른다고 했다. 그렇다면 얼마나 좋겠는가? 이 밤에 구조대도 갈 수 없고 설사 보낸다 해도 이제 사고 현장까지 오르려면 사우드 콜에서도 밤새 올라야 한다. 그런데 그런 행동은 실제로는 불가능한 일이며 지금까지 그런 역사가 없다. 그리고 더 심각한 문제가 있었다. 만일 죽었다면 그들의 시체는 어떻게 할 것인가?

밤이 깊어갔다. 공격조로 부터는 아무런 소식이 없었다. 나는 혼자 밖으로 나갔다. 구름이 덮인 하늘은 계속 눈을 뿌렸다. 나는 천막에서 좀 떨어진 눈 위에 엎드려 기도를 드렸다.

나는 지금까지 아침저녁으로 기도 생활을 해 왔지만 이날 밤 기도는 더욱 간절할 수밖에 없었다. 지금 이 순간 그야말로 생과 사의 갈림길에서 헤매는 박상열과 앙 푸르바를 위해 내가 할 수 있는 일은 이것뿐이었다.

자정이 지나 이번에는 소변을 보려고 천막 밖으로 나갔다. 눈보라가 어느새 멎었으며 하늘에는 구름이 걷히고 별이 수도 없이 반짝거렸다. 영하 20도나 되던 추위가 사라지고 포근한 날씨가 아닌가. 순간 이상한 생각이 들었다. 내 착각일까? 아니다 분명 기상의 돌변이었다. 나는 천막으로 돌아와 대원들에게 밖에 나가보라고 했다.

내가 기도했더니 날씨에 이변이 일어났다. 이 정도의 날씨라면 박상열과 앙 푸르바는 살아서 내일 돌아올 테니 두고 보라고 말했다. 사람들이 이런 말을 믿을리 없겠지만 여하튼 꽁꽁 얼어붙었던 천막 안 공기가 다소 풀린 듯했다.

9월10일

악몽의 밤이 가고 아침이 밝았다. 간밤에 약간 눈이 내렸으나 이상하게도 봄날처럼 포근했다. 지난 8일 저녁부터 오늘 아침까지 꼬박 뜬눈으로 지냈는데 이 며칠 동안은 나의 생에서 영화 제목처럼 그야말로 가장 긴 날이었다. 내 머리에는 오늘 아침에 어떤 조치를 취해야 할는지 아직 아무런 생각도 떠오르지 않았다. 나는 밖으로 나갔다. 본부 천막 앞에 버려진 채 있는 끝이 부러진 박상열의 아이스 바일이 여전히 불길한 생각을 던지고 있었다. 바람은 차지 않았으나 찌푸린 날씨가 우리의 기분을 한층 더 무겁게 해주었다.

죽은 듯이 고요한 설원에 갑자기 무전기가 울렸다. 앙 푸르바의 목소리가 아닌가! 09시였다. 공격 조가 살아 있었다. 대원과 셰르파들이 모두 무전기 앞으로 달려왔다. 지금 박상열과 앙 푸르바가 같이 캠프 5로 내려와 있다는 것이다. 우리는 "아아! 살았다. 살았다!" 하고 함성을 질렀다. 베이스 캠프, 캠프1 할 것 없이 무전을 들었다며 연락이 왔다. 나는 즉각 사우드 콜 캠프4에 연락해서 셰르파들이 보온병에 더운물을 넣고 라면과 산소통을 가지고 캠프 5로 올라가도록 지시했다.

그러나 그 동안 캠프5에 닿으려면 적어도 여섯 시간이 걸릴 것이다. 간밤에 8,700미터 고소에서 죽음의 비박을 한 공격조는 지금 거의 빈사 상태에 있을 것인데 구조대가 갈 때까지 과연 견디어 줄 것인지 극히 의심스러웠다. 그러나 그 길밖에 달리 방법이 없지 않은가?

사우드 콜에 남아있던 펨버 노루부는 두 사람의 생사여부를 두고 밤잠을 설친 탓인지 초췌한 얼굴로 누구보다도 일찍 잠자리에서 깨어났다. 이른 새벽의 찬바람을 피부로 느끼면서 천막 밖으로 나왔다. 두 눈동자는 남봉 주위를 살펴보니 두 개의 까만 점이 비쳤다. 혹시나 사람인가 싶어 자세히 살펴보니 움직이고 있다는 것을 느끼지 못해 설면에 돌출한 바위라고 생각했다.

눈을 녹여 차를 끓여 마시고 있는데 무전기를 통해 "두 사람이 캠프5에 방금 도착했다"는 급보가 날아 들어왔다. 사우드 콜에 남아 있던 셰르파들은 두 사람이 살아 돌아와 8,490미터의 마지막 캠프5에 도착했다는 사실에 놀라움을 금치 못했다. 너무나 기적 같은 사실이어서 직접 눈으로 확인하기 위해 천막에서 뛰쳐나와 캠프5 주위를 눈이 빠지도록 살펴보았으나 사람의 흔적은 보이지 않는다고 했다.

ABC에서 지휘하던 김 대장은 "그들이 정말 캠프5에 도착했다는 건가?" 너무나 천만 뜻밖의 일이라 무전기를 잡고있던 손이 부르르 떨렸다. 산소 없이 인간의 생존이 불가능한 8,700미터 지점에서 무산소로 비박하고 살아 돌아온 두 사람에게는 오직 산소뿐이란 사실을 누구보다도 잘 알고 있는 김 대장이다. 사우드 콜에 있는 셰르파를 무전기로 불러내어 캠프5로 빨리 산소를 갖고 올라가라는 지시를 내렸다.

이러한 사실도 모른 채 산소부족에서 오는 죽음의 그늘이 서서히 닥쳐오는 줄도 모르고 두 사람은 깊은 수면에 빠져있었다. 누군가 사람이 올라와 내 몸을 흔들어 깨운다는 것을 의식했으나 몸이 천근같이 무겁고 눈꺼풀이 감겨 꼼짝할 수 없었다. "바라사보 ,바라사보" 하면서 몸을 일으켜 세우는 바람에 겨우 눈을 떴다. 열어 짖힌 천막 문을 통해 차가운 바람이 들어오는 것을 느꼈다. 그러나 모든 물체가 어른거려 누군가 식별할 수 없었다.

내 눈은 산소부족에서 오는 시력장애를 받은 것이 틀림없다. [당시 신문에는 설맹(雪盲·Snow Blindness)이라고 오도되었음] 들리는 목소리로 보아 대원이 아닌 셰르파임을 느꼈다. "바라사보 빨리 내려가야 합니다" 라고 수차에 걸쳐 일으켜 세웠다. 앞이 보이지 않아 도저히 움직일 수 없었다. 두 눈을 감싸안고, "펨버 노루부 앞이 안 보인다" 라고 손을 내 젖자 갖고 온 산소 마스크를 내 얼굴에 씌워준다.

"세-에---" 하고 산소가 새어 나오자 정신이 조금씩 들기 시작했다. 한 5분쯤 지났을까! 뿌옇게 보이던 물체가 이제는 누구인지 식별힐 수 있었다. 고소에서는 산소가 얼마나 중요한가를 실감케 했다. 산소공급이 조금이라도 지체했더라면 실명은 물론 근력은 자연 쇠퇴되어 죽음의 그늘을 끝내 벗어나지 못했을 것이다.

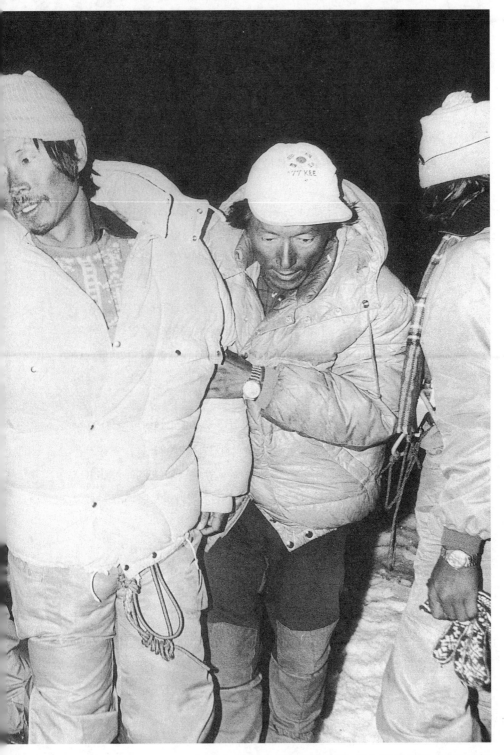

8,700미터에서 비박후 사선을 넘어 귀환하는 필자, 락파 텐징이 부축하고 있다.

1973년 일본원정대가 에베레스트 남서벽 등반에 실패하고 동남릉을 통하여 올랐던 이시구로(石黑), 가도오(加藤)가 남봉 밑에서 산소가 떨어져 거의 맹인처럼 되어 눈 속을 더듬어 내려오다가 다행히 이탈리아 등반대가 버리고 간 산소를 마시고 시력을 회복해 겨우 차고 있던 시계를 볼 수 있었다는 기록이 일본 월간지 〈산과 계곡〉에 처음 소개되기도 했었다.

정신을 차려보니 펨버 노루부, 펨버 라마, 앙 다와가 우리를 구하기 위해 사우드 콜에서 산소를 갖고 올라와 있었다. 그들을 대하는 순간 이때까지 겪은 숫한 고통은 옛 이야기처럼, 아련하게 느껴질 뿐이었다.

내 정신과 육체는 급속히 허물어져 죽음에 굴복하고 말았다. 즉 죽음에 대한 두려움이나 삶에 대한 회귀 같은 생명의 존엄성은 이 높은 곳에는 존재하지 않는 듯 내가 걸어온 고행의 길을 다시 되 돌아간다는 것은 너무나 무의미했다. 그대로 천막에 내 피곤한 육신을 내던져 영원히 잠들고 싶었다.

셰르파들이 내 몸을 자일로 묶은 다음 도저히 내려가고 싶지 않은 길을 그들에게 이끌려 휘청거리는 걸음을 재촉시킨다. 천근같은 무거운 몸을 피켈에 의지한 채 움직여 보았다. 다리에 힘이 풀려 몇 차례나 눈 속을 곤두박질쳤다. 그럴 때마다 뒤따라오던 셰르파들이 자일을 당겨 내 몸을 보호해 줬다.

아득히 내려다보이는 사우드 콜에서 사람들의 움직임이 하나 둘 시야에 들어온다. 지체하면 안 된다. 빨리 내려가야만 된다는 생각은 마음 뿐 반사적으로 움직이는 발은 허공에 내딛다 균형을 잡지 못해 눈 바닥에 쓰러져 버린다. 저 만치 보이는 캠프4가 정답기는 커녕 너무 멀어 원망스럽다. 모든 것을 운명에 맡기고 자일을 풀어 내 몸을 고통 없이 저 아래로 내던지고 싶다. 그럴 때마다 내 의도를 알아차린 듯 셰르파들이 다가와 눈 속에 처박혀 있는 나를 일으켜 세워주었다.

94

육체에서 오는 고통은 시간이 흘러야만 해결해 주는가 보다. 머리 위에서 이글거리던 태양이 눕체 능선으로 사라져 버린 오후 5시 30분 경 사우드 콜에 도착했다.

셰르파의 부축을 받아 안내된 천막은 눈에 반쯤 파묻혀 있었다. 주위에는 먹다버린 빈깡통과 빈 산소 통만 뒹굴 뿐 먹을 것은 찾아 볼 수 없었다. 초점 잃은 두 눈동자로 천막 문에 걸터앉아 있으니 또 잠이 엄습해 왔다. 등산화를 벗을 기력도 없어 그대로 누워버렸다.

누군가 다가와 내 몸을 천막 안으로 밀쳐준다. 위 캠프에 장비를 남겨두고 빈 몸으로 내려왔기 때문에 침낭도 없이 입은 옷 그대로 웅크린 자세로 잠에 빨려 들었다. 고소에서 수면산소는 7,500미터부터 사용하는 만큼 현재의 8,000미터 고도에서는 필수적이다. 더욱 내 몸의 탈진상태를 회복시키는데는 중요성을 알고있었으나 산소가 떨어져 그대로 방치할 수밖에 없다는 셰르파들의 입장이다.

또한 산소부족에서 오는 뇌부종의 영향으로 뇌의 손상을 받아 산소를 요구할 만한 정신력이 없다는 것이 나의 솔직한 답변일 줄 모른다.

얼마나 잤는지 모른다. 추위와 배고픔에 못 이겨 눈을 떠보니 웅크리고 누워있는 자신을 발견했다. "아니 여기가 어딘가?" 싶어 두 손으로 더듬어 보고서 죽음의 눈구멍에서 벗어나 천막 안이라는 것을 어렴풋이 알았다. 그 때서야 자신이 처해진 입장을 차츰 정리할 수 있었다.

어디선가 코 고는 소리에 주위에 사람이 잠들고 있다는 것을 어렴풋이 느꼈다. 셰르파를 불러 도움을 청해야 되겠다는 생각으로 천막 문을 밀치고 나왔다. "앙 푸르바 춥고 배고프다" 라는 애절한 목소리로 그를 불러보았다. 내가 들어도 신음소리가 모기 소리만 했다. 옆천막에서 모두다 깊은 잠에 빠져있는지 아무런 반응이 없다. 주위를 살펴보니 한 점 구름도 없는 밤하늘 아래 달빛이 온 누리에 비쳐 마치 대낮 같은 밤이었다.

은빛세계에 펼쳐지는 싸늘하게 빛나는 산들의 모습이 장엄하다 못해 무서워졌다. 옆 천막을 두드리니 그제야 펨버 노루부가 잠결에 내 목소리를 듣고 천막에서 나왔다. 한 밤중인데도 귀찮은 표정없이 다가와 내 몸을 천막 안으로 이끌어 주었다. 가스버너를 피워 라면을 끓여 주었으나 배가 고팠음에도 목에 넘어가지 않아 국물만 몇 모금 마셨다. 그러니까 이 라면 국물은 정상을 향해 출발한 후 처음 대하는 음식이다

그가 사라지자 촛불 같은 버너를 껴안고 불이 사라질 때까지 5시간 동안 쭈그리고 앉아 두 손을 녹이면서 꺼져 가는 생명의 불꽃처럼 또 한 번의 비박과 다름없는 시련의 밤을 산소부족과 더불어 슬리핑 백 없이 추위와 공복에 시달리면서 동이 트기를 기다리는 신세가 되었다.

조용한 달밤에 별들이 흘러가고 있었다. 열어 젖힌 천막 문으로 들어오는 달빛을 응시하면서 자신이 처해진 입장을 정리해 보니 텅 빈 가슴에 외로움이 왈칵 밀려왔다.

그 넓은 밤하늘을 쳐다보니 무수한 별들이 반짝인다. 손을 뻗으면 곧 잡힐 듯이 주먹 만한 별들이 너무나 가깝게 느껴졌다. 얼마 전까지만 해도 사선을 넘나들었던 에베레스트의 정상으로 이어지는 설릉이 뿌옇게 비친다. 그 뒤로 별이 긴 여운을 남기고 수 없이 떨어지고 있었다.

"밤하늘의 별똥을 보면 행운이 찾아온다"는 어릴 적 할머니가 아픈 배를 주물러 주면서 들려 준 옛이야기가 새삼스러워진다.

사우드 콜에서 또 한 차례의 지옥과 다름없는 밤을 지새웠으나 다행히도 산소부족으로 인한 시력장애는 나타나지 않았다. 다만 동상이 걸린 탓인지 손가락과 발가락의 감각이 점점 둔해져 양말을 벗어 살펴보니 발가락이 까맣게 변색되어 있었다.

고소에서는 약간의 추위에도 동상에 걸리기 쉽다. 왜냐하면 혹독한 추위는 방한복으로 견딜 수 있지만 저산소 상태에서는 추위와 상관없이 동상에 걸리기 쉽다.

인체 내의 산소공급은 혈액 내 헤모글로빈에 의해 이루어진다. 공기가 희박한 지대에서 산소 결핍이 오면 심장 부위 중심으로 혈액공급이 급급한 나머지 말초 부분인 손과 발가락에는 혈액공급이 미치지 못해 쉽게 동상에 걸린다.

인간의 생존을 거부하는 사우드 콜에도 새 아침은 언제나 변함없이 찾아왔다. 새벽부터 알아들을 수 없는 네팔 말이 무전기를 통해 오고 간다. BC 메니저 락파 텐징과 펨바 노루부와의 교신이다. "어떤 방법을 사용하더라도 오늘 안으로 박 부대장과 앙 푸르바를 캠프 2에 도착시켜라" 하는 김 대장의 특별지시가 내려졌기 때문이다.

8천미터의 고소에서는 한시라도 빨리 지지대로 하산시켜야만 쇠약해진 몸의 회복이 빨라진다. 그러나 마음 대로 움직여 주지 못했다. 어제까지만 해도 한 가닥 자일에 두 사람의 목숨을 엮어 죽음의 지대를 넘나들었던 고산족인 앙 푸르바는 나보다 회복이 빨라, 먼저 내려가 버렸다.

그러나 내 몸은 천근만근이 되어 설사면 저 아래로 몸을 내던져 굴리고 싶은 생각이 또 솟는다. 정말 걷는다는 것이 죽기보다 힘들었다. "펨바 노루부, 쉬어가자" 하고는 펄썩 주저앉아 버렸다.

"바라사보, 지체하면 더 힘듭니다. 빨리 가야만 됩니다" 그의 믿음직한 손길이 등뒤로 느껴졌다. 살기 위해 몇 차례나 픽스 로프를 잡고 곤두박질하면서 캠프3에 도착하였다. 목이 말라 눈 뭉치를 입에 넣어 보았다. 갈증의 해소는 커녕 손만 자꾸만 입으로 올라간다. 싱싱한 과일이 먹고 싶었다.

셰르파가 끓여온 차로 달라붙은 입술을 적셨다. 주체할 수 없는 잠이 또 엄습해 왔다. 마치 식물 인간이 되어 버린 것처럼 나약해진 몸뚱이에 잠이 이렇게 퍼부어 올 줄이야.

얼마나 잠을 잤는지 모른다. 누군가 또 흔들어 깨웠다. 천막 밖에서 나를 지켜보던 펨바 라마의 근심스러운 얼굴이 눈앞에 어른거렸다. 그제야 정신을 가다듬고 자리에서 일어났다. 저 아래로 내려다보니 ABC 캠프에서 누군가 올라오는 것 같았다. "누굴까?" 대원이라는 생각이 와 닿는 순간 반가움이 솟구친다.

피켈을 짚고 일어서니 다리에 힘이 솟구쳐 오른다. 빨리 캠프2로 내려가야 된다는 생각이 앞서 휙스 로프를 잡았으나 손에 힘이 빠져 미끄러진다. 자꾸 마음만 조급할 뿐 발걸음은 따라주지 못한다. 자일에 무거운 몸을 가까스로 의지한 채 로체 페이스를 다 내려와 설원에 이를 즈음 두 대원이 마중하기 위해 점점 가까이 다가오고 있다는 것을 알았다.

그들에게 맨 먼저 무슨 말을 할까 생각해 보았으나 아무 것도 떠오르지 않는다. 점점 다가서는 사람은 다음 2차 정상 주자인 한정수와 고상돈 대원이었다. 그들은 달려 오자마자 나약해진 내 몸을 껴안고 울먹이는 바람에 할 말은 많았으나 결국 입을 다물어 버렸다.

"형! 살아 돌아와 반갑수다. 잘했어. 형. 이제 걱정하지마. 우리들이 있잖아." 한정수 대원의 위로 말부터 "형님이 못 다한 정상을 우리가 꼭 해 내겠습니다" 라는 고상돈 대원의 따뜻한 말 한마디에는 진정한 산사나이의 의지와 패기가 숨어 있었다.

갑자기 머릿속이 혼란해졌다. 이때까지 겪은 무척 많은 이야기를 들려줘야만 되는데 아무 것도 떠올릴 수 없었다. 내 곁에서 양 겨드랑이를 잡고 부축해 줬을 때 그제야 "미안하다" 라는 단 한마디를 남겼을 뿐 끝내 입을 다물었다.

"형! 이제 돌아가면 장가가도록 해요. 너무 몸을 아끼지 않는단 말이야. 형 약속해. 알았지?" 라는 한정수 대원의 말이 내 가슴에 미묘한 파문을 일으켜 지워 버릴 수 없는 옛적의 얼굴이 꿈틀거린다. 결

98

혼한 대원들 중 틈만 나면 가족 사진을 꺼내 그리워하는 모습을 많이 보았다. 즉 가족이라는 울타리는 영원히 존재해야만 된다는 사실은 산에서 일어나는 조난사고를 통해 느껴본 마음이다.

ABC캠프가 가까워지자 납처럼 무겁던 몸이 가벼워지고 생기가 돌기 시작했다. 마치 낚시로 끌어올린 물고기를 다시 물에 놔 줬을 때 생기 찬 모습이 아마 내 모습이었을 것이다.

저지대로 내려올 수록 고통은 차츰 사라져 버린 듯 동료들의 부축이 오히려 부담스러워졌다. "이젠 괜찮아"하고 양팔을 흔들어 보았으나 팔짱은 점점 죄어올 따름이다. 8천 미터의 고소에서 산소 없이 지낸다는 사실이 얼마나 무서운가를 실감했다. 대기 속에 산소가 존재한다는 사실조차 모른 채 살아가는 사람들은 얼마나 행복한가!

어둠의 장막이 쿰부 빙하를 서서히 덮을 무렵 ABC에 도착했다. 정상의 패배자로서 초췌한 내 모습을 한 장의 사진으로 남기기 위해 김운영 기자의 카메라 플래시가 연속적으로 터지는 가운데 동료들이 말없는 표정으로 나를 맞이해 줬다.

생존의 한계점을 넘나들었던 초점 잃은 두 눈동자는 삶에 지친 듯 그들을 의식하면서 눈을 감아버리는 내 모습이 대원들에게 어떻게 비쳤을까? 낭가 파르바트의 초등정자 독일의 헤르만 불처럼 젊은 청년이 하루만에 노인이 되어 내려온 내 모습이었을 것이다. 사람의 형체라고 말할 수 없을 가죽만 남은 야윈 검게 탄 얼굴이나마 대원들 앞에서는 애써 태연한 척 하려고 노력했으나 헛수고였다.

대장이라는 막대한 책임감 때문에 국회도 마다하고 천막에 갇혀 고심 참담하고 있었던 김 대장의 천막으로 들어가 머리 숙여, "대장님! 용서하십시오"라고 말할 겨를도 없이 의사 조대행에게 이끌려 의무천막의 매트에 누웠다. 닥터 조의 따뜻한 손길이 내 가슴에 닿는다. 주사 바늘이 말라빠진 내 혈관을 파고들어 산소 결핍으로 엉겨있는 적혈구를 희석해 주는 것 같다. 한 두 방울씩 떨어지는 링거 주사

액을 바라보니 이 때까지 겪은 일들이 꿈속의 파노라마처럼 지나간다. 그제서야 정상 등정을 못한 자책감이 서서히 고개를 쳐들었다. 조박사는 진찰 결과를 알려준다. 고도에서 무산소로 비박했던 만큼 폐렴이나 폐수종이 염려됐지만 별다른 증세가 나타나지 않았다는 것이다. 다만 양 손가락과 발뒤꿈치의 동상이 염려된다고 설명해 주었다.

의무를 담당하여 나를 극진히 보살펴줬던 조대행 대원의 귀국 후 의무 기록 보고서 내용을 살펴본다.

내가 가장 긴장한 것은 1차 공격에서 실패한 박상열 부대장이 돌아온 때였다. 8,700미터에서 천막없이 최소한의 장비로 비박했으니 저산소증에 따른 폐부종, 폐렴과 동상이 걱정이었다. 먹지 못해 탈수현상도 겸하고 있었다. 청진기 소견으로 폐와 심장에 이상이 없는 것을 확인하고 링거 주사를 했다. 그리고 합병증을 막고자 항생제를 썼다. 그러나 동상의 상처는 시간이 필요하기 때문에 곧 낫지 않았다. 앞으로도 두 달 정도는 걷지 말고 안정해야 나을 것으로 보인다.

이제 남은 것은 회복을 위하여 베이스 캠프로 하루 빨리 내려가 동상에 걸린 발가락과 뒷꿈치 그리고 손가락을 치료하면서 충분한 휴식을 취해야 한다.

9월13일은 ABC를 떠나 베이스 캠프로 내려가는 날이었다. 고상돈 대원과 펨버 노루부는 제2차 정상공격을 위해 어제 캠프3로 떠났다. 2차 공격은 산소부족으로 세 사람이 아닌 두 사람만 정상에 올릴 수밖에 없어 정상의 티켓을 따놓고 놓쳐버린 한정수 대원의 마음은 어떠했을까?

나와 생과 사를 나눈 친구 앙 푸르바와 배낭을 챙기고 난 후 주위를 둘러보았다. 쿰부 빙하의 아이스 폴 지대를 수 없이 넘나들면서 정

100

상의 부푼 꿈을 키워왔건만 지금은 서글픈 눈빛으로 바라봐야만 했다. 정상의 패배자가 되어 낯익은 주위의 산군들을 둘러봤다. 찬란한 아침 햇살을 받은 에베레스트의 웅자는 두 사람을 보내기가 아쉬워 구름 위에 고개를 내밀고 전송하는 듯하여 베이스 캠프로 내려가는 발걸음은 그리 가볍지 않았다.

한 달만에 보는 아이스 폴의 상태는 많이 변해 있었다. 거대한 세락들이 무너져 파괴된 모습이 여기 저기 뒹굴고 있었다. 아 - ! 수 천만년의 연륜 속에 눈보라로 형성된 빙하도 살아있는 거대한 생명체임에 틀림없다. 갈라진 틈바구니로 하늘을 향해 숨쉬면서 조금씩 움직이고 있다. 베이스 에 도달할 즈음 곽수웅 대원이 마중을 나왔다.

나를 쳐다보는 그 표정은 연민의 정 탓인지 그리 밝지 못했다. 결국 그의 앞에 고개를 떨구고 말았다. 손발의 동상은 저지대로 내려올수록 악화되기 시작했다. 양손과 발가락은 검게 변색되어 감각을 느낄 수 없었고 왼쪽 발꿈치는 수포가 터져 진물이 흘러나오고 있었다. '혹시 안나푸르나를 초등한 모리스 엘죠그처럼 동상에 걸린 손가락을 잘라내지 않을까' 라는 생각이 들자 덜컹 겁이 났다.

최경호 씨가 엮은 「성봉 안나푸르나 초등」을 밤새워 읽은 대목 중 '한푼의 보수가 없더라도 올라가야 할 안나푸르나 , 인간이 걸어가는 길 저편에는 또 하나의 안나푸르나가 있는 것이다' 라는 구절이 오직 아픈 내 마음을 달래 줄 뿐이다. 이 책은 추후 「최초의 8000미터 안나푸르나」로 수문출판사에서 완역출간하였다.

산은 찾아가야 한다.
모리스 엘죠그의 손바닥을 옮겨 쥐면 요델은
산 산 산을 불러 고전 지핀 가슴에는
조그마한 에델바이스만이 화사했다.
그것은

과정을 쪼아리는 가난한 성운
눈빛 맑은 이야기로 진했던 사랑 이야기로
바위가 타다 남은 초모룽마 빙하 이야기로
피켈이 터지는 화음속에 몽유병환자라도 되는가
법률도 없어
네발의 짐승이 뛰는 원색의 향연속에 고이 타들던 서정
산에서 살자고
산에서 죽자고
산을 섬섬한 눈동자로 찾으면
다시 맑아오는 산에 대한 이야기를---

마음의 눈사태

9월15일은 제2차 고상돈 대원과 셰르파 펨버 노루부가 정상을 향하는 날이었다. 하느님의 축복으로 하늘은 맑게 개었고 바람 한 점 없다. 각 캠프마다 무전기를 켜 놓고 지구의 끝 에베레스트 등정의 소식을 초조히 기다렸다. 만약에 2차까지 실패한다면 모든 것이 끝장이다. 그렇게 되면 나에게 도덕적 책임이 따를 수밖에 없다는 생각이 들자 입술이 마를 지경의 초조함이 온몸에 빈져나갔다.

고개를 떨구어 무전기에 정상 소식이 떨어지기를 바라는 내 모습은 누가 봐도 처량하게 비쳤을 것이다. 기다리다못해 밖으로 뛰쳐나와 두 사람의 행적이 잡히지 않는 정상을 바라보았다. 이날 따라 지구의 끝을 스치고 지나가는 설연의 긴 꼬리는 보이지 않는다. 바람이 불지 않는다는 증거다. 제발 상돈이가 정상에 설 때까지 날씨가 나빠지지 않기를 바라는 애타는 마음뿐이었다.

낮 12시50분. "여기는 정상입니다. 지금 정상에 도착했습니다"라는 고상돈 대원의 흥분된 목소리가 터져 나왔다. 환희에 찬 목소리가 들리자 '아! 성공이다. 이제는 모든 것이 끝났다' 라는 생각이 들자 기쁨의 한구석에 허전한 마음이 파고들어 '나는 왜! 정상을 정복하지 못했는가!' 라는 야릇한 감정이 교차되었다.

아! 우리 한국 등반대도 등정이 불가능하다는 포스드 몬순기간 중 베이스 캠프를 설치한 지 36일 만인 가장 빠른 시일 내에 8,848미터를 올랐다는 새로운 기록을 세웠다.

이제부터 베이스 캠프까지 안전하게 철수하는 문제가 남아 있다. 그러나 전 대원들과 셰르파들의 노력으로 철수작전을 개시한 지 3일만에 아이스 폴 지대를 지나 전 대원이 무사히 도착했다. 베이스 캠프에는 박정희 대통령의 등정 축하의 메시지와 더불어 많은 전문이 도착하여 대원들의 마음은 들떠 있었다.

9월20일 베이스 캠프를 철수하는 날이다. 삭막한 모레인 지대에 머물면서 하루 속히 등반을 마치고 집으로 돌아가고 싶은 생각뿐이었다. 그런데 막상 배낭을 메고 나서니 언제 이곳에 다시 오겠는가? 하는 아쉬움이 남는다.

내 발걸음을 거부한 위대한 에베레스트 여신이여! 언젠가 다시 찾아올 때까지 만년설로 소복 단장하여 속세의 문을 열지 말고 기다려다오. 얼룩진 상처의 발걸음은 몹시 무거워 정상을 되돌아보고 또 돌아봤다. 빙하 위로 스쳐 지나가는 바람소리와 함께 허전한 내 마음을 달랠 길 없다.

동상의 악화로 불편한 몸을 스키 스톡에 의지한 채 절룩거리는 걸음은 긴 대열에서 낙오될 수밖에 없었다. 쿰부 빙하가 끝나는 로부체부터는 파란 생물체가 나타나기 시작했다. 온 천지는 푸르름의 약동이 넘치는 듯했다. 화강암 틈새에 끼어 화사하게 피어있는 이름 모를 꽃들이 바람에 흩날리는 것을 바라보니 대기를 호흡하면서 살아가는 생물체에 새삼 경탄을 금치 못했다. 사경의 세계를 헤맨 후 '살아 돌아왔다' 는 생환의 기쁨! 바로 그것이었다. 즉 삶에 대한 보람이 무엇인가를 느꼈다.

남체로 내려가는 다리가 급류로 인해 떠내려갔다. 험준한 쿰중의 윗길을 돌아가니 말 할 나위 없는 고행의 연속이다. 두 사람도 비켜설 수 없는 천길 만길의 벼랑길을 돌아서면 야크들도 고개를 쳐들고 가쁜 숨을 몰아쉰다. 몬순이 끝난 9월이라 싱싱한 풀냄새를 맡으며 내려오다 보니 얼마 전까지만 해도 구름에 가려 그 자태를 엿볼 수

없던 살인봉 아마다부람도 지금은 벗겨진 구름 사이로 다정한 얼굴로 반겨준다.

해발 3,900미터의 상보체의 언덕배기에 하얀 머리를 쳐들고 에델바이스가 피어 있어 괴로운 내 마음을 달래주는 듯했다. 꽃말은 '고귀한 흰 꽃' 독일의 국화로서 헤르만 헤세가 청년시절에 알프스의 험난한 산록에 올라가 이 꽃을 한 아름 꺾어와 첫사랑의 소녀에게 바치려 했던 꽃이다.

산악인 불굴의 정신을 상징하며 어떠한 추위와 비바람에도 고매한 자태를 흐트리지 않고 고산의 바위틈에서나 눈에서도 오랫동안 핀다. 산악인을 상징하는 영원한 꽃 에델바이스여! 이 꽃을 피우기 위헤 긴 세월동인 얼마나 많은 산익인들이 희생을 깅요당헸딘가! 영원히 못 볼 뻔했던 너를 한 아름 안아다가 내 곁에 두고 삶과 죽음의 세계를 넘나들었던 그 날을 되새기며 살아가리라.

셰르파의 고향이 가까워지자 생사고락을 함께 했던 정든 그들은 하나, 둘 집으로 돌아가기 위해 석별의 정을 나눴다. 라마교 의식에 따라 에베레스트의 사나이들에게 레이스 같은 가타(Gatha)를 목에 걸어주고 두 손 모아 합장까지 해준다. 식사 때마다 '손씻고 밥 지어라' 는 꾸지람을 들었던 키친보이 겐짜도 이제는 정이 들었던지 이별의 슬픔에 눈물이 글썽한 채 몇 번이나 되돌아보면서 고향의 언덕길을 넘어간다.

그날 저녁 상보체(3,900m)에 도착하니 일본사람 미와라 씨가 등정을 축하하는 메시지와 함께 세계에서 가장 높은 위치에 있는 에베레스트 뷰(View) 호텔로 한국대를 초대해 주었다. 나는 보행이 불편해 혼자 남아 텅 빈 천막 안에서 동상에 걸린 상처를 치료했다.

다음날 김 대장은 고상돈 대원을 앞세워 보도에 바쁜 기자들과 함께 먼저 떠났다. 9월27일은 이국에서 맞이하는 추석이었다. 활주로 근처의 잔디밭에 둘러앉아 남체에서 싸 갖고 온 양고기와 짬바(볶은 밀가루)를 그들의 음식 먹는 습성에 따라 손으로 먹으면서 양 손가락을 빨고 있었다.

어디선가 비행기 소리가 계곡 아래에서 들려왔다. 먹던 손을 멈추고 하늘을 쳐다보았다. 활주로가 깊은 산 속에 위치하여 관제탑이 없는 시계 비행이라 날씨가 나쁘면 착륙이 불가능하여 되돌아가는 경우가 허다했다. 그래서 보통 일주일에서 심지어 보름씩이나 비행기를 기다리는 외국인 트레커(Trekker·등반여행자)들이 눈에 많이 띄기도 했다.

오늘도 비행기 소리를 듣고 기다렸다는 듯이 많은 외국인들이 활주로에 모여 하늘을 응시하고 있다. 한 대의 비행기는 우리들을 비웃는 듯 머리 위를 한 바퀴 선회하더니 에베레스트의 쿰부 빙하 쪽으로 기수를 돌린다.

아쉬운 마음으로 계속 허공을 응시하고 있는데 쿰부빙하를 선회

한 비행기는 차츰 고도를 낮춰 활주로에 착륙하지 않는가. 부부인 듯한 서양인 두 사람이 비행기에서 내려 우리 쪽으로 다가와 "어느 나라에서 왔느냐"고 묻는다. 한국 에베레스트 등반대로 정상에 올랐다고 김병준 대원이 자랑한다. 옆에서 지켜보던 김명수 대원이 탑승자가 두 사람밖에 없다는 사실을 알자 "동상에 걸린 환자가 있다"면서 동승시켜 줄 것을 부탁했다. 키가 크고 준수한 차림인 미국인은 "정상에서 가지고 온 돌이 있나?" 라고 되묻는다.

에베레스트 정상에는 만년설이 덮여 돌이 있을 리는 만무했다. 눈치빠른 이상윤 대원이 막영지 근처에서 그럴듯한 돌을 주어와 "정상의 돌이다" 하고 내민다. 노신사는 "땡큐"를 연발하면서 무척이나 좋아했다.

주먹 만한 돌 하나로 10인승 경비행기에 4명의 대원과 짐까지 싣고 무려 20일간이나 온갖 고생을 겪으면서 올라온 기나긴 캐러밴의 길을 단 45분만에 내려와 카드만두에 도착했다. 공항에 내리니 서울에서 격려 차 온 한국일보 장강재 사장과 원로 산악인 김조현 씨를 비롯하여 많은 교민들이 마중 나왔다.

그 중에서 AP 통신기자 비나야 씨가 다가와 "오! 미스터 박, 대단히 고생 많았다" 면서 손을 내민 다음 인터뷰를 요청했다.

1차 공격의 실패 원인은? "산소가 떨어졌지만 그보다 악천후와 너무나 많이 쌓인 눈 때문입니다" 라고 대답했다. 그러면 "무산소로 에베레스트의 등정이 가능한가?" 나는 자신 있게 말했다. "절대 가능합니다". 그러나 베이스캠프의 매니저 락파 텐징은 "산소 없이 에베레스트 등정은 불가능합니다" 라고 잘라 말했다.

(참고로 1978년 프레 몬순시즌에 세계적인 등반가 라인홀드 메스너가 우리가 등정한지 7개월 만인 5월8일 내가 쳐놓은 마지막 캠프를 이용하여 인간의 한계를 넘어 무산소로 하베러와 함께 에베레스트를 등정하여 전세계를 깜짝 놀라게 했다.)

그후 메스너가 발간한 보고서(GIPFELSIEGAM EVEREST)
에는 한국대의 등반기록이 소개되었다).

이제 전 대원이 카트만두에 모였다. 네팔주재 한국대사관에서
에베레스트의 등정을 축하하는 파티가 열렸다. 각국 외교관도 초대
된 이 자리에 락파 텐징과 정상에 올랐던 펨바 노루부는 검게 탄 얼굴
이나마 환한 웃음까지 지으면서 제법 정장까지 한 모습으로 나타났
다. 나와 함께 죽음의 세계를 넘나들었던 앙 푸르바는 초청에 제외되
었는지 몰라도 눈에 뜨이지 않았다. 애국가가 울려 퍼지고 간단한
등반보고와 함께 대원들의 소개가 있었다. 많은 박수 갈채 속에 외국
인들이 얼마나 한국 원정대에 관심을 가졌는가를 짐작할 수 있었다.

10월2일, 3개월만에 고국으로 돌아가기 위해 카드만두의 공항
에 도착하여 체중을 달아보니 67킬로그램이었던 몸이 55킬로그램
에 바늘이 멈췄다. 두달 동안 12킬로그램을 고스란히 에베레스트에
바친 셈이다.

우리를 전송하기 위해 교민들을 비롯하여 생사고락을 함께 했던
셰르파들이 나왔다. 앙 푸르바는 이별의 손을 내밀면서 "미스터박,
이제는 셰르파라는 직업을 그만 두고 아내와 같이 야크나 기르면서
여생을 보내겠다" 라고 했다. 그 눈동자에는 눈물이 글썽거렸다. 이
별이 못내 아쉬웠던지 쿠크리 칼을 선물로 내 손에 쥐어주었다.

타이항공의 여객기는 한 많은 히말라야산맥을 뒤로 하고 차츰
고도를 높이기 시작했다. 김포공항의 환영 일정을 맞추기 위해 예정
에 없던 홍콩 대만에서 하루 밤을 묵게 되었다. 타이페이 공항에 도
착하니 어떻게 소식을 들었는지 화교인 곽정관(郭政寬) 씨가 마중
나와 나를 반겨준다. 오랫동안 한국에서 같이 산을 즐겼던 터이라 그
와 함께 밤 늦도록 향내 나는 고량주를 마셨다.

이튿날 KAL에 탑승하니 기장의 배려로 일등석에 안내되었다.
고국이 가까워질수록 가슴에 스며드는 착잡한 심정을 달래기 위해

108

스튜어디스를 불러 맥주를 청해 마셨다. 한국이 가까워지자 취기와 함께 이제까지 겪은 일들이 내 머리속을 어지럽게 했다.

　나는 왜 정상을 눈앞에 두고 돌아서야만 했을까? 모든 운명을 하늘에 맡기고 죽음을 무릅쓰고 기어서라도 정상에 올라갔어야 했는데. 스스로 자책할 수록 내 자신은 정상에서 내다버린 웨스턴 쿰의 버림받은 눈처럼 비참하게 무너졌다.

한국 최초의 정상의 사나이가 탄생한 후 외신 기자들과 인터뷰에서 거리낌없이 내 뱉은 말! 한마디가 되살아난다. "정상을 향할 때 일차 공격조의 올라간 흔적이 없어 새로운 길을 선택했다" 는 이 말 한마디가 고국에 가까워질수록 되살아나 깡통 맥주에서 오는 취기와 함께 달아올랐다.

정상 등정을 마치고 베이스 캠프로 돌아온 그는 마중나선 나약한 내 몸을 붙잡고 "형님의 발자취를 따라가면서 너무나 고통스러워 울었다" 는 때묻지 않은 만년설 같이 티없던 순수한 이 말은 산에서 내려오자마자 다 녹아 버렸다.

정상은 위대하다. 하얀 눈처럼 오염되지 않는 진실이 숨쉬고 있기 때문이다. 그래서 정상에서 흘러내린 만년설은 녹지 않고 빙하가 된다는 사실을 잊어서는 안 된다.

정상으로 가는 길은 고독하면서도 험난하다. 자신의 노력의 결실에 따라 선택된 길이기는 하나 혼자의 힘으로는 목표지점에 도달할 수 없다는 사실을 알아야 한다. 정상에 도달했다는 것도 중요하겠지만 어떻게 올라가느냐는 과정도 매우 중요하다. 그러나 뭇 사람들은 정상에 초점을 맞추어 버린다. 이러한 현실은 이국의 땅 네팔을 벗어나 한국에 들어서면 더욱 더 심화될 것 같았다.

"정상은 정복될 수 없다. 다만 내가 나를 정복했을 뿐 그곳에는 승자도 패자도 없다." 이 말을 남기고 에베레스트 정상 부근에서 안개 속으로 사라져 버린 말로리의 말을 되씹으면서 조용히 눈을 감았다.

김포공항이 가까워지자 비행기는 차츰 고도를 낮추기 시작했다. 창 밖을 내다보니 고국의 산야가 그렇게 아름답게 비칠 수 없었다. 트랩 문이 열리자 김 대장을 선두로 고상돈 대원이 뒤따라 내리면서 관중을 향해 활짝 핀 웃음으로 손을 흔들면서 내린다. 승객의 맨 뒷줄에서 차례를 기다리니 마치 죄지은 사람 마냥 갑자기 가슴이 두근

열렬히 국민의 환영을 받는 '77한국에베레스트원정대

거렸다. 이 자리를 떠나면 나를 알아볼 사람들이 아무도 없을 것 같아 되돌아와 좌석에 풀썩 주저앉아 버렸다.

창밖을 내다보니 많은 환영 인파가 나를 어지럽게 한다. 그 사이로 한국일보에서 내보낸 미스코리아 아가씨들이 한복을 곱게 차려입은 아름다운 자태로 검게 탄 얼굴로 트랩을 내리는 대원들에게 일일이 다가서서 꽃다발을 목에 걸어 주고 있었다. 한 개의 꽃다발이 남아 돌자 예쁜 아가씨는 어리둥절한 표정으로 트랩을 쳐다보며 누군가 내리기를 기다리는 듯하여 나는 눈을 감았다.

그저 산이 좋아 에베레스트를 찾았다가 정상에 올랐을 따름인데. 이처럼 온 국민들에게 기쁨을 안겨 주리라고는 미처 생각 못했다. 손님이 다 내린 텅 빈 기내에 혼자 남아 있는 내 모습이 이상하게 비쳤던지 스튜어디스가 다가와 의아스러운 표정으로 말을 건넨다. "손님 어디 불편하십니까? 빨리 내려야 합니다."

베이스 캠프에서부터 동상으로 보행에 불편을 느낄 때마다 항상

111

사회로 다시 돌아온 당시의 필자, 영남일보 기자인 구활 씨와 인터뷰하고 있다.

길잡이가 되어 준 손때 묻은 스키 스톡을 짚고 쩔룩거리는 내 모습을
누구한테도 보여주기 싫어 좌석에 남겨둔 채 절룩거리는 발걸음으
로 자리를 떴다.

정상에만 초점을 맞추는 기자회견에 '역시 한국도 마찬가지구
나' 이 땅의 현실을 외면할 수 없구나. 공항을 나서니 가족들의 얼굴
이 보였다. 그 뒷전에는 선후배와 직장 동료들이 플래카드를 들고 환
영해 주었다. 그들은 내 표정과 달리 무척 밝았다.

공항 경비원들의 부축을 받으며 대기하고 있던 카 퍼레이드 지
프차로 다가섰다. 선두차량에 밀려 세 번째의 차에 올라탔다. 악우회
임근성 씨가 내 표정을 감지한 듯 카메라로 내 얼굴 표정을 수십 차례

초점을 맞춘다.

바위를 가르쳐 주던 서울산악회 변완철 씨가 백내장 수술로 한 쪽 눈을 안대로 가린 초췌한 모습으로 나타났다. 마치 내 심정을 읽고 있는 듯, "야 상열이, 아무 말을 하지 말아 네가 최고야 알았지." 이 한마디는 슬리핑 백처럼 따뜻하여 만년설에 얼어붙은 내 마음을 녹여 주었다.

등산의 기쁨은 산이 주는 온갖 시련의 고통을 이겨내고 산에서 내려와 등산화의 끈을 풀 때 가장 큰 보람을 느낀다. 그 길은 아무리 멀고 험난하다 해도 되돌아설 수 없다.

'77 KEE는 1977년 10월11일 청와대로 박정희 대통령을 예방해야만 했다. 에베레스트 땀냄새가 물씬 풍기는 원색의 등산복을 벗어 던지고 한국일보가 마련해 준 검정 예복을 단정하게 갈아입고 눈빛에 단 김은 얼굴로 한국일보 장강재 사장을 앞세워 청와대를 예방했다. 등산은 무상의 행위라고 주장했던 우리들에게 체육훈장의 최고의 명예인 청룡장을 김영도 대장과 정상의 주자인 고상돈 대원에게, 나머지 대원들은 맹호장을 박정희 대통령이 손수 가슴에 달아주면서 "에베레스트 등정의 기쁨을 온 국민과 함께 나누자" 라고 치하할 때 인류 최초로 안나푸르나(8,091m)를 초등정한 프랑스의 모리스 엘죠그처럼 동상을 입은 발꿈치에서는 썩은 고름이 붕대에 배어 나오고 있었다.

지구의 끝 가는 길을 열고
―朴相烈 부대장에게

朴載坤

우리의 박상열 부대장
너무나 자랑스런 대구의 산사나이!
너무나

영원히 빛나리라
세계 산악사에 길이 남으리라
이제 당신의 새로운 기록이
이제 당신의 장한 이야기가
山사나이의 참 의리
투철한 신념 굳은 의지
당신의 슬기 당신의 용기
철인! 박상열
초인! 박상열
의연히 돌아왔다.
새로운 신화를 창조한 채
지구의 끝 가는 길을 열고
의젓이 돌아왔다.
당신의 이제 우리 앞에
대한의 곰
너무나 장한 팔공의 아들
상상이나 했던가
해발 8,800미터 비박을
세계 어느 등반대가 산소가 바닥난 23시간
히말라야 등반사의 새로운 장

추위와 고독과 죽음과 싸운
지구의 용마루에서
지구의 끝 에베레스트 정상은 지척
죽음을 뿌리쳤다.
생사를 초월한 의리 뜨거운 인간애로
셰르파 앙 푸르바를
삶을 포기하고 안자이렌을 풀어버린

114

해발 8,700미터 죽음의 심연에서
되살아 왔다.
백의의 기백을 온 누리에 빛내고
여기 한 산사나이가
불태우고
삶과 죽음을 가른 처절한 용기를
사곡을 굽어보며
여기 한 산사나이가

그리고 그 뚝심을

장한 산 사람
박상열 부대장아!!

추위와 고독
삶과 죽음 그 처절한 갈림길에서
셰르파 앙 푸르바와 나눈
끈끈한 우정 뜨거운 인간애
그것은
참으로 위대한 인간 승리

통한의 산사람 박상열 부대장

한순간 한발작 앞에는
죽음만이 기다리는 극한
그 상황에서도
무너지지 않았던 뚝심
그 슬기와 그 용기
그리고 뜨거웠던 인간애
그 모두를 우리들 가슴가슴 마다에 새겨 놓고

이제는 모두의 귀감이 되었구나
장한 산사람
박상열 부대장아!!

사카르마타의 여신은 외롭지 않을까?

23년만에 가 본 에베레스트

대한산악연맹은 문화관광부 후원으로 '2000년' 이라는 대망의 새 천년을 맞이하여 한국 최초로 세계 7대륙 최고봉(2000 Korean 7 Summits Expedition)을 오르는 계획을 세웠다. 원정대 총단장은 김상현 회장을 중심으로 대륙별 단장은 부회장이 맡고 대장은 이사로 선발되었다.

세계의 최고봉이자 아시아 대륙에 있는 에베레스트(8,848m)는 단장 박상열, 대장 손중호, 남미대륙 최고봉 아콩카구아(6,959m)는 대장 차재우, 북미대륙 최고봉 맥킨리(6,194m)는 단장 이인정, 대장 정승권과 아프리카대륙 최고봉 킬리만자로(5,895m)는 단장 윤형두, 대장 전병만, 그리고 유럽대륙 최고봉 엘브루즈(5,642m)는 단장 강태선, 대장 박훈규, 북극대륙 최고봉 빈슨메시프(5,140m)는 단장 김승철, 대장 장봉완, 그리고 오세아니아주 최고봉 칼스텐츠(4,884m)는 대장 박주환으로 구성되었다.

에베레스트는 각 시도연맹에서 추천한 8,000미터 이상의 등반 경험자로 선발되었다. 등반대장 이인(34)은 1997년도에 초모룽마(8.848m)를 등정했고, 행정을 맡은 이상배(42) 대원은 1996년초 오유(8.201m) 등정, 기록담당 박헌주(33) 대원은 1997년 초 오유(8.201m) 등정, 장비담당 변성호(30) 대원은 1999년 가셔브룸1봉(8,068m) 등정, 식량담당 김경수(28)대원은 1997년 낭가파르바트(8,125m) 등정, 회계담당 모상현(26) 대원은 1997년 낭가파르바트(8,125m) 등정, 학술 편집 신영철 위원 등 모두 히말라야의 자이안트급(8,000m이상) 거봉의 정상에 섰던 사나이들이다.

에베레스트는 7대륙의 최고봉답게 가는 길은 멀고도 험난하다. 그 길로 가는 길목에는 막대한 예산확보와 대원 선발이라는 두터운 벽이 가로놓여 있다. 대부분의 원정대는 오랜 기간의 준비를 거쳐 팀웍이 이루어진 후 등반에 나서는 것이 하나의 선례로 여겨왔다. 그런데 국가적인 사업의 목표 달성에 초점을 맞추다 보니 불과 두 달을 남겨놓고 에베레스트의 무거운 짐을 떠맡았으니 엄두가 나지 않았다.

설악산에서 6박7일의 단 한 번의 훈련을 마치고 준비를 서둘자 아니나 다를까 대원선정 문제에 있어 한 개인의 표출된 감정은 구성체를 파괴시키는 지극히 위험한 요소로 작용하여 우수한 대원을 탈락시킬 뻔했다. 앞으로 대원 선정 심사는 정실에 흐르지 말고 엄정해야만 된다는 좋은 교훈을 남겼다. 재정문제도 마찬가지다. 국고보조금 집행에 따른 질차문제를 두고 조급한 마음이 앞서 즉 '등반행위가 최우선이다' 라는 입장을 내세우다 보니 일이 꼬이기 시작했다. 돈 한푼 걷히지 않고 아까운 시간만 자꾸 흘러 내 자신만 초라해 보였다. 그래서 '원정대에 대장이 있으면 그만이지 무능한 단장은 왜 필요하나?' 라는 예산절감이라는 이유를 내세워 구성원의 조직책을 내던지는 성급한 일면도 없지 않았다.

그럴 즈음 이인정 부회장의 각고의 노력 끝에 LG전자의 지원을 받아내자 "배낭을 빨리 꾸리라" 하면서 나를 몰아세운다.

손중호 대장도 매일같이 전화로 이때까지의 진행상황을 알려준다. 그들의 따뜻하고 끈적끈적한 우정은 더 이상 물러설 자리가 없었다. 마음의 변화에서 오는 착잡한 심정을 되씹으며 아파트 베란다에 앉아 배낭을 꾸렸다.

눈과 얼음에 필수직인 징비 아이젠, 피켈, 이이스비일, 내 몸을 확보해 줄 유마르 등 쇠뭉치를 끄집어내 놓자 아내의 근심스러워하는 눈빛이 어깨 너머로 역력하다. 이러한 장비를 더플백에 집어

넣느냐 아니냐를 두고 한참동안 망설였다. 왜냐하면 내 나이 57세, 에베레스트를 다녀온 지 23년의 세월이 지났다. 그때는 젊은 시절이라 고양이처럼 가벼운 몸으로 아이스 폴을 넘나들었지만 지금은 배에 찬 군살에다 엉덩이가 축 처지는 몸매로 휙스 로프를 잡고 아이스 폴을 통과하여 사우드 콜까지 올라가겠다는 말인가? 부질없는 생각이라고 고개를 내저었다.

또한 에베레스트 입산 규정이 마음의 변화를 일으켰다. 네팔 관광성은 1996년부터는 입산요금을 한 팀에 7명으로 규정하고 7만 달러라는 엄청난 돈을 요구했다. 그것도 모자라 대원 한 사람이 붙어날 경우 1만 달러라는 추가 요금을 징수한다. 그래서 쪼들리는 재정 문제를 생각하여 등반 능력이 떨어지는 나는 입산신청을 제외시켜 놓았다. 현지에 도착하여 30달러를 지불하는 트레킹 퍼미션으로 베이스 캠프까지 더 이상 넘어서지 못한다. 만약 이러한 규정을 무시하고 등반하였다가 누군가 고자질하면 엄청난 벌금은 물론 네팔에서 추방당한다. 그뿐 아니라 블랙 리스트에 올라 앞으로 입국조차 못한다. 그러나 몰래 정상을 올라 등정자로 인정받을 수도 있다. 입산 요금 7만 달러에다 벌금을 지불하면 말이다. 네팔에서 정말 웃기는 일이 벌어지고 있는 실정이다. 아무리 가난한 나라지만 영리적인 목적에 눈이 어두워 신성한 에베레스트는 돈 많은 상업 등반대로 제모습을 잃어가고 있다.

대원들이 먼저 떠난 후 혼자 뒤늦게 배낭을 지고 김포공항을 들어서니 무언가 허전하고 개운치 않은 마음이다. 홍콩에서 8시간 기다렸다가 네팔 로얄 에어라인 기내에 들어서니 대부분의 등산복 차림으로 원색의 물결이 좌석을 메웠다.

네팔공항에 도착하여 입국비자를 받아 나오니 이번 원정대에 학술편집을 맡았던 〈사람과 산〉 기자 신영철 위원과 빌라 에베레스트의 앙 도루찌 셰르파가 마중나와 반겼다. '99칸첸중가 등반대' 의

오랜 산친구 이인정 씨(한국등산학교장)와 함께 만년설로 가는 헬기에서의 필자(우)

구성원으로 몇 개월 전에 이곳에 다녀간 적이 있어 카트만두 거리는 낯설지 않았다. 한국산악인으로 잘 알려진 박영석 씨가 경영하는 빌라 에베레스트에 여정을 풀었다.

다음날 이른 아침 귀에 익은 까마귀소리에 놀라 '아! 여기가 그리워하던 카트만두구나' 하면서 눈을 떴다. 삐꺽거리는 침대에서 일어나 계단을 밟고 아래층에 내려와 사방을 둘러보니 그간 한국 원정대가 남기고 간 다양한 페넌트가 벽을 가득 메워 눈길을 끌었다. '한국사람이 히말라야에 이만큼 많이 다녀갔구나' 라는 생각이 들었다. 사인해 놓은 이름 가운데 조난당한 산악인도 많이 눈에 띄었다. 그 중에 대구연맹의 '89 한국 초 오유 원정대' 시디로 참기했더기 그 다음해 다울라기리에서 눈사태로 숨진 셰르파 옹겔 사인의 흔적은 내 마음을 아프게 했다.

오늘 저녁은 귀한 손님을 맞이하는 날이다. 네팔주재 한국대사
관 정용관 씨 부부, 카트만두에서 '비원'이라는 한국음식점을 일
시 경영하면서 골치를 썩고 있는 이석우(89년 에베레스트 서릉 원
정대장) 씨, 일본 오사카에 거주하며 한국통으로 잘 알려진 산악인
오니 씨, 1977년 9월15일 에베레스트 정상을 고상돈 대원과 함께
올랐던 셰르파 펨버 노루부, 죽음의 늪지대에서 나를 건져낸 펨버 라
마 셰르파, 모두 다 산으로 인연을 맺은 분이라 국경을 초월하여 밤
늦게까지 산이야기로 옛정을 나눴다.

다음날도 바쁜 나날의 연속이었다. 점심은 '비원'에서 삼겹살
과 매운탕으로 저녁은 펨버 라마 셰르파 집에 초대받았다. 아파트 같
은 계단을 밟고 2층 방에 들어서니 몸집이 비대한 펨버 라마의 부인
이 반갑게 맞이해 줬다. 주위를 살펴보니 눈에 익은 사진이 눈길을
끌었다. '77 KEE의 김영도 대장이 쓴 「나의 에베레스트」라는
책 중에 18명 대원들의 얼굴이 담긴 사진과 제1차 정상공격을 실패
하고 펨버 라마의 부축을 받으면서 ABC로 끌려 내려오는 장면을
(표지 사진)복사하여 걸어 놓았다. 이 사진의 주인공으로 감명깊게
바라보니 '살아 내려왔기에 또 다시 에베레스트에 찾아왔다'라는
존재의식과 함께 감회가 새롭다. 그는 뭇 사람들 앞에 '마치 야크를
몰듯이 나를 끌고 내려왔다'라고 그 당시 어려웠던 상황을 설명해
주위를 숙연하게 했다. 그 얼마나 한국 원정대를 사랑하고 아껴주었
기에 23년의 세월이 지난 지금까지 이러한 사진을 액자로 걸어놓다
니 내 가슴이 뭉클해졌다. 그리고 한번 더 '77 KEE에 대한 자부심
을 느꼈다.

얼마 후 새로운 손님을 맞이했다. 일본 동경에서 왔다는 얼굴갸
름하고 체구가 작은 미스 미와자와 마사꼬(68세)라는 노처녀를 펨
버 라마가 소개해 주었다. 수십 년 전부터 그녀 가이드가 되어 돈이
적게 드는 히말라야의 6천미터급의 산을 택해 매년 함께 올랐다고

털어놓았다.

히말라야의 만년설에 맺어진 자일 파트너의 우정은 이어져 1993년 그녀의 초청으로 일년 동안 동경에서 지냈다고 슬그머니 자랑을 늘어 놓는다. 막대한 예산으로 8천미터급 큰산만 추구하던 우리들에게 무언가 교훈을 남겨주는 것 같다.

음식이 들어오자 부인이 다가와 술잔 위에 치즈를 약간 바른 다음 맥주를 따른다. 그것은 최고의 손님을 예우할 때 사용하는 셰르파족의 예법이다. 네팔에 자주 드나들었지만 이날 저녁만큼 입에 맞은 푸짐한 음식 대접을 받아 본 적은 없다.

내일이면 카트만두를 떠나 고행의 길을 나선다는 마음을 앞세워 신영철 씨, 인노 날레이 사가르몽 정찰을 마치고 갓 놀아온 울산대학교 산악부 김태구 씨와 더불어 안나푸르나 호텔에 있는 카지노에 들렀다. 내국인의 출입을 금하여 서양인 또는 돈 많은 인도인들이 고객

이었다. 좀 떨어진 무대에는 네팔여인이 밴드에 맞춰 노래를 부르고 있다. 몇 번 다녀간 적이 있는 신영철 씨의 뒷전에 서서 어깨 너머로 카드가 오가는 블랙 잭을 보고 있으니 앞에 놓여있는 동그란 칩이 자꾸 줄어든다. 그제서야 "형님 잃은 돈 술 마셔 본전 빼십시다" 라는 그의 말에 이끌려 무대 앞자리로 옮겼다. '돈 안 받는 고객 테이블이라 공짜 술이나 실컷 마시자' 라는 속심에 잔을 자꾸 비우다보니 얼굴이 달아올랐다. 웨이터를 불러 '레삼 삐리리' 라는 네팔의 전통 민요를 불러달라고 요청했다. 귀에 익은 노래가 흘러나오자 모두다 손뼉을 치고 따라 불렀다. 피부색갈이 다른 민족이 네팔노래를 부르며 흥겹게 놀자 모든 시선이 우리들한테 쏠렸다. 옆 테이블에서 술을 마시던 나이 지긋한 사람들이 "어느 나라에서 왔느냐" 라고 묻고는 동석하자고 제안한다. 그들은 카트만두에서 카페트 장사를 하는 돈 많은 티베트 상인들이었다. 화제가 달라이 라마에 쏠리자 그들은 흥분하여 '티베트 독립을 위하여 돈을 모으고 있다' 하면서 달라이 라마 얼굴이 담긴 목걸이를 끄집어내어 자랑을 털어놓는다. 그러면 우리 다 함께 티베트 독립을 위해 만세를 부르자고 제안했다. 모두들 자리에 일어서서 "달라이 라마, 만세" 라고 두 손을 들고 외쳤다. 그것도 모자라 마시던 맥주병을 들고 마치 마니휠을 돌리는 듯 "옴마니 밧메훔" 이라는 주문을 외치며 손바닥으로 마구 돌렸다. 카지노를 즐기던 사람들이 손을 멈추고 우리를 쳐다보며 웃는다. 만약 이 땅이 네팔 아닌 중국이라면 영락없이 붙잡혀 갔을 것이다.

캐러밴의 시발점 깊은 산골에 자리잡은 루크라 활주로가 요란스럽다. 날씨가 좋은 덕택으로 오늘 오전에는 수십 대씩 쌍발기가 계속 뜨고 내리면서 트레커(도보여행자)를 실어 나른다. 각양각색의 복장을 한 서양인들의 끝없은 발길의 행렬이 이어진다. 아무리 보아도 검은 색깔의 피부는 보이지 않는다. 그들은 왜? 하얀 만년설을 외면하는가 궁금해진다.

수없이 오가는 트레킹을 나서는 서양인과 마주친다. 검게 탄 내 얼굴이 셰르파족으로 비췄던지 "나마스테" 라고 네팔말로 인사해온다. 선글라스를 끼고 스키 스톡을 짚고 가면 "헬로" 로 바뀐다. 아무래도 좋다. 나는 노랑머리가 아닌 그들과 같은 몽골리안이라는 같은 종족의 피가 내 몸에 흐르고 있다.

언제부터인 줄 모르겠다. 이 땅은 설산을 즐기려는 트레커들로 태고의 신비가 서서히 무너지고 있다. 1971년 처음 이곳에 찾아왔을 때는 이곳 활주로 옆에는 착륙하다 파괴된 비행기 동체가 놓여 있어 그날의 비극을 말해줬다. 또한 주위에는 이름 모를 야생화가 피여 있고, 그 가운데 양이나 야크의 무리들이 한가롭게 풀을 뜯고 있었다. 그러다가 구름 사이로 쌍발기가 나타나면 사이렌이 울리고 군인이 뛰쳐나와 호루라기를 불면서 짐승을 내쫓은 다음 비행기가 내리던 그 시설의 모습은 이제 찾아볼 수 없다.

루크라를 출발 빙하가 녹아 소용돌이치는 두드코시 강물 따라가는 길은 언제 보아도 새롭고 아름답다. 곽틴을 오르는 언덕길에 랄리그라스(네팔국화)가 화사함을 자랑하며 곱게 피여 있다. 채 피지 못한 꽃망울은 스치는 찬바람 탓인지 고개 숙여 내일을 기약하는 듯하다. 그 사이로 꽁데가 하얀 얼굴을 내밀며 만년설의 빛을 자랑하며 우뚝 솟아 있다.

나그네의 외로움을 달래주는 롯지에 도착하면 "쉬었다 가자, 신 대장" 하면서 아무 데나 풀썩 주저앉았다. 산 너머 흘러가는 구름을 바라보며 '창' 한 잔에 피곤함을 달랜다. 앞마당에 하늘을 찌를 듯한 긴 막대가 세워져 있다. 그 끝에는 사방으로 달아놓은 룽다의 각색 깃발이 바람에 나부껴 그 옛적 티베트 땅에서 이주한 설움받은 이 민속의 종교석인 역사를 내비치는 듯 신비스럽다. 강 긴니 계딘식 밭이 내려다보이는 언덕을 올라서면 집채 만한 커다란 바위가 앞을 가로막아 걸음을 멈추게 한다. 바로 불경이 새겨진 마니석이라 앞으로 다가서니 내 삶을 넘나보는 듯, 죄지은 사람 마냥 마음이 무겁다. 그 앞에는 대형 마니경 5개가 가지런히 놓여 있다. 엊그제 일들을 생각하니 그대로 지나칠 리 없다. 유리병이 아닌 나무로 다듬어진 진짜 마니경을 돌리면서 술 취한 엊그제와는 달리 경건한 마음으로 한국 원정대의 무사한 등정을 마음 속으로 빌었다.

가파른 오솔길을 숨이 턱에 닿을 듯 힘겹게 남체로 올라서니 너무나 많이 변했다. 그 옛날 전형적인 가옥형태는 사라지고 모두다 롯지(여관)로 변해 버렸다. 보통 2층 구조물로 아래층은 동물을 키우고 위층은 부엌 겸 침실로 사용했는데 지금은 야크의 외양간이 여행자의 침실로 변해 버렸다. 11년 전에 묵었던 쿰부 롯지에 가보니 아래층은 기념품 상가로 변했고 그 옆에는 당구장까지 생겼다. 식당 휴게실에는 트레킹족들이 북적거려 내가 하룻밤 묵을 잠자리조차 없다. 우리를 알아본 주인 여자의 주선으로 옆집으로 자리를 옮겨 어두컴컴한 칸막이 방에 들어섰다. 두 개의 침상이 가지런히 놓여 있는 딱딱한 나무 위에 침낭을 끄집어내면서 '고약한 동네 두 번 다시 안 온다.' 마음속으로 뇌까리면서 피곤한 다리를 폈다.

4월21일 탕보체를 떠나 오전11시30분에 앙 푸르바가 살고 있는 사나샤라는 마을 어귀에 들어섰다. 길 양옆으로 수백년 묵은 향나무가 사열하는 듯 터널을 이루었고, 계곡 건너편에는 탐세르크봉(6,808m)이 위용을 자랑하면 우뚝 솟아 주위환경은 마치 한 폭의 그림과 같이 아름답다. 풍요로운 물질문명을 떠나 이러한 자연을 벗삼아 살고 있는 그들은 결코 외롭지 않다. 사나샤 롯지라는 나무간판이 선득 눈에 들어와 '바로 이 집이구나' 하면서 문을 열고 들어섰다. 앙 푸르바의 부인이 11년 전 초 오유 등반을 마치고 찾아왔던 나를 알아보고 카타를 목에 걸어주면서 무척 반긴다. 그리고 술잔 위에다 치즈를 바른 후 맥주를 가득 부어 내 옆에 앉아 수없이 권한다. 예쁘게 생긴 앙 푸르바의 딸 라파 영진(23)이 다가서서 수줍은 듯이 인사를 한

새천년 한국에베레스트 등반에 나선 대원들, 베이스 캠프에서. 뒷줄 왼쪽부터 변성호, 모상현, 김경수, 이인, 앞줄 왼쪽부터 박헌주, 이상배, 손중호 대장, 박상열 단장.

다. 그를 쳐다보면서 엄마가 들려주는 새로운 사실에 놀랐다. 앙 푸르바가 '77KEE의 죽음과 다름없는 비박에서 무사히 살아 돌아온 그 다음날 초성을 울려 라파 영진을 탄생시켰다는 것이다. 그 당시 처철한 죽음과의 혈투를 벌이는 그 순간에 아내의 뱃속의 아이를 생각했을 것이다. 만약 그와 함께 눈의 늪에 빠져 돌아오지 못했더라면 이 아이의 운명은 어떻게 되었을까? 아찔한 순간들이 머리를 스친다. 앞으로 내 자식같이 귀여워 해줘야지!

1997년 9월, '77에베레스트 등정 20주년 기념행사 때 한국일보는 이 산을 초등한 힐라리와 함께 쿰부 지역에 사는 학생들을 한국으로 초청했다. 그 가운데 라파 영진이 끼어 있었다. 대원들이 그를 반겨 주었고 부모한테 줄 선물이라고 손목시계를 사줬다. 앙 푸르바 부인은 그 손목시계를 내보이며 무척이나 고마워했다.

내 시선을 모았던 것은 대원들도 간직하고 있지 않는 ' 77 KO-REAN EVEREST EXPEDITION 이라는 정상에 태극기가 날리는 포스터가 앙 푸르바 집 벽에 걸려 있지 않는가. 23년 동안 그는 이 포스터를 보면서 무엇을 생각했을까? 그 시절의 그리움일까? 아니면 못 다한 정상의 외로움을 달래설까 하는 의문과 함께 그에 대한 뜨거운 연민의 정이 가슴에 흐른다.

페리체(4,200m)를 출발해 가파른 언덕을 넘어서면 수많은 비석의 돌무덤이 여기저기 쌓여 있다. 그냥 지날 칠 수 없어 배낭을 벗어놓고 둘러보니 쿰부 히말라야 등반에서 숨진 산악인과 셰르파들의 영혼들을 모셔 놓은 곳이다. 대부분의 육신들은 만년설에 묻혀 잠들고 있지만 그들의 넋은 깊은 산골의 안개 속을 헤매고 있는 듯 너무나 외롭게 보였다.

그들은 왜 죽음을 마다하지 않았을까? 바위를 붙잡고 물어 보았지만 말없는 안개만 돌무덤을 스쳐지나갈 따름이다.

베이스 캠프에 도착하자 주위 환경에 놀라지 않을 수 없었다. 새천년을 맞이하여 각국에서 에베레스트를 오르겠다고 23개 팀과 셰르파 500여 명이 모여들었다. 커다란 채석장을 방불케 하는 광활한 벌판의 해발 5,400미터는 마치 바잘(장터)을 연상케 했다.

이곳 라마교 의식에 따라 돌로 된 쵸르텐(제단)을 바라보니 안전을 추구하는 그 마음은 국적이나 각기 다른 종교도 초월하는가 보다. 각국 팀마다 오색의 쵸타르(불경을 새긴 깃발)를 매달아 놓아 빙하지대를 스치고 지나가는 바람을 타고 파도의 물결은 장관을 이룬다. 그 아래는 원색의 천막이 여기저기 군락을 이뤄 내 눈에는 마치 집시의 이동같이 보였다.

길도 없는 울퉁불퉁한 미로의 빙하를 돌고 돌아 겨우 태극기가 휘날리고 있는 한국원정대의 베이스 캠프를 찾을 수 있었다. 대원들

126

은 등반에 나서 한 사람도 보이지 않고 검게 탄 얼굴에 수염이 무척 자란 초췌한 모습의 손중호 대장이 반겼다.

본부 천막 앞에는 들국화같이 생긴 꽃송이가 눈길을 끌었다. 삭막한 모레인 지대를 스쳐가는 찬바람에 바르르 떨고 있는 모습이 너무나 애처로웠다. 이 꽃은 박헌주 대원이 생물의 한계지점인 페리체 (4,200m)에서 대원의 숫자대로 7송이를 채취하여 먹고 남은 호박죽 플라스틱 옹기에 옮겨 심어 여기까지 갖고 올라온 것이다. 그는 이곳에 다녀간 적이 있어 BC의 삭막함을 누구보다도 잘 알고 있었다. 산소가 희박한 대기 속에 버티고 살아가는 이 꽃을 바라보며 희망과 용기를 얻고 생명에 대한 애착을 불어 일으킬 것이라고 믿었다. 물도 주고 밤이면 천막에 갖고 들어와 애지 중지 키웠으나 생명력은 고도의 한계를 넘지 못했다. 대원들이 등반을 나서는 동안 한 송이씩 시들다가 사흘을 넘기지 못하고 끝내 모두 시들이 비렸다. 결국 표고 5,400미터는 생물의 성장을 멈추게 한다는 사실을 증명했다. 인간도 저 꽃처럼 이곳에서 생명의 위협을 받고 있다는 사실을 한 번 더 느꼈다.

바위와 얼음이 뒤 엉겨 있는 빙하의 퇴적지대는 옛적에는 생명체라고는 한 두 마리의 까마귀가 날고 있을 뿐이었는데 어떻게 된 영문인지 지금은 아래 마을에서 볼 수 있는 참새들까지 날아와 먹이를 쪼고 있는 것을 바라보노라면 끈질긴 생명의 숨결을 느끼게 한다. 사람들이 찾지 않는 척박한 이 땅에도 산악인들이 붐벼 이제는 먹을 것이 풍부하다는 것일까

지구상에서 가장 버림받은 땅! 가만히 있어도 두통과 산소부족으로 숨이 가빠오는데 손 대장을 위시하여 대원들은 서로간의 굳건한 신뢰와 존경심으로 모든 깃을 잘 이겨내고 있다. 대원 시로긴은 물론 셰르파에게도 존칭어로 적절한 예우를 하는 자세는 등반에 큰 도움이 되었다. 잠자리만 따로 할 뿐 식사도 구별 없이 나눠 먹었다.

그들의 도움 없이는 등정이 불가능하다는 사실을 경험을 통해 대원들은 누구보다도 잘 알고 있기 때문이다.

쿡 뚜르바는 아침마다 "굿 모닝, 바라사보" 하면서 천막을 밀치고 들어와 따뜻한 커피 한 잔으로 단잠을 깨운다. 그는 한국말도 잘할 뿐 아니라 김치찌개를 비롯 음식 솜씨 또한 일품이라 까다로운 우리들의 입맛을 돋구어 주었다. 그렇다보니 대원들은 식당에 자주 드나들어 고소에서 오는 식욕부진을 이겨낸다. 작년 가을에 한국 초 오유등반대(대장 박훈규) 따라 티베트를 통해 캠프2까지 올라가 대원들의 입맛을 돋구어줬다고 자랑을 늘어놓는다.

아침에 눈을 뜨면 천막 문을 제치고 오늘의 날씨가 어떤지 제일 먼저 하늘을 쳐다본다. 그리고 난 다음 밖으로 나서서 고글을 끼고 사우드 콜을 바라보는 습관이 도착하는 날부터 몸에 배어 있다. 수많은 사람들이 줄지어 크레바스를 건너 거대한 빙탑을 가로질러 올라가는 모습을 쳐다보면 마치 개미떼의 행렬을 연상케 한다. 그러다가 오후가 되면 너무 조용하여 적막하다. 왜냐하면 낮에는 기온이 상승하여 빙탑의 붕괴될 우려와 짙은 안개는 온산을 뒤덮어 행동이 불가능해 모두 천막에 갇혀 있어야 한다.

등산의 극치라고 일컫은 히말라야 원정은 버림받은 눈처럼 점차 퇴색되어 녹아가고 있다. 그 등반은 한평생의 숙원사업으로 오랫동안 준비를 거쳐 보통 7,000미터 급의 산을 먼저 오른 다음 대망의 에베레스트를 겨냥하는데 외국의 상업등반대의 성행으로 돈만 내면(1인당 4만~7만5천불) 누구든지 세계의 정상에 올라설 수 있는 기회가 주어진다. 그 옛날에는 시즌에 한 팀만 등반을 허용했는데 1993년부터는 이 나라의 빈약한 재정을 채우기 위한 수단으로 겉으로는 자연을 보호한다는 명목으로 네팔 관광성은 등반규정을 바꾸어 놓아 봄 가을 시즌마다 상업등반대의 북적거리는 변화에 서글픔을 금치 못했다.

128

베이스 캠프 주위는 수많은 크고 적은 천막이 군락을 이루고 있다. 그들의 풍요로운 생활 근거지에 놀라지 않을 수 없다. 위성전화 설치는 물론 천막에는 등나무 침대가 가지런히 놓여 있고 그 중앙에는 기름난로가 불타올라 사람들은 티셔츠 차림으로 서성거린다. 식당에는 갖가지 음식이 즐비하고 한쪽 원탁에는 커피의 진한 냄새가 풍긴다. 만약 물자가 모자라면 전화 한 통으로 만사 OK다. 루크라까지 비행기로 나른 다음 야크를 이용하면 2, 3일에 이곳까지 거뜬하게 도착한다. 빙하의 물을 데워 샤워를 즐기며 그들은 모두 다 느긋한 마음이다.

일주일에 한두 번씩 술, 담배, 양고기, 돼지고기 등을 팔러오는 보따리 장사꾼들이 설친다. 이것을 바라본 손 대장은 "앞으로 베이스 캠프에서 자장면이나 커피를 배달시켜 먹을 날이 멀지 않았다"라는 농담에 신 위원은 한술 더 뜬다 "등반이 끝날 즈음 순다리(여자)도 올라오겠다"라고 맞장구치는 바람에 모두 다 한바탕 웃고 말았다.

셰르파도 한 걸음 더 나선다. 바부체리는 고카항공사 지원을 받아 16시간 만에 정상에 올라선다고 호언장담하는가 하면 순다리 팀(대장 라마 셰르파) 여성 5명이 정상에 올라가 네팔 민요를 부르고 춤을 추겠다고 한다. 정말 웃기는 일이다.

14살 먹은 어린 소년(뎀바체리)은 예티항공사 스폰서를 받아 정상에 오르겠다고 네팔국왕과 함께 찍은 사진을 내밀며 자랑스러워하는 모습에 아연실색했다. 고산등반의 산소부족은 뇌세포 영향을 받아 어린이 경우 성장 호르몬을 멈추게 한다는 사실도 모른 채 날뛰고 있으니 안타까운 마음이다. 지금 어린 아들을 데리고 초 오유 등반에 나선 대구의 널보부자 심태웅 씨와 영식이가 생각난다.

진정한 산악인이라면 앞으로 이곳을 찾아올 것 같지 않다. 기본적인 등산의 과정을 무시한 채 딴 사람이 어렵게 닦아 놓은 길을 횟스

로프를 잡고 단숨에 올라가겠다는 말인가? 그 속셈에는 에베레스트의 올림픽 금메달이 보였을 줄 모른다. 신성하게 여기던 에베레스트 정상에는 이제 뉴 밀리니엄의 코미디 연출이 만년설 위에 벌어져 성모의 허벅다리 속살이 다 드러날 것 같다.

베이스 캠프에서 ' 77KEE 시절의 생사고락을 같이한 셰르파 3명을 23년 만에 만났다. 그들을 보니 삶에 대한 의미를 느꼈다. 쿰부 산록에 흩어져 사는 셰르파족의 대부분 운명은 이렇게 시작된다. 어릴 때부터 봄 가을 두 시즌에는 외국등반대에 고용되어 생활해 나간다. 그들 소년시절의 첫 출발은 '키친보이' 로 시작된다. 물을 길어오고 설거지를 하면서 음식솜씨를 익혀 '쿡' 이 된다.

그러다가 대원들의 입맛을 맞추기 위해 고소생활을 하다보면 어깨 너머로 등반기술을 익혀 '셰르파' 가 된다. 그러면 정상적인 장비 지급은 물론 임금도 배로 올라 배우자를 맞이하기도 한다. 등반능력이 탁월하여 정상에 오르면 보너스와 함께 외국초청을 받아 나들이도 즐긴다. 실력은 명성을 낳기 마련이다. 셰르파의 우두머리 '사다' 가 되어 많은 사람들을 거느리는 최고의 자리를 누린다. 그러나 그 영광은 오래 못 간다는 사실을 이번 등반을 통해 느꼈다. 즉 나이가 들어 체력이 떨어지면 외국인이 꺼려 등반대에 고용되지 못한다. 그 중에도 영어라도 좀 하면 트레킹 가이드로 나서는데 수입은 예전 같지 않다. 그렇지 못한 사람은 등반대의 짐을 날라주는 포터나 야크몰이의 신세가 되는 모습을 보았다.

오늘 따라 늦게까지 눈발이 날리는 저녁 무렵이었다. 외국등반대의 짐을 가득 실은 야크의 무리들이 목에 단 "짤랑짤랑" 방울소리를 요란스럽게 내면서 빙하지대를 거슬러 올라오고 있었다. 뒷전에서 낡은 등산복 차림에 모자를 깊게 눌러쓰고 어깨를 들썩이며 휘파람으로 야크를 몰아붙이는 낯익은 얼굴을 목격했다. 자세히 살펴보니 앞가슴이 튀어나온 23년 전 앙 다와가 틀림없었다. 반가운 나

마음의 친구 앙 푸르바 셰르파와 베이스 캠프에서 23년 전의 악몽을 되새기면서

머지 "나마스테, 앙 다와 셰르파. 77 KEE 멤버다" 하면서 다가서니 오랜 세월은 나를 얼른 알아보지 못했다. 한참 동안 의아한 듯 머뭇거리다가 그제서야 "바라사보" 하면서 내 손을 덥썩 잡고 반긴다. 검게 탄 그의 주름진 얼굴은 흘러가는 세월은 잡지 못했다.

두 번째는 니마 체링이라는 아이스 폴 사다이다. 어두운 식당 천막에 쪼그리고 앉아 식욕부진으로 넘어가지 않는 감자를 먹고 있었다. 어떻게 소식을 듣고 알았는지 "헬로 미스터 박" 하며 '에베레스트' 라는 네팔 술을 한 병 들고 천막 안으로 고개를 들이민 사람이 바로 그였다. 세 가족이 한 시즌을 이곳에서 보내고 있는네 부인은 사언 보호를 하고, 아들은 지금 뉴질랜드 등반대의 셰르파로 고용되어 ABC캠프에 머물고 있다고 한다. 그는 '77KEE 때 아이스 폴 사다

131

로 사다리 97개를 크레바스에 설치한 일꾼이다. 1975년부터 이때까지 한 번도 빠짐없이 25년간 천직이라 여기고 아이스 폴의 파괴된 사다리 보수만 꾸준하게 수리하는 일만 해왔다. 그 대가를 치르기 위해 각국의 원정대는 웨스턴 쿰의 빙하를 통과하는데 1인당 300달러를 지불해야 한다. 그 덕택으로 에베레스트의 제1관문인 아이스 폴을 손쉽게 통과하여 수많은 산악인들을 정상에 올려보낸 그의 업적은 높이 평가해야 마땅하다.

세 번째는 내 마음의 친구 앙 푸르바 셰르파의 만남이다. 남체로 올라서는 가파른 언덕길을 다친 무릎을 끌고 쩔룩거리며 올라가는 도중이었다. 먼저 나를 알아본 그는 "오! 미스터 박" 이라 부르며 뛰어 내려왔다. 내가 에베레스트에 온다는 소식을 듣고 있었다면서 무척이나 반겼다.

1977년 9월 9일 제1차 에베레스트 정상 공격을 나섰다가 악천후와 산소가 떨어져 돌아섰던 불운한 과거가 있던 두 사람의 만남이다. 앞머리가 희끗희끗한 야윈 얼굴은 옛날에 활기찬 모습은 아니었다. 그는 영국인들을 데리고 칼라파타르(5,545m) 트레킹을 나섰다가 루크라까지 손님 배웅차 내려오다가 마주친 것이다.

그는 일주일 후 모든 일을 뿌리치고 베이스 캠프로 나를 다시 찾아왔다. 지금은 셰르파가 아닌 손님으로 초대된 것이다. 3박 4일간 같이 머물면서 쿡이 갖다주는 한국 음식을 대접받았다. 둘이 탁자에 걸터앉아 정상을 감도는 구름을 바라보니 23년 전의 감회가 새롭다. 시야를 가리던 폭풍설에 산소가 떨어져 죽음과 다름없는 후퇴, 남봉 아래의 비박에서 극적 생환이란 기적은 오늘과 같은 두 사람에게 만남의 기쁨을 안겨 주었다. 침묵을 지키던 앙 푸르바는 조심스럽게 말문을 연다. "셰르파라는 직업으로 12번이나 에베레스트등반에 나섰다. 과거의 불운했던 상처의 후유증으로 정상에는 한 번도 못 올라섰다" 라고 고백한다.

132

눈과 바람의 여신이여---. 우리를 맞이할 마음이 없다하면 고이 돌려보낼 것이지 눈과 바람으로 비정하게 우리 두 사람을 짓밟았단 말인가, 다시 한 번 악몽의 그날을 돌이켜 생각해 본다

입산허가증이 없는 BC 생활은 마치 창살 없는 감옥과 같다. 매일 수많은 사람들의 거대한 빙폭을 오르는 광경을 바라보면서 무료한 나날을 보낸다. 유일한 즐거움은 대원들과 주고받은 무전 교신이다. "여기는 고도 6,400미터 캠프2 이상배 대원입니다" 라는 말 한마디는 산소부족에서 오는 호흡을 가다듬고 가라앉은 듯한 차분한 음성이 무전기를 통해 흘러나왔다. 그 목소리는 만년설의 영혼을 달래는 듯 너무나 애절하여 그곳의 어려움을 대변하는 듯 들렸다.

내일쯤은 어떻게 되든 간에 이곳을 벗어나 ABC로 몰래 한번 올라가 볼까 하는 마음으로 천막으로 들어가 장비를 챙겼다. 플라스틱 신발에 아이젠을 끼우려고 안간힘을 쓰는데 갑자기 가슴이 죄여오는 듯한 통증이 왔다. '웬일일까 한 번도 이런 적이 없었는데 심부전 증세일까?' 겁이 덜컥 난 나머지 가슴을 어루만지고 긴 호흡을 하고 나니 통증은 곧 가라앉았다. 나이 탓으로 돌리니 흘러간 세월이 너무나 억울했다. 마치 종이 호랑이가 된 기분이라 하루종일 기분이 언짢았다.

대원들은 정상공격을 대비한 고도순응을 하기 위해 BC로 내려왔다. 대원들의 모습은 사람의 형색이라고 할 수 없는 검게 탄 얼굴에 눈동자가 유난히 반짝거려 모두 다 '정상은 내 것이다' 라고 무언으로 말하는 것 같았다. 모처럼 본부 천막에 식구가 한자리에 다 모여 화기애애한 분위기다.

유머감각이 풍부하고 「히말라야 이야기」라는 책을 쓴 신영철 편집위원이 후배들 앞에 결혼해서는 안될 여자 세 가지 조건을 말해 줬다. '첫째는 신문사설을 즐겨 읽는 여자', '두 번째는 인도여행을 혼자 다녀온 여자', '세 번째는 산에서 8자 매듭을 맬 줄 아는 여

자' 라는 이유까지 설명해 줘 모두 다 웃음을 자아내게 했다.

대원들은 모두 정상에 대한 야심에 찬 모습들이었다. 대원들 중 나이가 많은 이상배대원은 정상에서 패러 글라이딩으로 활공하여 베이스 캠프에 내리겠다는 생각이 자리잡은 듯했다. 이인 등반대장은 언제나 선두주자로 힘이 넘쳤다. 그는 1997년 티베트 쪽으로 초모룽마의 정상에 발을 올려놓아 가능한 후배에게 정상의 기회를 주겠다는 듯 여유가 있었다. 박헌주 대원은 광주매일신문 기자로 위트에 넘치는 말로 주위 사람을 잘 웃기는 편으로 이번까지 세 번째인 만큼 꼭 정상에 서겠다는 집념의 사나이다. 차분한 성격에다 말이 별로 없는 변성호 대원, 산에서 멋을 부릴 줄 아는 김경수 대원, 막내로 언제나 해맑은 웃음으로 천진스럽게 보이는 모상현 대원, 모두 다 이상주의적 편향이 짙다. 신영철 위원은 등반에 앞서 "올라가는 머리 숫자와 내려오는 숫자가 맞아야 한다" 라는 등정의 기쁨보다 안전등반을 내세웠다.

손중호 대장은 정상공격을 앞두고 "새 천년을 맞이하여 한국대가 제일 먼저 정상에 첫발을 내디딜 수 있도록 최선을 다해 서로 도와주자", "정상주자는 등반대장에게 위임한다" 라는 말에 비장한 각오가 담겨 있었다. 이인 등반대장은 "2차에 걸쳐 정상공격을 사우드 콜에서 가능한 연차적으로 실시하되 자정에 정상을 향해 출발한다" 고 발표했다.

나는 단장을 떠나 에베레스트의 문턱까지 다녀온 경험자로 몇 마디 건넸다. "남봉에서 힐라리 스텝에 이르기까지 적설량에 따라 변하는 칼날 같은 릿지에 사람들이 몰려들면 양옆은 비켜설 수 없는 낭떠러지여서 앞지르지 못한다. 정상에서 내려올 때 힐라리 스텝에서 정체 현상이 일어나면 아이스 바일 또는 스노바를 이용, 과감하게 압자이렌으로 하강할 준비를 하라", "정상은 언제나 영원하다. 그래서 등산은 순간의 극치에서 끝나면 안되며 평생 즐기는 산이 되어야 한다. 내려올 용기가 있는 자만이 승리한다"라고 한마디했다. 내일이면 정상에 한 걸음 다가서는 대원들을 한 사람씩 천막에 불러들여 발 마사지를 해주니 이인 등반대장은 시원하다 못해 코를 골았다. 산소가 희박한 지대에서 혈액순환이 잘되도록 손에 기본방으로부터 십선혈을 놓아 주니 모두들 좋아했다.

하늘에는 별이 총총한 이른 새벽이다. 잠자리에서 빠져 나온 나는 찬바람에 움츠리며 손 대장과 함께 돌로 만든 제단에 다가서서 라마교 의식에 따라 향나무를 올려놓고 무사 등반을 위해 두 손 모아 불을 지폈다. 헤드 램프에 불을 켠 대원들이 하나 둘 천막에서 나와 배낭을 진 채 제단을 한 바퀴 돌고는 어둠이 깔린 빙하지대로 사라지는 그 모습이 오늘따라 외롭게 비쳤다. '하얀 산이 그들의 영혼을 얼마나 강렬하게 사로잡았기에 왜! 우리는 이렇게 해야만 하나?' 한참동안 자리에 멈춰 빙하지대를 떠나 정상을 향하는 그들의 모습을 바라보았다.

대원들이 떠나고 날이 밝아오자 바람이 지독하다. 사방에 펼쳐 있는 쵸타르가 날아가고 천막이 울부짖고 춤을 춘다. ABC로 올라간 대원들이 염려되어 무전기로 통화하니 다른 대원들보다 1시간 먼저 올라선 이인 등반대장이 그곳에는 다행히 바람이 세차지 않다고 전해와 안심이 되었다. 오후에는 장부 셰르파가 고산증세로 가슴이 아프다면서 비틀거리며 내려왔다.

그를 본 손 대장이 마치 팀 닥터가 된 것처럼 링거 주사를 혈관에다 놓아 주는 등 세심한 배려를 아끼지 않는다.

에베레스트에도 변화의 물결이 찾아왔다. 등반에 앞장서겠다는 개척정신은 상업등반대의 성행으로 서서히 사라져가고 있다. 대부분 캠프3(7,350m)을 설치하고는 손을 놓는다. 사우드 콜까지 가는 길목 로체 페이스에 '누군가 성급한 팀이 먼저 올라가 고정로프를 깔아 루트를 개척해 놓겠지, 그러면 우리는 단숨에 올라간다'는 기회주의자가 BC에 우글거린다. 심지어는 체력관리를 한다며 셰르파를 데리고 아래 마을 페리체까지 내려가 버리기도 한다.

베이스 캠프에는 그 많은 외국 등반대가 모여들었으나 한국등반대의 우수성이 소문나 선두에 나서주기를 바라는 눈치들이라 성급하게 서둘지 않는다. 우리 팀의 사다 겔젠과 미국대의 바부체리와 합심하여 먼저 사우드 콜 설사면에 픽스 로프를 깔고 루트 개척에 나섰다. 5월1일 사우드 콜에 마지막 캠프가 설치되고 산소와 물자공급이 원만히 이루어지자 우리는 이번 등반이 예상보다 일찍 끝나겠구나 하고 낙관하고 있었다.

5월6일 운명의 그 날이 다가왔다. BC에서 바라본 사우드 콜쪽 밤하늘은 주먹 만한 별들이 정상에 닿을 듯 반짝거려 성모의 여신은 오늘 만큼은 우리를 외면하지 않을 것 같았다. 그토록 갈망했던 세계의 정상에 오른다는 짜릿한 흥분으로 눈 한번 붙이지 못한 대원3명(이인, 박헌주, 모상현)은 예정시간보다 일찍 오후10시, 1차 정상등정 길에 나선다고 알려 왔을 때 너무 일찍 서둔다는 생각이 들었으나 별 걱정은 하지 않았다.

베이스 캠프를 지키고 있던 손중호 대장과 나는 밤새도록 뜬 눈으로 무전기를 앞에 두고 정상의 소식을 초조히 기다렸다. 이튿날 이른 새벽 예상 시간보다 빠른 오전 03시50분에 동남릉 발코니의 하단부 8,450미터에 도착했으나 눈 상태가 아주 불안정하여 후퇴한다는 모상현 대원의 숨가쁜 음성이 들려왔다. 그 한마디에 두 사람은 정신 나간 사람 마냥 멍하게 서로 쳐다 볼 뿐이었다. 갑자기 피로가 한꺼번에 밀려오는 듯 온몸에 힘이 빠져 손에 잡고 있던 무전기를 놓아 버렸다.

밀레니엄을 맞이한 새 시대의 초등을 너무 의식한 탓인지 실망도 또한 컸 다. 이른 새벽 이 시간쯤이면 마지막 캠프에서 정상을 향해 첫발을 내디딜 시간이다. 어떻게 된 영문인지 제1차 정상공격은 남봉까지 도달하지 못한 채, 날이 새기도 전에 정상을 포기한다는 것은 도대체 수긍이 가지 않았다. 기온의 급강하에서 오는 추위와 많은 적설이 발목을 잡아 체력의 한계를 느꼈는지 몰라도 그 지점에서 30분만 천천히 올라서면 동쪽 하늘의 여명과 함께 어둠이 주는 공포도 사라지고 태양이 치솟아 오르면 기온 또한 올라간다. 그러면 남봉에서 정상까지 커니스로 이루어진 설릉의 코스가 한눈에 들어와 새로운 힘과 용기도 생길텐데---.

정상을 못다한 아쉬움보다 '왜 돌아섰을까?' 하는 그때의 어려웠던 상황이 더 궁금했다.

이곳 네팔에 온 지 벌써 한 달이 가까워지자 직장에 매인 몸이라 귀국을 먼저 서둘러야 했다. 정상의 기쁨을 대원들과 함께 나누지 못한 채 막상 배낭을 챙기려니 정상의 소식을 듣기까지는 어디로 가도 마음이 편하지 않을 것 같았다. 대원들의 사기를 위해 "손 대장, 누군가 정상에 오를 때까지 내가 내려갔다는 사실을 절대 비밀로 지켜주기 바라오." 이 말 한마디에는 단장으로서 끝까지 책임을 못다한 자책감이 서려 있었다. '사카르마타의 여신이여, 지구의 끝으로 가는 빗장 문을 활짝 열어다오.' 떨어지지 않은 발걸음을 내딛으니 오색찬란한 쵸타르와 룽다 만이 착잡한 심정을 이해하는 듯 바람에 나붓거리며 나를 전송해 주었다.

대한산악연맹이 발간한 <大山聯(2000.6)>에 박헌주 대원이 쓴 '아시아의 최고봉 에베레스트 등정기' 를 발췌해 본다.

3월 23일 오전 8시 50분 손중호 대장을 포함한 7명의 대원들은 대산련 관계자와 선후배들의 환송을 받으며 대한항공편으로 세계 최고봉 에베레스트를 향한다. 홍콩을 경유해 밤늦게 카트만두의 빌라 에베레스트에 여장을 푼 원정대는 다음날부터 장비와 식량을 사들이고 셰르파들을 고용하며 출발 하루 전 한국 여성 트레커의 도움을 받아 김치를 담근 것을 끝으로 캐러밴 준비를 끝낸다.

3월30일 수송을 맡은 박헌주 대원은 6명의 셰르파와 함께 2톤이 넘는 짐을 가지고 상보체까지 헬기로 이동하고 나머지 대원들은 루크라로 향하면서 상행 캐러밴이 시작된다. 다음날 남체에서 모인 전대원은 히말라야 롯지에서 고도 3,400미터의 밤을 보낸다.

대원 모두들 고소증세를 느끼지 않고 양호한 컨디션이어서 페리체(4,200m)까지 곧 바로 고도를 높인 뒤 하루 고소 적응을 하기로 한다. 페리체까지 가는 길은 라마교의 불경을 적은 마니석과 오색찬란한 쵸타르(불경 깃발)속에 히말라야 설산을 보고 가는 트레킹의 진수를 맛볼 수 있다.

탕보체(3,800m)에서 하루 밤을 묵고 4월2일 원정대는 페리체(4,200m)의 탐세르쿠 롯지에 도착한다. 4월4일 원정대는 페리체를 출발해 쿰부 히말라야를 등반하다 숨진 산악인과 셰르파들의 40여 주검이 고이 잠들어 있는 투클라를 지나 오후 1시께 로부체(4,950m)에 도착하였다. 4월5일 아침 8시에 운행을 시작한 원정대는 오전 10시40분 캐러밴중의 마지막 마을 고락셉(5,200m)에 도착한다.

자연의 생장 한계점을 넘는 이곳에서 부터는 풀 한 포기 나무 한 그루 구경할 수 없는 황량한 모레인 지대가 시작된다. 다시 발걸음을 옮겨 오후 3시30분 전대원이 사카르마타 여신의 발 그림자인 BC(5,400m)로 입성한다.

먼저 도착해 베이스 구축작업을 벌이고 있는 셰르파들과 함께 텐트를 치고 짐을 정리한다. 마음은 한달음인데 대원들은 고소증 때문에 발 한 번 옮길 때마다 거친 숨을 몰아쉰다. 식당 텐트를 때리는 밤바람 소리가 예사가 아니라는 생각 속에 대원들은 BC에서 불면과 두통의 기나긴 첫날밤을 보낸다.

원정대는 3일 동안 베이스 구축작업을 벌인 뒤 9일 라마제를 지낸다. 4월10일 라마제로 몸을 정갈히 한 대원들은 마침내 등반을 시작한다. 베이스에서 캠프1(6,050m) 사이에 걸쳐있는 아이스 폴 구간은 크레바스 사이에 걸쳐놓은 사다리를 조심스럽게 건너며 세락 붕괴의 위험을 감수한 채 운행해야 하는 살얼음판과도 같은 루트다. 원정대는10일 6시간만에 캠프1까지 운행한 뒤 베이스까지 다운하며 캠프1의 고소적응을 끝낸다. 11일 베이스에서 휴식을 취한 대원들은 12일 캠프2(6,400m)고소적응을 위해 팬 케이크와 수프로 아침을 먹은 뒤 새벽공기를 가르며 베이스를 출발한다. 이인 등반대장은 극심한 어금니의 통증으로 남체 병원에 가기 위해 운행에 제외된다. 아침의 한기를 온몸으로 느끼며 아이스 폴을 오른 대원들은 오전 9시45분 캠프1에 도착한다. 모두들 어지러운 고소증세를 느끼고 모상현 대원은 컨디션이 좋지 않아 탈진 증세까지 보인다.

캠프1에는 20여동의 텐트가 크레바스를 사이에 두고 설치돼 있다. 로체와 눕체 사면은 시커먼 바위를 드러내고 있어 시간이 멀다 하고 눈사태가 발생하는 가을과는 사뭇 다르다. 다음날 8시 30분 전진 캠프인 캠프2로 운행을 시작한 대원들은 낮 12시 정각 5명 모두 안전하게 캠프2에 도착한다. 캠프1에서 캠프2 구간은 대설원 지대로 태양의 복사열을 그대로 받고 운행해야 한다. 두통과 호흡 곤란으로 캠프2의 첫날밤을 거의 뜬눈으로 새운 대원들은 다음날 아침 일찍 탈출하듯 베이스로 하산한다. 베이스에서 3일 동안 휴식한 뒤 4월 18일 남체 병원에서 어금니를 뽑고 올라온 이인 등반대장과 박헌주, 변성호, 김경수 대원은 전진캠프로 재차 올라가고 이상배, 모상현 대원은 컨디션 조절을 위해 페리체로 하산한다. 4월 20일 이번에는 교대로 손중호 대장과 박헌주, 김경수 대원이 페리체로 하산, 휴식을 취한다. 21일 전대원 베이스에 집결해 캠프3 공략에 들어간다. 23일 전대원 전진캠프에 오른 뒤 하루를 쉰 다음 25일 고도 7천 3백미터의 캠프3까지 운행, 3인용 텐트 2동을 설치하고 전진 캠프로 내려온다. 캠프2에서 캠프3까지 구간은 1시간 가량 대설원 지대의 가파른 설사면을 오른 뒤 로체벽에 이르러 60, 70도의 빙벽을 등반해야 한다. 고도 9백 미터를 벽등반을 하며 올라야 하는 힘든 루트다. 캠프3 캠프 사이트는 빙괴 아래 경사면을 깎아 만들어 두 다리를 딛고 편히 용변을 볼 수 없는 위험한 지대다. 캠프3까지 2차례 고소적응을 마친 등반대는 베이스에 모여 정상공격 논의에 들어간다. 1차 공격조는 대원 3명에 셰르파 2명으로 결정하고 의지를 다진다. 대원들을 응원하기 위해 박상열 단장과 신영철 학술위원도 베이스에 합류해 캠프의 밤은 등정 의지로 불탄다.

5월2일 새벽 5시, 마침내 1차 정상공격의 특명은 떨어지고 흉부 통증으로 휴식결정이 내려진 김경수 대원을 제외하고 5명의 대원들이 전진 캠프로 이동한다. 성공하기 전에는 절대로 베이스로 하산하지 않겠다고 굳게 다짐하면서.

전진 캠프에서 1차공격조를 이인 등반대장과 박헌주, 모상현대원으로 선정하고 지원조로 이상배, 변성호 대원으로 결정한다. 5월4일 3명의 공격조는 오전 11시 30분 캠프3으로 출발한다. 5시간 여만에 도착한 캠프3은 텐트 2동이 거의 반쯤 눈에 덮여 긴급 복구작업을 벌인다. 캠프3의 밤은 기세를 부리던 바람이 수그러들고 밤하늘의 별도 총총해 아주 좋은 날씨다.

다음날 오전 11시 공격조는 캠프3을 출발해 2시간 가량 로체 사면을 직등한 뒤 눈사태의 통로인 로체 사면을 횡단해 록 밴드에 도착한다. 록 밴드를 넘어서자 제네바 스퍼로 이어지는 설원지대가 나타난다. 다시 제네바 스퍼 너머 잡석지대를 지척지척 걸은 뒤 오후 5시 50분 8천미터대의 보금자리 사우스 콜에 설치된 한 동의 텐트에 3명의 공격조와 2명의 셰르파가 함께 들어간다. 공격시간은 밤 10시. 바람 한 점 없고 로체 사면 너머에서 마른 번개만 치는 쾌청한 날씨다.

휴식을 취하지 못하고 정상공격에 나서는 것이 마음에 걸렸으나 워낙 좋은 날씨에 컨디션들도 좋아 자신있게 출발한다. 사우스 콜의 얼음 사면을 등반한 뒤 처음으로 픽스 로프를 설치한다. 경사 70도 정도의 가파른 설벽이 시작되고 잡석지대가 이어진다. 첫 번째 관문은 8,350미터의 발코니까지다. 급경사지대로 체력 소모가 많아 정상 등정의 가름대 역할을 하는 곳이다. 눈 상태가 나쁘다. 위층만 약간 크러스트가 돼 밟으면 무릎까지 빠져 체력 소모를 배가시킨다. 벽에 일렁이는 랜턴 불빛 11개. 이번 시즌에 베이스에서 정상까지 15시간만에 등정 계획을 가지고 있는 네팔의 바브체링 셰르파 팀들과 한 조를 이뤄 등반한다.

새벽 3시 잡석지대를 오르던 박헌주 대원은 컨디션 난조로 캠프4로 귀환하고 나머지 대원들은 고도를 계속 높인다. 그러나 무릎까지 빠지는 눈에 러셀에서 오는 체력 소모로 결국 발코니 1백미터 아래에서 후퇴를 결정한다. 이인 등반대장이 우리 팀이라도 가보자며 셰르파들을 설득했지만 역부족이다. 결국 오전 5시 40분 모두 하산하면서 1차공격은 실패로 돌아가고 만다. 하지만 원정대는 용기를 잃지 않고 바로 2차 공격준비에 들어간다.

이번 시즌 에베레스트에는 모두 17팀이 입산했으나 상업등반대가 많아 루트 개척에 상당히 소극적이다. 캠프4를 거쳐 발코니까지 루트를 우리 팀이 개척했으며, 다른 팀은 거의 한국팀의 눈치를 보며 루트가 개척되면 뒤따라 고소적응하기에 바쁘다. 전진 캠프에서 전 대원이 회의를 거친 끝에 좋은 컨디션을 유지하고 있는 이인 등반대장과 모상현 대원이 재차 공격을 감행하기로 한다. 5월 9일 전진캠프를 출발한 두 대원은 그러나 캠프에 이르러 갑자기 불어닥친 강풍 속에 묶여 버리고 만다. 2일 밤을 기다렸지만 설상기상으로 적설량도 많아 캠프4까지 러셀을 해야 하는 상황까지 발생해 결국 두대원은 눈물을 머금고 또다시 전진 캠프로 후퇴한다. 베이스와 전진 캠프에는 서서히 등반에 대한 걱정이 시작된다. 5월중이면 몬순이 시작돼 등반이 불가능하기 때문이다.

원정대는 전진 캠프를 사수하기로 결정하고 3차 공격준비에 들어간다. 베이스의 손중호 대장과 전진 캠프의 대원들은 장시간의 회의를 거친 끝에 변성호 대원과 컨디션을 회복한 김경수 대원을 3명의 셰르파와 함께 공격조로 선정한다. 그리고 박헌주, 모상현 두 대원을 하루 간격으로 그들의 뒤를 잇게 해 배수진을 친다. 1차 공격으로 소비한 산소 부족분을 새로 구입하여 만반의 준비를 갖춘다.

5월 13일 변성호, 김경수 두 대원은 전진 캠프를 출발해 캠프3에서 하루를 묵은 뒤 14일 오전 8시20분 캠프 4로 향한다. 날씨는 그지없이 좋다. 운행상태도 좋아 6시간여만인 오후 3시께 두 대원 모두 건강한 상태로 캠프 4에 도착한다. 셰르파 3명과 함께 한 텐트에서 물을 마시고 요기를 한다.

공격시간은 밤 11시로 정한다. 그런데 산소 레귤레이터 1개가 이상이 생겨 출발시간이 지연된다. 결국 새벽 0시께 출발하여 5시만에 두 대원은 발코니에 선다. 발코니부터 남봉까지는 양사면이 급준한 절벽인 릿지를 타고 등반해야 한다.

남봉 직전에는 경사 60도 이상의 암벽지대여서 자칫 실수라도 하면 끝장이다. 다른 팀과 어울려 무릎까지 빠지는 눈을 러셀하며 로프를 설치한다. 낮 12시께 공격조는 남봉 정상에 선다. 힐라리 스텝으로 이어지는 능선과 그 너머 정상능선이 칼날 릿지로 가로막고 서 있다. 로프가 떨어졌다.

고도 8천7백미터 남봉. 정상이 이 바로 눈앞인데 이들은 또 다시 더 이상 올라갈 수 없다. 베이스의 손 대장과 전진 캠프의 이인 등반대장이 공격조와 교신하는 내용이 안타깝다. 어찌할 수 없다는 공격조와 한 섞인 무전에 양 캠프의 두 대장도 어찌할 수 없다. 3차 공격대원은 후퇴를 결정한다.

공격조와 대장의 교신내용을 4차 공격조 박헌주, 모상현 대원은 록 밴드에서 청취한다. 가슴이 무너지면서 한없는 책임감을 느낀다. 두 대원은 오후 3시 30분 캠프4에 도착해 남봉에서 하산한 변, 김 두 대원을 맞는다. 모두 말문이 막힌다. 극히 피로한 상태인 두 대원은 4 차 공격조에게 배턴을 넘기고 캠프3으로 하산한다. 셰르파들도 모두 하산해 버린다. 박, 모 두 대원은 이번에는 충분히 휴식을 취하고 여유있게 등반하자며 서둘러 저녁밥을 해먹고 밤 6시부터 취침에 들어 간다. 10시 정각에 깨워달라고 전진캠프에 말하고 최대한 편한 마음 으로 고도 8천미터의 텐트 안에서 잠을 이룬다.

산소는 충분하다. 체력도 양호하다. 날씨도 좋다. 무전기의 기상 소리에 10시에 잠에서 깬 두 대원은 미숫가루와 쇠고기 수프로 충분 히 요기를 한다. 날진통에는 꿀차를 담고 젤리캔디와 초콜릿도 주머니 마다 쑤셔 넣는다. 그리고 모두의 염원이 담겨 있는 대극기와 연맹기, 후원업체 기를 소중히 갈무리하고 카메라를 우모복 앞섶에 넣는다.

출발 전 산소를 체크하고 서로를 보며 웃는다. "모든 게 잘될 거 야." 두 대원은 파이팅을 외치며 새벽 0시 30분 텐트 문을 나선다. 스페인 팀과 스코틀랜드 팀 대원 11명도 셰르파들과 함께 정상 공격 에 나선다. 발코니까지 오르는 길은 눈에 익은 길이어서 여유있게 운 행한다.

산소 게이지는 2에 맞췄다. 달빛이 훤해 랜턴이 필요없을 정도 다. 발코니에 이르니 티베트 사면에서는 벌써 여명이 밝아온다. 네팔 사면은 아직도 어둠에 휩싸여 있어 히말라야 산맥이 시간을 가르고 있다는 것을 실감한다. 검은 귀신 마칼루와 로체봉이 발 아래 잠자고 있다. 저 멀리의 칸젠중가도 웅장한 자태를 드러내고 운해 속에 깨어 나고 있는 히밀라야와 티베드 고원이 한눈에 들어온다. 빌코니부터 는 바람이 거세게 분다.

산소마스크는 얼어붙어 고드름이 매달린다. 앞서가는 팀의 운행

속도가 느려 지체가 반복된다. 남봉 직전 암벽부분에서 거의 탈진한 다른 팀 대원을 추월한다. 청명하던 날씨가 남봉 부근에서부터는 눈보라로 변한다 오전 9시, 5평 남짓한 남봉 정상. 세상이 모두 발 아래다. 또다시 운행이 멈춘다. 눈앞의 칼날릿지와 바위를 온통 드러낸 힐라리 스텝을 통과하기가 쉽지 않기 때문이다. 영국 팀의 셰르파 2명이 픽스 로프를 매고 앞으로 나선다. 위태롭게 힐라리 스텝에 5밀리미터 픽스 로프가 설치된다.

힐라리 스텝까지 릿지는 바위에 눈이 살짝 걸친 형태여서 발걸음에 세심한 주의를 기울여야 한다. 힐라리 스텝은 3개의 바위가 겹쳐진 수직의 바위로 8미터 정도가 그대로 드러나 있다. 5밀리미터 로프에 몸을 맡기고 수직벽을 주마링한다. 최대한 체중을 싣지 않으려고 벽을 디뎌 보지만 쉽지가 않다. 스텝을 넘어서자 설사면이 이어지고 3, 4개의 커니스를 지나 20여분 뒤 두 대원은 나란히 정상에 선다. 3번째 도전만에 정상에 오른 박헌주 대원은 감격에 목이 메어 무전기를 모상현 대원에게 넘겨준다.

"대장님 큰일났습니다. 여기가 어디인지는 모르겠지만 더 이상 오를 곳이 없습니다. 세상이 온통 발 아래입니다." 등정의 무전에 전진캠프와 베이스에서 눈물섞인 교신이 이어진다.

정상에는 나무봉에 라마 깃발이 치렁치렁 매달려 있다. 삼각대는 눈 속에 묻혔는지 보이지 않고 정상의 날씨는 가시거리가 채 5미터가 되지 않을 정도로 눈보라와 설연에 휩싸여 있다.

날씨가 개면 파노라마를 찍을 욕심으로 한참을 기다렸지만 기미가 없어 그대로 사진을 찍는다. 대장님 이하 전대원의 함성소리가 세계 최고봉의 하늘에 메아리친다.

나의 어린 시절

회상의 산들

대구 동산동에서 태어나 어린 시절을 달성공원의 담벼락을 넘나들면서 자라 자연을 동경하는 피가 일찍부터 내 몸에 진하게 흐르고 있었다.

한국전쟁으로 초등학교는 미군에게 교정을 넘겨줘 여름은 공원 우거진 풀밭 나뭇가지에 칠판을 걸어 놓고 매미의 울음소리를 벗삼아 공부를 한다. 수업 끝나는 종소리가 채 끝나기도 전에 가방을 팽개치고 나무에 기어올라가기를 누구보다 좋아했다.

숲 속에는 수많은 종류 나무 중에도 개암나무 한 그루가 하늘 높이 솟아 있었다. 가을이 되면 나뭇가지에는 개암이 풍성하게 열리는 고목으로 이 나무에 올라 갈 수 있는 사람은 같은 또래에 나 혼자 뿐이었다. 친구들이 보는 앞에 으스대면서 올라가 갓 익은 개암을 한 아름 따갖고 내려오면 모두에 부러움의 대상이 되었다. 때로는 나무 밑에서 목이 빠져라 위를 쳐다보며 군침을 삼킬 때 가지를 흔들어 주면 "우두둑" 개암이 떨어지는 소리와 함께 "와 아!--" 하는 함성이 터지고 바닥에 뒹구는 개암을 서로들 많이 주워가려고 몸싸움을 벌이는 광경을 내려다보며 어린 가슴에 희열을 느꼈다. 또 나뭇가지에 걸터앉아 입술이 부르트도록 개암을 씹으며 먼 가을 들녘을 바라보며 좀처럼 나무에서 내려올 줄 몰랐다.

들판 저 건너 와룡산에서 피어오르는 뭉게구름을 보며 언젠가는 산에 올라가 흘러가는 구름을 잡아 보겠다는 생각이 어린 가슴을 달아오르게 했다.

마을 앞으로 북에서 내려온 피난민들의 판자촌을 끼고 달성공원 앞으로 개울물이 흐르고 무성하게 자란 숲 사이로 피라미, 붕어 등 민물고기들이 떼지어 몰려다니고 그 물위로 나지막하게 잠자리가 날아다니는 도심 속의 정겨운 고향이었다.

"고기 잡으러 가자"는 소리에 이빨 빠진 낡은 소쿠리를 들고 나와 흐르는 물결을 거슬러 올라가면 보리 내음이 진하게 풍기는 탁 트인 들판이 펼쳐진다. 고무신을 벗어 물을 채우고 잡은 고기를 하나, 둘 세어 넣다보면 시간가는 줄 몰랐다.

배에서 "꼬르륵" 소리가 나면 옆의 논두렁에 숨어 들어가 콩가지를 한 아름 꺾어와 샛노란 보릿짚에 불을 지피고 '타닥 타닥' 콩이 익어 터지는 소리 속에 머리를 맞대고 짚불의 콩을 뒤져 먹다보면 입술은 물론 온통 검정 칠을 한 얼굴로 쳐다보면서 모두다 좋아라 어쩔 줄 몰랐다.

"야아 — — 검둥이 새끼 봐라" 서로 손짓을 하며 함박 웃음 속에 매캐한 짚 불타는 냄새와 함께 콩서리는 무르익어 갔다. 되돌아오는 길은 잠자리 사냥이다. 수컷의 꽁지에 침을 발라 그 위에 호박꽃 노란 수술이나 붉은 황토를 발라 암컷으로 둔갑시킨다. 다리에 실을 묶어 회초리 같은 나무에 매달아 머리 위로 돌린다. "오다리 청청 부령이 암놈이다. 붙어라 붙어"라고 논두렁길을 뛰어 다니며 외치면 어리석은 것은 숫놈이라 감쪽같이 속아 암놈 위에 날개를 접다가 우리 손에 잡히고 만다. 잡은 숫놈은 날개를 접어 양 손가락 사이에 끼우고 남아도는 놈은 꽁지 끝에 풀잎을 끼워 옆집에 사는 꼭지한테 편지를 보낸다고 하늘로 날려보내고는 손뼉치면서 좋아라 했다.

기다렸던 여름 방학이 디기왔디. 시골이 고향인 아이들은 하나 둘씩 가버려 외톨이가 된 나는 이북에서 피난 온 판자촌 아이들과 어울리게 되었다. 어느 날 공원 개암나무 위에서 설레는 마음으로 바라

147

보던 와룡산을 찾아가기로 마음을 정했다.

아지랑이가 피어오르고 평행선으로 달리는 철 길 따라 고무신을 양손에 벗어들고 맨발로 걷다보면 발바닥이 후끈 달아오른다. 미군들이 탄 군용열차가 힘에 겨운지 느릿하게 지나간다. 흑인병사가 유난히 하얀 이빨을 들어내고 시레이션을 먹고 있는 모습이 창문에 얼씬하기에 "헬로우 초콜릿" 하고 외치며 열차를 뒤따라 뛰면서 손을 내밀면 먹고있던 깡통을 획 내던져 줬다. 논두렁으로 굴러 떨어진 깡통을 열면 보물같이 비스킷, 초콜릿 등이 잔뜩 들어 있었다. 이 횡재한 선물로 허기진 배를 채우면서 발에 땀이 나도록 걷고 또 걸어 와룡산 꼭대기에 올랐다.

산정의 꿈! 구름은 어디로 사라졌는지 보이지 않고 고추잠자리 떼가 하늘을 가득 수놓고 있었다. 갑자기 외로움이 텅 빈 가슴에 밀려와 손을 내 저으니 스쳐 지나가는 바람이 손끝에 느껴질 뿐이었다. 너무나 허전한 마음에 정상 모퉁이에 있는 바위를 붙잡고 실컷 울고 싶었다.

중등시절 대구 동촌유원지에 있는 그린파크 수영장으로 가는 길목의 버드나무 그늘 아래에 길고 빨간 바늘이 돌아가는 폐활량기구를 갖고 장사하는 아저씨를 만났다.

"아저씨! 내가 저 바늘을 한바퀴 돌리면 돈 안 받을 거지요?" "그 녀석 웃기는군" "어디 한번 해봐. 그렇지만 한바퀴 못 돌리면 돈을 내야 한다" "알았지?"

최고수치 6천cc까지 바늘이 돌아가는 이 계기는 내 얼굴이 채 붉기도 전에 한바퀴가 획 돌아가 버렸다. 코 흘리게 돈을 노리던 아저씨는 늘 허탕만 쳤다. 그래서 내 폐활량이 6천cc라는 것을 알게 되었다. 이 수영장 주인은 가까운 친척이라 공짜 재미를 느껴 친구들을 앞세워 자주 드나들었다. 하루는 인명구조원으로 근무하는 김○○

아저씨에게 내기를 하자고 졸랐다. "김 아저씨요.내가 물밑으로 잠수하여 저 끝까지 도착하면 빵 한 개 사 줄래요?" "거짓말하지 마라, 여기서 수년간 수영을 가르치면서 밥을 먹었지만 50미터까지 가는 사람은 아직 본적이 없는데" "어디 자신 있으면 한번 해봐라."

그 말이 떨어지기 무섭게 "첨벙" 하고 물 속으로 다이빙하여 시멘트 바닥에 비싹 붙어 하얀 선을 따라 잠영해 나갔다. 물 속에 비치는 내 모습을 따라 응원하는 물장구 소리가 물 속에서 어렴풋이 들려왔다. 마지막 벽이 보이는 4, 5미터를 남겨 놓고 숨이 턱에 닿을 것 같은 고통이 심해 수면 위로 고개를 내밀고 싶었지만 탈의실에 벗어 놓은 바지 주머니에는 집으로 돌아갈 동전 몇 푼 달랑거려 승리만이 체면과 주린 배를 채울 수 있다는 생각이 들어 단 몇 초간의 숨가쁨을 견뎌 내기 위해서는 밑바닥에 머리카락이 깔려 어른거리는 더러운 물을 들이켜야만 했다.

얄궂은 운명! '에라 나도 모르겠다' 하면서 '꿀꺽 꿀꺽' 수 차례의 지저분한 물이 목구멍을 통해 위장으로 전달되는 순간 목표지점에 손끝이 닿았다. "와~아" 하며 손뼉치는 소리가 흐릿한 정신을 일깨워 물 밖으로 겨우 기어 나오자 말자 현기증으로 쓰러지며 토하고 말았다. 이렇게 우둔한 내기로 내 일생은 시작되었나 보다.

1958년 늦은 가을, 첫 등산의 시작은 지금 생각해도 어설프기 짝이 없었다. 동네아이들과 어울려 군용 배낭에 담요를 둘둘말아 묶고 아버지가 젊은 때 쓰시던 각반을 다리에 차고 처음 산을 찾은 곳이 대구 근교 현풍에 있는 비슬산이었다. 그 때만 해도 산에 다니는 사람이 드물어 옥포 버스종점에서 내려 배낭을 짊어지고 군용 수통을 옆에 차고 올라가는 우리 모습이 신기한 듯 동네 아이들이 "군인 아저씨 어딜 가세요" 하면서 뒤따라오기도 했다. 그 때만 해도 나는 16살 나이에 벌써 체구가 어른만 했다.

어릴 때 할머님을 따라 몇 차례 불공드리러 간 적이 있어 내가 앞에 대장이 되어 나무작대기를 흔들어대며 콧노래까지 불러 한시간 이상 걸어 올라갔다.

용연사가 내려다보이는 계곡 건너 양지바른 배추밭 옆에 배낭을 풀었다. 벌써 주위는 어둠의 장막이 깔리고 능선에서부터 자욱한 안개가 우리가 있는 계곡 쪽으로 번져 내려왔다.

서둘러 군용 A형 천막을 친 다음 나뭇가지로 밥을 짓기 시작했다. 반합에서 새어나오는 구수한 밥 타는 냄새를 맡아가면서 주인 몰래 따 온 푸른 고추를 고등어 통조림에 넣어 만든 달콤한 찌개로 저녁을 지어 배불리 먹은 후 천막 속에 옹기종기 모여 앉아 신나게 하모니카 장단에 맞춰 노래를 부를 때 갑자기 천둥소리와 함께 억수같은 비가 퍼 붓기 시작했다. 천막으로 물이 넘쳐 들어오고, 날씨가 갑자기 추워져 도저히 밤을 지새기는 힘들것 같았다. 판초를 뒤덮어 쓰고 천막에서 뛰쳐나와 주위를 살펴보니, 절의 희미한 불빛이 짙은 안개 속에 어렴풋이 보였다. 절에서 하룻밤 신세를 지겠다는 생각에 서둘러 짐을 챙겼다.

법당에 스님이 촛불을 켜놓고 독경하는 모습이 창호지 문에 어른거렸다. 온몸이 비에 젖었지만 망설임도 없이 법당 문을 밀치고 들어가 다짜고짜로 "중님, 중님 비가 와서 그러니 하룻밤만 재워 주이소." 수 차례 애절한 목소리로 호소했으나 그 결과는 너무 뻔했다. 늘 귀에 익혀듣던 '중' 이라는 말에 '님' 만 붙이면 존칭인줄 알으니 쫓거닐 수밖에 없었다. "이! ─ 중님인지 스님인지 무심하구나" 라는 말을 되씹으면서 발걸음을 돌렸다.

절 입구의 사천왕문으로 내려갔다. 여기서 비를 피해 밤을 보내겠다는 생각으로 판초를 깔고 그 위에 누워 담요를 덮었다. 그러나 달라붙은 젖은 옷에 추위와 휘몰아치는 비바람은 도저히 잠을 이룰 수 없는 혹독한 시련의 밤이 되고 말았다.

비바람의 천둥소리와 함께 번갯불이 칠흑 같은 어둠을 대낮같이 밝혔다 순간 사라지곤 했다. 춤추는 나뭇가지가 음산하게 비추는가 하면 바로 옆으로는 긴칼과 창을 들고 사열하듯 내려다보는 사천왕상의 부릅 뜬 눈에 비치는 섬광으로 마치 빨려 들어갈 것만 같았다. 몽둥이로 금방이라도 내려칠 것 같은 강박감에 사로잡혀 한시라도 지옥같은 이곳을 빨리 떠나고 싶은 심정이었다. 그러나 칠흑 같은 어두운 밤에 비바람을 뚫고 민가를 찾아 내려가는 것도 보통 일이 아니었다. 어둠 속에서 보이는 사천왕상의 무서운 눈망울을 담요 한 장으로 외면하기는 태부족으로 기나긴 시련의 밤을 뜬눈으로 보내야

했다.

이른 새벽 적막을 깨뜨리고 들려오는 종소리에 놀라 정신을 가다듬어 주위를 살펴보았다. 비바람이 언제 멈췄는지 날이 밝아오고 있었다. 밤새도록 훔쳐본 사천왕상의 무서운 형상들이 새벽의 여명이 되자 밤새 나를 위험에서 지켜준 듯 부처님처럼 자비로운 눈망울로 그윽히 나를 바라보고 있는 것 같았다.

첫 산행의 출발점인 비슬산의 밤! 이 날이 바로 더 높은 역경의 산을 넘나드는 내 인생의 전환점이 될 줄이야.

이듬해 봄 개나리꽃이 학교 울타리에 피어 있을 무렵, 대구고등학교 산악부 모집광고를 보고, '내가 나아 갈 길은 바로 이것이구나' 라는 생각에 최희곤과 같이 체육실 문을 두드리면서 앞으로 닥아올 운명의 산에 대한 욕망의 뿌리가 내려졌다.

경북학생산악연맹 K.S.A.A라고 '山' 자 모형을 바탕으로 한 뺏지를 자랑스럽게 가슴에 달고 팔공산 기슭에서부터 산 찾아 계절 따라 전국의 산을 누비면서 수많은 발자취를 남겼다.

때로는 끝없이 펼쳐지는 페이스(Face)에 피톤(Piton)을 박는 바위꾼으로 자리잡기 시작하면서 팔공산 병풍바위에 피 묻은 살점이 어리고 자일을 움켜잡은 손은 펴질 줄 몰랐다.

독일의 철학자 니체의 말처럼

등산의 기쁨은 정상을 정복했을 때 가장 크다. 그러나 나의 최상의 기쁨은 험악한 산을 기어오르는 순간에 있다. 길이 험하면 험할 수록 내 가슴은 뛴다. 인생에 있어 모든 고난이 자취를 감췄을 때를 생각해 보라 그 이상 삭막한 것이 없느니라 이 말은 산을 오르고 있는 우리들의 육체적인 고통 속에 얻어지는 환희를 한 차원 높게 승화시켜 진정한 등산의 의미를 가르쳐 주고 있다.

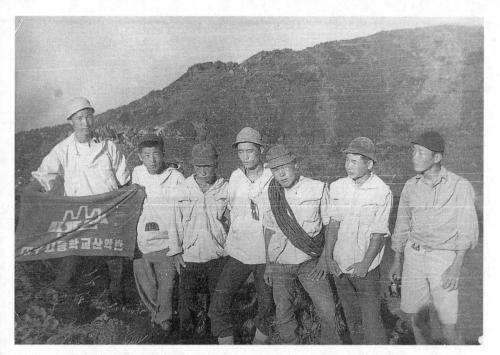

한라산 탐라계곡 따라 정상에 선 대원들. 왼쪽부터 현기환, 박상열, 도대경, 김세진, 박태언, 박승언, 한광걸.

'왜! 산에 오르는가?'
'산이 거기 있기 때문에(Because it is there)'.

젊음을 산에 바쳤다가 1924년 6월8일 에베레스트 정상 부근에서 어빈 (Irvin)과 함께 북쪽 능선의 안개 속으로 사라진 영국의 유명한 등산가 말로리(Mallory)가 남긴 유명한 명언이다.

'당신은 왜 산에 가는가?' 라고 나에게 묻는다면 대답 대신 아무 말 없이 먼 산을 쳐다보는 것이 나의 대답이다. 침묵의 산을 겸허하게 받아들이는 방법은 이것밖에 없기 때문이다.

'영혼이 고독하거든 산으로 가라' 는 시인 바이론처럼 인생이 우울하거나 도시의 삶에 권태를 느꼈을 때 자연의 품에 안기면 산은 화

사한 얼굴로 언제나 변함없이 일년 사계절 우리를 반겨 준다,

높은 산들은 정적과 자연의 힘으로 그들만이 간직하는 값비싼 보석인 듯 우리에게 침묵을 가르쳐 주고 사랑을 심어놓기도 한다. 때로는 자연이 만든 위대한 작품에 동화되어 산의 이름으로 운명적으로 주어진 일체의 고난과 쾌락을 주기도 한다.

1961년은 산에 미쳐 있었던 고등학교 시절, 한국의 남단에 우뚝 솟아 있는 제주도 한라산에 오르고 싶은 마음은 누구 보다 간절했지만 부모님의 공부도 하지 않고 산에만 다닌다는 꾸지람도 두려웠지만 그 보다도 경비 마련이 쉽지 않았다.

그렇다고 내가 리더로 가는 산을 포기할 수도 없었다. 며칠간 궁리한 끝에 집에서 기르던 강아지 발발이를 팔아 여비를 마련하기로 마음을 굳혔다.

우리 집에는 개를 두 마리 기르고 있었다. 한 마리는 진도개로 마루 밑에서 잠을 잤고 그 중 조그마한 발발이는 식구들한테 귀여움을 독차지하여 늘 방에서 지냈다. 특히 여동생 현옥이는 너무나 좋아해서 늘 껴안고 잤다.

어느 날 밤 강아지는 담 너머 친구 손에 넘어가 버렸다. 애지중지하던 강아지가 없어지자 여동생은 며칠간 밥도 먹지 않고 슬픔에 잠겨 한없이 울었다.

'산을 좋아하는 이 못난 오빠를 용서해다오, 내가 돈 벌면 더 귀여운 강아지를 사줄게' 제주도로 가는 평택호에서 멀어지는 육지를 바라보면서 마음 속으로 용서를 빌었다.

산은 일년 사계절을 언제나 변함없이 나를 따듯하게 맞이해 주었지만 그 산을 오르기 위해 빈 주머니에서 오는 좌절과 괴로움에 싸움을 벌여야만 했다.

고등학교 2년 후배인 도대경이도 나와 비슷한 입장이었다. 그는 엄격한 부모님 밑에 자란 외아들이어서 부모님들은 산에 다니는 것

을 늘 반대해 왔다. 조그마한 가게로 살림을 꾸려 나가는 형편이라 그 역시 부모님께 한라산에 가기 위해 손을 내밀 수가 없었다. 묘안이 고민 끝에 떠올랐던 모양이다. 그 당시 수도 물 사정이 한창 어려울 때라 아침, 저녁에만 물이 공급되었다. 그는 새벽마다 일어나 부모님이 시키지도 않는 수도 물을 팔기 시작했다. 한달 동안 물장사를 한 끝에 겨우 여비를 마련했다.

권명남 회원의 하숙집에서 등반준비를 서둘고 있을 때 그의 모습이 보이지 않아 그만 포기한 줄 알았는데 출발을 하루 앞둔 그날 십 원짜리 동전이 가득 담긴 돈주머니를 내 놓고 히죽 웃는 그 모습을 이세상을 떠나 지금은 볼 수 없지만 내 머리에서는 지울 수 없다. 고교 시절의 당시 산행일기를 옮겨본다.

8월1일

몇 달 전부터 계획해오던 대구고 산악부 한라산 등반의 대원은 박상열(3년), 한광걸(2년), 박태언(2년), 김세진(2년), 현기환(2년), 도대경(1년), 박승언(1년) 등으로 구성되었다.

'야 ! 이제야 떠나는구나' 현실이 믿어지지 않는다. 벅찬 가슴으로 학교에 나가 인사드리니 교장선생님이 우리들을 불러 세웠다. 인솔할 지도교사인 김항교 선생이 출장중이니 행사를 연기하라는 것이었다. 며칠동안 밤새워 준비했는데 아니 이럴 수가 있나. 방법은 학교 몰래 도망치는 수밖에 없었다.

그 날 밤 권명남 회원 집에서 자고 새 벽에 일어나자마자 학교 눈을 피하기 위해 경산까지 버스로 가서 열차를 바꿔 타고 떠났다. 부산역에 도착하니 서해창 선생이 연락해준 덕택으로 부산산악회 이원락 씨를 비롯하여 턱수염을 기른 인상적인 얼굴의 박경상 씨가 우리를 맞이해 주었다. 태풍 헬램호의 영향으로 선박이 출항하지 못한다는 말에 주머니 사정을 걱정하면서 보수국민학교 교실에서 삼일간 머물었다.

8월5일

간밤에 여동생 꿈을 꾸었다. 강아지를 안고 환한 웃음을 짓고 있었다. 아침부터 야릇한 기분이 들었다. 새벽에 배 멀미에 시달리다가 갑판 위로 나오니 신선한 바다 바람이 상쾌했다. 저 멀리 짙은 안개 사이로 섬의 자태가 희미하게 보이자 사람들이 술렁거리면서 짐을 챙기기 시작했다.

선실의 퀘퀘한 냄새를 맞으면서 15시간이라는 긴 항해 끝에 부두에 도착하니 비가 내린다. 어릴 때부터 동경한 섬에 도착했으나 웬일인지 교장선생님의 얼굴이 떠오르고 학교 일이 걱정된다. 주먹밥으로 아침을 때우고 관음사로 향했다.

8월6일

한라산 특유의 초원지대를 지나니 조그만 비석이 눈길을 끌었다.

여기 한라산 기슭에 어느 눈보라 치던 날
한 송이 채 피지 못한
에델바이스가 쓰러 졌노라.
지나는 산 벗이여 그를 위해 잠시 머리 숙이자.

1961년 1월 서울법대 이경재 씨가 동계등반에서 조난당한 일을 적은 비문이다. 처음 대하는 애도의 글이라 잠시 머리 숙이면서 '왜! 산에서 목숨을 잃어야만 하는가' 라는 의문에 휩싸였다.

여기서부터는 초원이 아닌 울울창창 우거진 밀림지대이다. 한라산의 믿음직한 기상처럼 하늘로 솟은 나무들이 태양을 가린다. 개미릉에 도착한 것이 오후 5시20분쯤, 날씨는 급변하더니 광풍이 몰아

156

백록담 푸른물에 정기를 받기도 했다.

치고 짙은 안개가 산허리를 덮어 버렸다.

개미목을 넘어 촛대봉을 끼고 올라서니 한 해 전 사라호 태풍으로 지붕은 다 날아가 버리고 벽만 앙상하게 남아있는 을씨년스러운 산장이 우리를 반겨준다. 저녁에는 비린네 나는 고등어 통조림에 반합밥으로 배를 채웠다.

8월 7일

'아가씨의 마음은 산의 날씨와 같다' 라는 '산 사나이' 의 노래 가사처럼 하루에도 변덕스러운 날씨는 몇 번이나 심술을 부렸다. 비바람은 옷자락에 달라 붙어 발걸음만 무겁게 했다.

오후 1시30분 숨가쁜 환희 속에 정상의 화구벽을 올라섰다.

그 옛날 선녀들이 백록담에 내려와 흰 사슴 무리들과 어울려 절경을 즐기다가 끝내 하늘로 올라가지 못하고 인간의 배필이 되었단 전설이 내려오는 백록담 푸른 물에 뛰어들었다.

넓이가 약 30정보 되는 분화구의 고인물에 이제까지 겪은 온갖 시련을 다 잊어버리고 즐거움을 만끽했다.

경북학생산악연맹의 초석 서해창 선생

경북산악운동의 발상지인 팔공산 기슭에 자리잡은 두 개의 비석이 외로이 있어 지나가는 산 벗들의 발걸음을 멈추게 한다.

> 산은 하늘 아래 있을지라도
> 영석아 그대의 넋은
> 하늘 위에 있으리로다.
> > 1958년   한 솔

> 그대 땅과 구름 사이에 헤매이다
> 마침내 바위를 타고
> 아~아~ 하늘에 올라갔구나
> > 1963년   한 솔

이 비석은 백안동에서 동화사로 올라가는 도학동 우거진 소나무 그늘 아래 계곡이 훤히 내려다보이는 언덕 위에 서영석 형의 비석이 제일 먼저 자리 잡았다.

1958년 이른 봄 진달래 꽃망울이 터질 무렵 앞 산에서 암벽 등반 강습회를 마치고 혼자 산에서 내려오다가 아깝게도 불량배에 의해 죽음을 당했다. 또 하나는 대구경북산악운동의 산파 역할을 하시다가 1963년 설악산 적설기 등반을 마치고 돌아온 후 바로 경북대

159

병원에 입원하여 운명을 달리하신 서해창 선생이다.

두 분은 대구 경북 산악운동의 선구자로 머리에서 지워 버릴수 없는 분들이다. 서영석 선배는 중학시절에 태권도를 배웠고, 서해창 선생은 산을 가르쳐 오면서 산에 대한 투철한 이념을 심어주시던 분이다.

당시 팔공산을 오르자면 백안동 버스종점에서 내려 무거운 배낭을 메고 비포장 길을 한 시간 가량 올라가야만 동화사에 도착한다. 그 도중 첫번째의 휴식처가 소나무 그늘이 있는 도학동 서영석 형의 비석 앞이다. 배낭을 벗어놓고 비석 앞에 가서 담뱃불을 붙여놓고 묵념을 올리는 습관이 몸에 배어 있다.

팔공산 관광개발이라는 명목 아래 도로가 확장 포장되어 사라질 위기에 처해 안타깝게 생각한 당시 경북산악연맹의 백의인(白義仁) 전무이사의 주도 아래 1982년 두 비석을 지금의 수숫골로 옮겼다. 그 후 얼마 되지도 않아 박우진 선생의 '님사랑 산사랑' 정주웅 선배의 '애산 애족' 등의 비석이 자리잡기 시작하여 산꾼들은 이곳을 '비석골' 이라고 불렀다.

많은 비석들이 수숫골 계곡 옆에 무분별하게 세워지자 추모제를 지내기 위해 많은 산악인들이 드나들자 동화사 측에서 사찰 상수원이라는 이유를 내세워 비석을 옮겨달라는 요청이 수 차례 있었으나 가난한 산악회 살림이라 별다른 대책을 세울 수 없었다.

그러던 어느 날 비석들이 송두리째 자취를 감추어 버렸다. 경북산악회에서는 사찰측의 소행이라고 분개하면서 주말이면 수숫골로 올라와 비석을 찾으려고 그 일대를 쥐잡듯이 뒤져보았으나 허탕만 칠 따름이었다.

누구보다도 비석에 대해 미련을 갖고 있던 갈판용 씨가 한여름의 무더위를 식힐 겸, 수숫골의 계곡에 들렀다가 폭우로인해 흙더미가 떠내려간 사이에 두동강이가 난 비석의 조각들을 찾아내었다.

1960년 1월 적설기 지리산 종주 막영생활. 선 분이 배석규, 앉은 분이 서해창 선생.

"아니 이럴 수가 있나" 회원들의 분노는 이만 저만이 아니었다.

대구의 옛 산쟁이들은 산으로 인하여 맺어진 인연을 소중히 여기고 선배들을 무척 따랐다. 산 식구가 그리 많지 않은 오순도순한 시절이라 산에서 조난이 아닌 지병으로 돌아가도 비석을 세워 추모하곤 했다.

내가 서해창선생을 처음 뵙게 된 것은 1959년 봄이었다. 대구고등학교 신입생 환영등반을 1박2일로 마치고 하산 중에 들린 서영석 선배의 추모식에 참석하였을 때였다.

주위의 산야에는 진달래가 아름답게 피어있는 가운데 소나무 그늘 아래 비석을 중심으로 각 학교 산악부원들이 옷깃을 여미고 서 있었다.

산이 좋아 입산 수도한 송준만 선배가 등산복장이 아닌 하얀 고무신에 회색 승복을 걸치고 나와 목탁을 두드려 눈길을 끌었다. 진한 향 내음 속에 「반야심경」을 독경하는 목소리는 고요한 산의 적막을 깨뜨리고 흘러나갔다.

서해창 선생은 군용 스키 파커에 낡은 갈색 베레모를 쓰고 절룩거리는 걸음으로 제단 앞에 나서더니 향불을 피우고 조사를 읽는 주름진 얼굴에 눈물이 두 볼을 타고 내렸다.

"앞산에서 암벽등반을 마치고 하산 도중 불량배의 돌에 맞아 젊음을 못다 한――" 이 한마디에 유가족의 오열이 터져 나왔다. 그러자 서 선생은 말문을 닫아버렸고 손가락은 바르르 떨고 있었다. 그 당시 효성여자대학 산악부원들이 부르는 '친구의 이별'은 화강암에 새겨진 비문처럼 영혼이 우리 곁에 잠시 머물다 하늘로 올라가는 것 같았다.

까까머리 소년으로 추모식 뒷전에 서서 처음 느끼는 숙연한 분위기에서 한국전쟁 때 학도병으로 참전하여 안강전투에서 다리에 부상을 입어 절룩거리며 산을 오르는 산사나이! 서해창이라는 이름 석자를 기억하게 됐다.

1959년 가을 경북학생산악연맹이 주최하는 제1회 60킬로미터 극복등반대회가 팔공산 일원에서 3박4일로 국내에서 처음 열렸다.

첫날은 가산의 천주사 부근에서 캠프를 치고 막영에 들어갔다. 그 날 저녁은 캠프 파이어의 불꽃이 점화되자 "와~ 아―――"하는 뜨거운 젊음의 열기가 밤하늘을 뒤흔들었다.

이러한 무르익은 분위기를 빠져 나와 천막으로 들어가 화장실에 갈 휴지를 찾기 위해 배낭을 뒤적이다가 Y선배의 윗도리에서 담배가 만져졌다. 순간적인 호기심이 발동하여 한 개피를 빼물고 불을 당겨

긴 연기를 내 뿜어 보았다.

그 때였다. 누군가 천막으로 다가오는 인기척에 놀라 물고있던 담배를 꺼버리고 자욱한 연기를 날려보내기 위해 양손을 휘저어 보았으나 좁은 공간이라 역부족이었다.

문을 밀치고 나타난 사람은 이번 대회에 심판장으로 막영 상태를 채점하러 온 서해창 선생이었다. 너무나 당황한 나머지 어쩔 줄 모르는데 "웬 연기가 자욱하냐 누가 담배를 피웠어?"

이 한마디에 모든 것이 끝장이라는 생각이 들었다. 아무 대꾸도 못하는 내 주머니를 뒤졌으나 담배는 있을 리 만무했다. 귀를 잡아당긴 채, 캠프 파이어 장소로 끌려나갔다. 뭇 사람들의 시선을 의식하니 더욱 얼굴이 화끈 달아올랐다.

"이 친구 천막에서 엉뚱한 짓을 하고 있기에 끌고 나왔어".

"어디 노래 한 번 시켜보자"라는 이 말 한마디에 '이제 살았구나' 하면서 안도의 숨을 내쉬었다. 그 때 부른 노래가 '한 많은 청춘'이었다.

날고구마로 허기진 배를 채우다

1962년 10월로 기억된다. 태평로에 위치한 산악회관 사무실에 들렀다가 김종욱 선배에게 덜미를 잡히고 말았다.

"내일 60킬로미터 등반대회의 예비답사를 가야하니 보따리 싸갖고 나와"이 한마디에 거역할 수 없었다. 그 때만 해도 '반합 밥' 한 술이라도 먼저 먹은 1년 선배가 제일 무서운 시절이었다.

다음날인 일요일 아침 약속한 대신동 일신여객 버스 종점에 나와보니 K선배가 아닌 호랑이 같은 서해창 선생이 기다리고 있었다.

'이제 죽었구나'라는 생각이 들면서도 한편으로는 대선배를 모시고 호젓한 산행을 즐길 수 있다는 설렘도 있었다.

163

그 해는 유난히도 단풍이 일찍 찾아와 팔공산 자락마다 단풍의 물결이 불타고 있었다. 백안동 버스 종점에서 내려 도학동으로 건너는 다리에 도착했다. 청년 두 사람이 단풍을 한 아름 꺾어 들고 내려오고 있었다. 서 선생의 성격으로 보아 그냥 지나칠 리는 없었다.

아니나 다를까 길을 막아서더니 "누가 산에서 단풍을 꺾으라 그랬어?" 이 한 마디에 청년들은 어안이 벙벙한지 두 사람을 번갈아 쳐다보다가 "당신이 뭐야" 하고 대들었다.

태권도 3단의 발길질이 허공에서 번쩍 하는 순간 한 청년이 나가 자빠지면서 단풍 나뭇가지를 팽개치고 달아나 버렸다.

배석규 선생이 안방처럼 자주 드나들던 동화사 입구에서 딸을 데리고 청상으로 살며 촌두부와 막걸리를 파는 '순옥이 집' 에 들렀다. "배선생 자주 와요" 라고 침묵으로 일관해 오던 서해창선생은 비로소 입을 열었다. 대청 마루에 걸터앉아 촌 두부 한 모를 먹고 바쁜 걸음을 재촉했다.

서봉의 옛 삼선암 절터에 도착하니 어둠이 깃들기 시작했다. 대구 시가의 야경을 바라보면서 서 선생은 "어디 먹을 것 좀 없냐" 라고 내게 물었다. 배낭을 뒤적거려 보았으나 날고구마 뿐이었다.

"도대체 누가 부식 준비시켰어. 자식들 내려가거든 보자" 하면서 갑자기 화를 냈다. 그러면서도 배고픔에는 장사가 없다는 듯 바위에 걸터앉아 찬바람을 맞아가면서 두 사람은 고구마를 깎아 허기진 배를 채웠다.

당장이라도 산에서 내려가 서 선생이 자주 가시던 고려당의 찹쌀떡을 사 갖고 올라와 버너에 노릇노릇 구워 드리고 싶은 생각이 들었다.

1959년 팔공산에서의 서해창, 배석규 선생(좌로부터).

설악산아 다시 오마

1963년 1월 경북산악회는 동계 설악산 천불동 계곡 등반을 계획했다. 설악산을 처음으로 찾아간다는 설레는 마음으로 짐을 꾸려 나섰다. 대구역에서부터 두 번이나 열차를 갈아타면서 강릉에 도착했다. 여기서는 버스를 대절하여 설악동으로 이동했다.

신흥사 입구에 베이스 캠프가 설치됐다. 경북학생산악연맹 이효상 회장이 국회의장이 되어 벼슬이 높아진 탓인지 좀처럼 먹기 힘든 해물들을 속초에서 이곳 눈 덮인 산골짜기까지 보내왔다. 그래서 어느 동계 등반보다도 부식이 푸짐했다.

이제는 고전적인 등반을 벗어나 좀 더 변화성 있는 험난한 루트를 선택하다 보니 천불동 계곡을 거슬러 올라갔다. 얼어붙은 양폭를 넘어서기 위해 피켈을 휘두르다 보면 얼음이 엷게 언 탓으로 내려친 구멍마다 차가운 물이 치솟아 온 몸을 적시기도 했다. 그 당시만 해도 장비가 부족한 시절이라 토끼털을 모자 언저리에 단 미군용 스키 퍼커를 즐겨 입었다.

등산화도 마찬가지다. 요사이 같은 가죽신발은 구하기 어려운 시절이라 서문시장 어물전에서나 볼 수 있는 고무로 된 군용 오버슈즈를 대부분 겨울 산에서 신었다. 거기에다 대장간에서 제작한 8발짜리 아이젠으로 백미폭포를 넘어 정상에 도달한다는 것은 도저히 불가능하였다.

죽음의 계곡 백미폭포 아래에서 "설악산아 다시 찾아오마"라고 말하고 눈 덮인 대청봉을 향해 엎드려 큰절을 올리고는 정상을 못다한 아쉬움을 달래며 하산하고 말았다.

베이스 캠프의 군용 폴라 텐트의 문을 밀치고 들어서니 어두운 천막에서 혼자 자리를 지키고 있던 서 선생이 반갑게 맞이해 주었다. 정상을 못한 이유를 설명하니 인자한 얼굴로 얼어붙은 귀를 어루만

166

1984년 팔공산악제에 참석한 회장단. 왼쪽부터 김기문, 김태웅, 오한구, 이효상.

져 주면서 "모두들 수고했다. 장비가 부족해서 내려온 것은 결코 실패가 아니다" 라고 말했다. 그리고 "내 몸이 불편해 못 따라 간 것이 마음에 걸린다." 라고 할 때는 얼굴에는 신병의 고통을 겪는 모습이 역력하게 비쳤다. 천막에 혼자 누워 병마와 싸우면서 우리를 걱정했다는 사실에 놀랐다. 서 선생은 설악산에서 내려오자 곧 바로 경북대학병원에 입원하셨다.

1963년 2월 27일 새벽 서 선생은 우리들 곁을 영원히 떠나고 말았다. 팔공산 기슭에는 선생님이 좋아하시던 진달래꽃이 봄을 기다리건만 39세의 젊은 나이로 즐겨 오르던 팔공산의 구름 속을 헤매다가 끝내 자일를 타고 하늘로 올라가고 말았다.

히말라야의 꿈! 못다 푼 선생의 육신이 담긴 상여를 후배들이 짊어지고 산에서 즐겨 부르던 '봄이 오면 산에 들에 진달래 피네' 라는 노래를 부르며 고향산천의 비탈길을 오를 때 뿌린 눈물의 바다는 이른 봄의 진달래를 싹 트게 했다.

진정한 산 사나이 서해창 선생님!- - - - -

어제의 어려운 시절에 키워놓은 수많은 후배들이 이제는 무럭무럭 자라 선생님이 염원했던 히말라야의 8,000미터의 벽을 허물면서 하얀 정상을 넘나들고 있습니다.

선생님의 영전에 바쳤던 김기문 선배의 조시가 옛 등산수첩에 적혀있는 것을 찾아냈습니다. 조국을 지키는데 다리를 바쳐 그간, 절름거리는 발로 산을 올랐던 진정한 산 사나이 선생의 고귀한 정신을 뒤따르는 후배들에게 알리고자 합니다.

눈을 뜰 수가 없구나
－고 서해 창선생의 영전에

아!
눈을 뜰 수가 없구나
아무리 맨손으로 왔다지만
아무리 맨손으로 간다지만
조국을 지키던 가슴에
꽃 한 송이 꽃 한 송이 없이
절름거리며 떠나가는가
참말인지 자갈밭이던 우리 풍토를

손가락에 피어나도록 달구어 심어
오늘 저렇게 익은 삼천 악우의
열띤 얼굴들을 보는가
아! 보고 가는가
자랑스런 사람 산사나이여
우리 목숨을 엮어
한 밧줄에 매어 놓고
"쩡 — 쩡"
암벽에 가슴을 두드리던
그 해머로 바위가 아닌
우리의 가슴에다
'서 해 창' 석자

멍으로 새겨 놓고
그래
성근이 성미 은미
어린것 다 두고
그 자랑스러운 가슴에
바람만 안고
바람만 안고
절름거리며 떠나야 하는가
아무리 맨손으로
아무리 맨손으로 간다지만
아아!
눈물이 잎을 가려 눈을 뜰 수가 없구나.

빵코 변완철 선생

1962년 7월의 태양이 작렬하는 무더운 여름, 경북산악회에서는 1959년 북한산과 도봉산에서 첫 암벽등반 강습회를 가졌고 두 번째로 서울산악회 변완철 선생을 모시고 암벽등반 강습회를 금오산 명금폭포 암장에서 가졌다.

한국 최고의 클라이머라고 일컬을 수 있는 대선배를 모시고 바위를 같이 한다는 것은 당시에는 큰 영광이었다. 변 선생은 당시 40대 후반이었음에도 불구하고 바위를 다루는 솜씨가 혀를 내 두르게 할 정도였다.

"얘 모두들 배부르게 밥 먹었어? 어디 한 번 바위에 붙어볼까"라고 한 마디 하고는 손바닥에 침을 바르는 인상은 마치 바위 돌을 연상케 했다.

김치를 손수 담가 명금폭포의 물이 떨어지는 돌 섶에다 묻어놓고 "바위하고 내려 와서 먹자"면서 짤따란 키에 손때 묻은 해머를 옆구리에 차고, 자일을 어깨에 걸치고 바위로 향하는 발걸음은 너무나 가볍게 보였다.

새로운 루트를 해내겠다는 개척등반의 선입감인지 "오늘은 내가 탑을 서지" 하고 자일을 건네 받아 허리에다 보우라인(Bow line)식으로 메고 나설 때는 누구도 거역 할 수 없는 무서운 힘이 있었다

자연을 파괴하는 것을 싫어하여 가는 길이 아무리 험난해도 바위에 하켄을 박는 것을 싫어했다. 그 대신 싸리나무로 만든 빗자루를

바윗길마다 쓸어가면서 홀드를 찾아내는 솜씨는 놀라지 않을 수 없었다. 마치 암장을 자기 집 사랑방처럼 바위를 사랑하고 아끼는 마음은 대단했다. 하켄을 입에다 물고 홀드를 찾아 바위를 더듬은 솜씨는 너무나 탁월하여 혀를 내두를 정도였다.

폭포가 훤히 내려 보이는 절벽 중턱의 스탠스(Stance)에 올라섰다. 여기에는 커다란 바윗돌이 걸려있는데 두 사람 정도 겨우 올라설 수 있다. 사람이 올라서면 기분 나쁘게 좌우로 기우뚱거려 곧 바위가 굴러 떨어질 것 같아 불안했다. 1972년 봄 이곳에서 암벽등반을 하다 끝내 바위가 굴러 아래 천막을 덮쳐 한 사람은 사망하고 바위와 함께 추락한 사람은 심한 중상을 입었다.

이곳에 도착한 우리들은 하켄을 박아 비레이(Belay·자기확보)를 한 후 배낭을 풀어 준비해간 간식으로 허기진 배를 채웠다. 그 때까지 개척해 온 루트를 내려다보며 마시는 커피 맛은 또한 일품이었다. 이 순간만은 암벽등반에 혼신을 바치는 클라이머들만이 느낄 수 있는 고독하고 달콤한 휴식이었다.

어디선가 개 짖는 소리가 들려왔다. 어느 똥개가 재수 없게 우리를 쳐다보면서 기분 나쁘게 짖고있지 않는가! 내가 말했다. "변 선생님 저 놈의 똥개 때문에 시끄러워 바위 못하겠습니다. 지금 내려가서 저 놈의 개를 잡아먹고 바위 합시다".

아무런 생각 없이 농담조로 내 뱉은 이 말 한마디가 변 선생의 신경을 건드리고 말았다. 갑자기 자일을 사리던 손을 멈추고 화난 표정을 짓더니 "오늘은 바위 그만 한다" 라고 말했다.

너무나 뜻밖의 일이라 도저히 이해할 수 없는 노릇이었다.

'아! ─── 얼마나 그려왔던 하늘코스였는데' 암벽등반의 기대감이 와락 무너지면서 뺑코 영감이 미워졌다.

그러나 그의 명령에는 누구하나 거역할 수 없었다. 말없이 서로의 얼굴을 쳐다보다가 별 수가 없다는 듯 울부짖는 하켄소리를 뒤로 해야만 하는 운명 속에 자일을 타고 하강하고 말았다.

　온통 땀과 이끼가 뒤범벅된 우리들의 얼굴에는 땀이 솟아나고
있었다. 당장이라도 폭포에 뛰어 들어가 시원한 샤워라도 하고 싶었
으나 내 탓이라 아무 말 못하고 자일을 정리하는 중이었다. "애, 상
열이 어디 갔어. 커피 마셔" 라는 부드러운 목소리가 뜻밖에 들려왔
다. 선뜻 천막으로 들어서기가 멋 적은 듯 뒤통수를 긁었다.

　진한 내음이 풍기는 손수 끓인 커피를 넘겨주면서 "오늘 모두
수고했어, 미신으로 여기겠지만 산에서는 절대로 개고기를 먹어서
는 안돼" 라고 말하면서 개를 잡아먹고 산에서 조난한 실례를 들어
가면서 자상하게 설명해주었다. 이때부터 감동을 받아 '절대로 개
고기를 안 먹겠다' 하고 스스로 다짐했다. 지금도 그 약속을 지키고
있다.

　그리고는 배낭을 뒤적거려 암벽장비를 꺼내 "자— 금오산에서
같이 바위 한 기념품이다" 하고 손 때 묻은 해머를 임문현 선배와 나
에게 하켄 몇 개를 건네주셨다.

　로제 듀프라(Duplat)의 시처럼 그 선물로 바위 할 때마다 갖고
다니면서 변 선생이 주신 것이라고 후배들에게 늘 자랑해 왔다. 그러
나 지금은 유품이 되어버린 그 해머가 바위가 아닌 우리들의 가슴을
뚜드려 하켄처럼 파고 들 줄이야—————

　1951년 난다데비(Nandadevi·7816m)에서 조난 당한 듀프
라의 '어느 알피니스트의 유언' 이 뇌리에서 지워지지 않는다.

　　만약에 그 어느 날
　　내가 산에서 산에서 쓰러져 눈감는다면
　　오랜 산 동무 너에게 이 쪽지를 남기는 것은
　　우리 어머님 만나러 찾아가 달라
　　그리고 이렇게 전해다오

난 참으로 행복하게 죽었노라고
언제나 내 곁은 어머님 손길이 지켜 주셨기에
지금도 괴롭게 죽지 않았노라고
아버님께도 난 진정 산사나이였노라고 여쭈어 다오
아우에게는 자! 너에게 배턴을 넘겨준다고
다정한 아내에게 말하여 달라
내가 없어도 굳굳이 살아달라고
당신이 내 곁을 떠나서라도 내가 항상 살아왔듯이 라고
귀여운 내 어린 것들에게도 이 말 전하여 주게
너희들 모두가 '에단손' 험한 바위골에서
내 피묻은 손톱자국 볼 수 있을 거라고
마지막으로 나의 산 친구 그대에게 나의 피켈을 가져가 달라
피켈의 치욕으로 죽는 일을 나는 바라지 않는다.
어디든 아름다운 페이스로 가져가 달라
그리고 피켈을 위한 하나의 작은 케룬을 쌓아
그 위에다 꽂아 주려마
빙하 위에 빛나는 새벽의 빛을 능선 위의 붉은 저녁 햇빛을
나의 피켈이 되쏘아 비칠수 있도록————.
나의 친구인 그대에게는 전한 선물, 내 해머를 받아주게
그리고 화강암에 피톤을 박아 줄 것을 그것은 몸서리칠 만큼
기쁘도록 나의 유체를 흔들었나니
암벽이나 능선에 한껏 그 소리가 울리도록 하여 주게
아, 아 ! 친구여 나는 그대와 함께 항상 있으니————.

변 선생은 새벽잠이 없는 습관이 늘 몸에 배이있었다. 이침미
다 곤히 잠들고 있는 우리들을 가만 놔둘리가 없다.
"왜 늦잠이야 빨리 일어나 커피 마셔" 라고 새벽부터 호통을

쳤다. 눈을 부비면서 마셔본 모닝 커피는 또한 일품이다. 그래서인지 구김 없이 베푸는 바위사랑, 후배사랑은 우리들을 사로잡았다

그 날 아침은 엊그제 담아놓은 열무김치가 입맛을 돋구었다.

"자 오늘로서 바위는 끝내고, 나는 서울로 올라가야만 해" 그 한마디에 맛있게 먹던 숟가락이 저절로 멈춰졌다.

오후가 되자 변완철 선생은 서울로 훌쩍 올라가 버렸다. 한 여름의 무더위 속에 책상에 앉아 있으면 공부가 머리에 들어오기는 커녕 못다한 하켄의 울부짖는 소리가 금오산 바위자락에서 들려오는 것 같아 도저히 견딜 수 없었다.

다음날 배낭에다 자일을 집어넣고 짐을 챙겨 집을 나섰다. 향교 근처에 있는 단골 대장간에 가서 임문현 선배가 주문해 놓은 하켄을 가로채서 박동규 선배를 데리고 다시 금오산 바위를 찾아갔다. 명금폭포를 배경으로 기념사진을 찍던 임씨가 우리를 보자 의아한 표정으로 "또 뭐 하러 왔느냐" 라고 묻는다. "또 바위 하러 왔어요" 한 마디 내뱉고는 명금폭포에서 자일을 샀다. 머리 위에 솟은 긴 벽을 향해 오늘은 기어이 하늘코스를 개척하겠다는 비장한 각오를 다짐했다.

뜨거운 8월의 태양이 더욱 더 암벽을 뜨겁게 달아오르게 했다.

"캉, 캉, 캉" 바위의 옷자락을 벗기는 둔탁한 해머의 금속성 소리가 암장으로 울려 퍼져 나갔다. 바위틈마다 변 선생의 숨결이 배어 꿈틀거리는 것 같았다. 태양이 싫어 바위틈에서 잠들고 있던 박쥐도 침입자에 놀랐는지 "찍 찍" 하는 기분 나쁜 소리를 내 뱉으며 어디론지 날아가 버린다.

하켄의 울부짖음에 리스(Riss)에서 퉁겨 나오는 바위가루는 타는 듯 하고, 긴 페이스(Face)를 향하는 해머소리는 우렁차게 퍼져 나가건만 이끼가 낀 태고의 옷자락은 좀처럼 벗겨지지 않는다.

"앵커 바짝 앵커 바짝" 입 안이 타는 듯한 절규가 터져 나오고,

톱을 따르던 자일이 갑자기 멈춘다. 정상을 향하는 마지막 피치에서 안간힘을 다해 손을 뻗었으나 홀드는 점점 멀어질 뿐이다. 시간이 흐르자 밸런스의 유지는 커녕 불안한 자세에서 다리의 떨림은 걷잡을 수 없다. 고도의 공포증과 더불어 발판이 곧 미끄러질 것 같은 불안감이 온몸에 느껴졌다.

홀드를 잡은 손가락마저 점점 힘이 풀리고 만다. '아-아 이제는 끝장이구나' 라는 생각이 머리를 스치는 급박한 순간이었다. 그런데 이 험난한 높은 바위기슭에 어떻게 올라왔는지 개미들이 자기 몸체보다 더 큰 먹이인 우리가 먹다버린 건빵을 물고 진퇴양난에 빠진 나를 비웃는 듯 홀드를 잡고있는 땀 배인 손등을 거쳐 쏜살같이 위로 올라가지 않는가 ----.

만물의 영장이라는 인간이 자연에 적응하면서 살아가는 작은 개미보다 못하나는 생각이 머리를 짓눌렀다.

암벽등반은 험난한 산을 오르기 위한 하나의 수단에 불과하지만 이렇게 진퇴양난에 빠져보기는 처음이었다. 발 아래로는 물보라를 일으키면서 떨어지는 명금폭포가 내려다 보여 더 높은 고도감을 의식하지 않을 수 없었다.

"아 - 아 이제는 팔에 힘이 너무나 빠져 있어. 앵커나 잘 부탁해." 머리맡에 나를 비웃고 있는 홀드를 잡으려고 몸을 세우는 순간이었다.

"앵커----"라는 외마디 소리를 남긴 채 내 몸은 바위에서 퉁겨 허공으로 날랐다. 그 순간 머리 속은 텅 빈 듯 '이제 모든 것이 끝나는구나' 라는 생각에 이어 뭇 사람들의 얼굴들이 지나갔다. 정신을 차려보니 다행히도 내 몸은 10미터 가량 추락했으나 박아놓은 하켄에 제동이 걸려 사일에 매달린 내 몸뚱이는 허공에 떠 맴돌고 있었다.

당시 헬멧이 귀한 시절이라 바위 할 때 즐겨 쓰던 빨간 베레모가

175

저 아래로 떨어져 나풀거리는 것을 바라보고 '내가 살아 있다' 라는 것을 느꼈다. 갑자기 변 선생이 서울로 떠나면서 나에게 내뱉은 말이 새삼스럽게 되살아난다.

"얘! 상열이 너 실력으로는 5년 후에야 이 벽을 개척할 수 있어" 라는 말이 새삼스러워진다. 정상을 바로 눈 앞에 두고 홀드를 놓쳐 슬립을 당하다니 이대로 물러 서기는 너무나 억울했다.

어느덧 태양의 그림자가 능선으로 사라져 버린 늦은 오후였다. 정상 아래 벽면에 동굴처럼 움푹 파인 지점에 세 자일 파트너가 모였다. 모두의 얼굴들은 근심스러운 표정이었다.

"박 형 나는 도저히 안되겠어. 키가 큰 형이 마지막 홀드를 잡기가 유리 할 것 같애" 하면서 자일을 풀어 톱을 넘겨주었다. 말없이 자일을 넘겨받는 그 표정은 불안감 때문인지 그리 밝지 못했다. "앵커나 잘 부탁해." 이 한 마디 깊숙한 곳에는 생명에 대한 애착이 꿈틀거리고 있었다.

공포의 그늘 아래에서 잠시 휴식을 취하자 그는 내 시야에서 사라져 버렸다. 다만 그와 나는 한 가닥의 자일을 통해 선등자의 뛰는 맥박을 감지 할 수 있었다. 자일이 손바닥에서 풀려나가다가 잠시 멈춰버렸다. 짐작컨대 내가 슬립을 당한 마지막 피치에 도착했구나 라는 생각이 들자 자일을 잡은 손바닥에는 긴장의 땀이 배어 나오고 있었다. 불안전한 밸런스에서 오는 떨림은 자일을 통해 내 손아귀에 전달되었다. "호호---" 라는 자일을 늦춰달라는 불안에 가득 찬 목소리도 분명히 떨리고 있었다. 마지막 홀드를 잡기 위해 안간힘을 쓰는 순간임을 느꼈다. 또 한 차례의 추락이 예상되어 자일을 움켜잡은 손아귀는 달아올랐다.

긴장의 시간이 얼마나 흘렀는지 모른다. 그러나 그 긴장은 또한 싱겁게 끝나 버렸다. 결국 그도 물러서고 말았다. 그러나 다시 톱을 넘겨받은 나는 오후 5시50분 하늘로 올라가는 길에 도달하고 말았

대구 병풍바위를 오르는 필자

다. 세 사람은 정상에 도착하자 피로에서 오는 긴장감이 풀렸는지 그 자리에 풀썩 주저 앉아버렸다. 인간의 올라온 흔적이라고는 찾아 볼 수 없는 암벽의 모퉁이에 앉는 세 클라이머는 땀과 이끼가 뒤범벅된 얼굴들이었다. 그러나 오늘로서 하늘코스를 개척했다는 짜릿한 희열을 느꼈다. 이때까지 생명을 내 걸고 올라온 긴 루트를 내려다보면서 갈증을 해소하기 위해 수통의 물을 번갈아 마시면서 저마다 깊은 상념에 잠겼다.

수만년 연륜과 비바람 속에 흐트러짐 없는 자세로 우리를 맞이해 주던 거대한 암벽은 살아 있는 영원한 동반자임에 틀림없다. 바위는 다만 움직이지 않을 뿐 생명체와 다름없다.

그 후 악우회에서 발간한 전국 암벽 그레이드 초등정자 보고서는 이 코스를 변공의 개척한 '하늘코스' 로 명명했다. 다만 안타까운 것은 이 벽을 오른 지 35년 세월이 흘렀건만 님을 부르던 해머소리는 멈추어 버린 채 산비둘기만 벽공을 향해 날아다닐 따름이다.

구미시에서 금오산을 도립공원으로 개발한답시고 명금폭포 아래까지 케이블 카가 들어서고 많은 사람들이 폭포 주위에서 유흥을 즐기다 보니 낙석의 위험을 내세워 암벽등반을 통제하는 바람에 하늘코스에는 이끼만 무성하게 자랄 뿐 아무도 찾는 이가 없다.

변 선생이 박은 하켄은 오랜 세월동안 바위 틈에서 햇볕을 기다리다 못해 비오는 날이면 설움의 녹물을 바위사이로 배어내고 있다.

지금은 고인이 되었지만 하늘나라에서 수 없이 가르쳐왔던 후진들이 그 언젠가는 자일을 어깨에 메고 금오산으로 다시 찾아와 새 옷으로 단장해 줄 것을 기다리는 것 같다.

바위하면 변 선생과 함께 또 한 분 생각나는 사람이 있다. 부산 산사나이 김해근. 그의 '등격' 이라는 시 한 귀 절이 떠오른다. 그 때만 해도 암벽등반에 미쳐 있을 때였다. 산을 오르다가 바위만 나타나면 그냥 지나 칠 수 없어 배낭을 벗어놓고 한 피치 해야만 직성이

178

풀릴 정도로 암벽등반에 심취되어 있었다.

등격

청자빛 유혹
정상을 향한 길목에서
보랏빛 암벽을 위해 기도한다
긴 날을 두고 땀을 요구한 긴 벽을 위해
오늘도 소년은 자일을 사린다
한치의 미소를 아껴 수줍은
한치의 미소에 인색하여 도사린 너
차가운 암벽은 소년의 한 가닥 염원을
알고 있는가
당신의 식어 버린 혈관을 위해
피톤을 두드리는 해머는
님을 부르고
자일에 달린 소년은 운다.
너를 사랑한 난
너를 사랑한 죄로
너의 식어버린 체온을 위해
내 뜨거운 피를 바치려니
정상을 향한 길목에서
보랏빛 베일 속의 님을 위해
오늘도 소년은 자일을 사린다.

월간 〈山〉에 실린 것을 읽고 난 후부터 얼굴은 모르나 바위를 사
랑하는 마음이 너무나 감동적이어서 등산수첩에는 물론 매트에까지

시 귀 절을 적어 놓고 산에 다니는 산꾼들이 대구에서 많았다. 님을 그리워하듯 바위생각이 나면 이 시를 낭송하는 습관이 몸에 배었다. '자일에 달린 소년은 운다' 라는 대목에는 마치 하늘로 치솟은 화강암의 긴 페이스의 허공을 오르고 있다는 착각이 온 전신에 스며들어 뜨거운 젊음의 피가 온 몸에 솟구쳐 올랐다

바윗길은 자연 그대로의 험난함이 주는 외로운 길이다. 이 길은 산을 오르기 위한 하나의 수단에 불과하지만 바위와 더불어 살아왔다. 험난한 길을 오르다 보면 때로는 초조와 불안에서 오는 심리적 갈등을 느끼기도 한다. 바위가 주는 무언의 대화 속에 밸런스라는 율동적인 리듬으로 홀드를 잡고 올라가는 그 순간에는 마치 바위가 살아 숨쉬는 듯 맥박소리가 들려오는 것같다.

요즈음 세계적으로 유행하고 있는 벽의 세계, 스포츠 크라이밍은 바위에서 시작되었지만 비교할 바가 못된다. 실내의 인공 암장은 콘크리트 또는 널빤지 위에 너트를 박아 고정시켜 난이도를 측정하여 그 위로 빨리 올라가는데 초점을 맞추어 순위를 결정한다. 자연의 풍기는 냄새도 없이 단순히 올라가기 위한 테크닉에 불과할 따름이다. 한 가닥의 자일을 엮어가면서 서로의 믿음과 우정으로 바윗길을 오르는 록 크라이밍에 비해 자연의 숨쉬는 소리가 배어있지 않다. 마치 회색의 콘크리트에 갇혀 현대문명 아래 살아가는 도시인을 연상케 한다.

오랜 연륜 속에 태고의 비밀을 간직한 채 말없는 침묵 속에 우뚝 솟아있는 암벽은 숱한 풍상에 시달려도 흐트러지지 않는 자세로 일년 사계절 변함없이 우리를 맞이한다.

유치환의 시 '바위에서' 처럼 내 죽으면 말없는 한 개의 바위가 되리라.

그 후 변 선생은 60킬로미터 등산대회때 내려와 바위하는 그림이 그려진 T셔츠를 선물로 주는 등 후배사랑에 온정을 베풀었다. 어느

1964년 5월 팔공산 정상에서(현 송신소 위치). 원로산악인들. 좌로부터 고완식, 안광옥, 미상, 박영선, 이영우, 변완철, 김종욱.

날 돌아가셨다는 전화 한 통을 받고 서울로 올라갔다. 수많은 후진들의 사이에 임문현 선배와 함께 끼여 영전에 고개 숙여 분향하면서 너무나 놀랐다. 산사랑, 바위사랑, 후배사랑으로 이어진 정 때문에 친구의 빚 보증으로 삶의 터전을 잃어버리고 하남시 단칸 셋방에서 병마에 시달리다가 수많은 후배들을 남겨두고 1984년 3월27일 67세의 나이로 바위를 두드리던 해머로 바위가 아닌 우리의 가슴에 하켄을 박은 사실에 그리운 정이 앞서 목이 메였다.

"선생님! 왜 죽음의 부름에 왜 그렇게 나약해졌습니까?"

"이 땅 신악운동의 대들보로서 1948년 1월 한국 최초의 한라산 전택 씨의 조난사고를 시작으로 사고현장에는 언제나 모습을 보이던 지칠 줄 모르는 구조활동은 여다가 팽개쳐 버리셨는지요. 하늘

나라로 올라가는 문턱에서 자일을 움켜잡은 손바닥에 피 묻도록 "앵커(확보)" 한 번 해달라는 말 한마디 없이 북한산의 십자로 외로운 길을 트레버스하였습니까?"

1961년 5월 한국최초로 경북학생산악연맹이 발간한 <山岳>이라는 창간호에 실렸다. 선생님의 프로필 '바위돌에 귀먹은 뻥코 선생 변완철'을 바윗길을 즐기는 크라이머들에게 다시 한번 소개할까 합니다.

바윗돌에 귀 먹은 뻥코 선생 변완철

바위를 생각하면 곧 변완철(卞完鐵) 선생을 연상하게 된다.

멀리 백령회 시절부터 선생은 바위와 친하신 분이다. 작은 키와 해머 같은 인상의 몸집은 바윗돌의 일부분처럼 느껴진다. '바윗돌의 거미' 같이 한 치의 슬립도 모르시는 바위에 대한 관념은 철저하시다. 김정태 씨와 함께 쌍둥이다. 한쪽 귀가 먹게 된 것도 바윗돌 덕분이다. 그러나 선생님의 귀를 앗아간 바윗돌에 한번도 저주스러운 감정은 커녕 싫어하신 적도 없다.

'도봉' 같은 암장에서 선생님이 나타나시면 앞질러 오르던 학생들도 "변 아저씨" 오셨다 하며 암로를 비키고 선다.

클라이머의 아버지격인 선생님의 바윗돌 제자는 부지기수이다. 뿐만 아니라 빗자루를 갖고 다니면서 바윗길을 쓰는 모습은 존경심을 저절로 일어나게 한다. 선생님의 집을 암장이라 해도 별로 불만은 없으실 게다.

선생님을 거쳐간 부인은 자그마치 X여명? 이다. 갈아봐도 종시 생남의 기쁨이 찾아 들지를 않았다. 그래서 끝내는 맨 처음의 부인을 맞아들여 생남을 포기한 채 행복을 찾으려고 했었는데 기적적으로 아들을 얻었다.

182

첫손자 같은 2세가 겨우 걸음을 배우면서부터 옷장의 미닫이를 층계처럼 빼내어서 암벽 등반훈련을 시키는 철저한 클라이머였다. 둘째, 셋째 이렇게 하여 아주 옷장은 망가지고 말았다. 벌써 그들이 중학생이 되고 일류 클라이머의 기틀이 잡혔을거다. 대구의 악우와의 친분은 보통이 아니다. 대구의 악우가 서울에 이 곳 회원들이 변선생을 생각하는 정도가 끔찍하다. 변 씨인 탓으로 변공이라 부르게 되었고 그것을 일본식으로 발음하면 '뺑코'와 같은 발음이 나온다 해서 씨의 별명은 '뺑코'이다. 만약 씨가 듣는데 '뺑코' 하다가 들키면 처음에는 못들은 척 하다가 바윗돌에 붙기만 하면 한번 혼을 나게 한다. 한쪽 귀가 어두우니까 모두들 작은 소리로 "뺑코 뺑코" 하고 놀려대다가는 한 번씩 혼이 난다. 선생님에게는 없어서는 안될 콤비가 있다. 몸집부터가 대조적인 안광옥 선생이다. 성격에서부터 목소리까지 대조적이다. 두 분이 함께 있어아 가가 빛이 난다. 경북 악우의 활동을 늘 격려해 주고 크게 기대하는 변공 '뺑코' 선생의 앞에 언제나 바윗장 같은 행운이 깃들기를 빌고 싶다.

선생을 두고 잊어서는 안될 일들은 많다. 동지애는 누구보다 강하다. 궂은 일을 즐겨하기로 유명하다. 한라산에서 조난 당한 전택 선배의 시체를 화장하기까지 손수 만지셨고 악우집의 궂은 일에는 밥 먹지 않고도 돌봐 주시는 분이다.

전택 선배의 조난사고 때 수색대로 파견되어 홍종인 선생님의 봉변을 막아주고(형사를 몸채로 들어 전신주에 박으려고 함) '뽀빠이' 라는 별명을 들은 일도 잊을 수 없다. 악인(岳人) 표본이라 해도 구김없는 분이시다.

향토의 시그널 배석규 선생

이 고장의 산악운동이 본질적이고 보다 생산적인 운동으로 나아가는데 그 산파의 역을 맡은 분이 바로 배석규(1926-1999) 씨이다. 본 경북학생산악연맹이 탄생하게된 동기부터가 배 선생의 적극적인 활동에 의한 것이다.

산악운동에 대한 의지는 철두스럽다. 종래까지만 해도 이 고장 선배들의 산악관이 취미에 의한 오락이나 스포츠(그나마도 가장 귀족적인)의 선을 넘지 못한데 대하여 배 선생은 우리에게 암벽을 그리고 학술조사를 해야 한다는 악인의 자세를 가르쳐 주셨다.

그는 실제상의 아버지 격이지만 젊은 나이로 하여 맏 형님의 노릇을 하신다. 본 연맹의 오늘이 있음은 배 선생의 힘이다.

한국전쟁 이전에는 서울에 살았다. 현재 서울산악회의 멤버와 함께 한국산악회의 간사로서 활동이 컸지만 선배들의 희미하고 고답적인 태도에 늘 불만이 컸다. 대구에 이주하면서 한국전쟁 북새통에도 행사는 잊지 않았고 그 여력으로 경북학생산악연맹을 창립하는데 몰두한 것이다.

그리고는 하나에서 열 가지 손수 일일이 지도해 왔다. 경제적인 곤궁에 처해 있을 때도 산 행사에는 한 번도 빠져 본 적이 없다. 계획부터 하나하나 선생에게 묻지 않고는 아니 된다는 관념이 학생간부들의 머리에 차게될 만큼, 17세부터 36세의 가쁜 고비에 이르기까지 산을 제외한 생활이란 별로 없다. 슬하에 일남이녀가 있다. 첫째는 두고, 둘째 공주(?)의 별명은 배지리이고 셋째 태자의 별명은 배소백이다. 각각 그곳의 동계행사에 가시고 난 뒤에 초성을 울렸기 때문이다.

선생의 솜씨는 건축만이 아니라 회화와 응용미술에까지 미친다. 너무 다재하기 때문에 가난한지 몰라도 선생의 주변에서 가난이 떠나지 않는 것은 등행을 위해서는 불행한 일이다.

태백산 동기 행사 후에 팔공산에서의 연맹기 모독 사건은(?) 특히 유명하고 거기에다 법당 앞에서 부처님께 맹세하던 모습은 배 선생의 성격의 일면을 보여주는 것이다.

선생이 너무 학생들과 친하기 때문에 자칫하면 철없는 학생들이 선생에게 버릇없는 짓을 하기가 일쑤인데 그런 건 조심해야 할 일이다. 아무튼 선생에겐 멋이 있다. 등산복을 입으시면 더 더욱 멋이 난다. 그 큰 키에 바윗돌에 붙으실 땐 더욱 멋이 난다.

이 고장 산악운동의 시그널 배선생의 둘레에서 하루라도 빨리 커다란 건축공사가 떨어져서 빨리 가난의 그림자가 살아지길---.

〈汶 記〉

앞장의 〈山岳〉 창간호에 소개된 '빵코 변완철 선생'은 배석규 선생이 쓰고, 이 글은 김기문 선배가 쓴 프로필이다.

어린 철부지 경북학생산악연맹 회원들은 배 선생의 그늘에서 자라왔다. 서울말씨에다 키가 훤칠한 타입의 니커바지에다 갈색베레모를 쓰고 군용 지개 배낭을 짊어지고 산을 오르는 배 선생의 모습은 알피니스트의 초상화를 연상하게 한다.

한국전쟁 이전 서울에서 한국산악회 간사로 열정적인 활동을 했던 그는 대구로 피난 와 1957년 경북학생산악연맹 창립에 산파역을 맡았다. 가난에 찌들려도 산으로 향하는 마음은 변함이 없어 전국의 산골짜기에서 능선에 이르기까지 지형을 너무나 훤하여 지도위원으로 우리들의 산행에 길잡이를 맡아 주신 분이다.

1959년에는 지금까지 41회를 거듭하고 있는 우리나라에서는 가장 오래된 전통의 '60Km 극복 등행대회'를 만들었다. 뿐만 아니라 1962년 대한산악연맹 창립에도 깊이 관여했고 그가 고안한 크고 작은 두개 산을 12개의 에델바이스로 둘러싼 대한산악연맹의 마크는 이제 그의 불멸의 작품으로 남게 되었다.

아무리 산이 험해도 지칠 줄 모르고 앞장서 가는 긴 컴퍼스의 발걸음은 젊은 우리들도 좀처럼 따라잡기 힘든다. 도시생활에서도 마찬가지다. 두툼한 서류봉투를 옆에 끼고 사람의 붐비는 중앙로 거리를 빠져 활동무대인 호수다방이나 고려당으로 찾아간다. 그곳의 커피를 마시며 산행 계획을 세울 정도로 커피를 무척 좋아했다. 산에서 커피가 떨어지면 보따리 싸 갖고 내려올 정도라 중독에 가깝다.

주말의 그 모습은 두말 할 나위 없이 팔공산이다. 베이스 캠프는 동화사를 오르는 계곡 왼쪽에 촌두부와 막걸리를 파는 어린 딸 이름을 붙여 '순옥이 집'이라고 부른다. 술을 별로 좋아하지 않으면서도 자주 들렸고 같은 피난민의 설움의 담긴 탓인지 이북 출신인 한순식 선배와 자주 드나드는 단골집이다. 배 선생을 놀려주기 위해 "순옥이가 배 선생을 닮았다"는 등 농담으로 내 뱉어도 상관하지 않는다.

1962년 늦가을로 기억된다. 바위와 더불어 산에 미쳐있을 때 이었다.

바위 한답시고 자일을 어깨에 걸치고 으시대면서 주차장으로 내려오다가 순옥이 집 단칸방 마루에 낯익은 등산화가 놓여져 있었다. '또 배 선생이 찾아왔구나'라는 생각이 들어 문틈으로 넘나 보니 아니냐 다를까 순옥이 엄마와 단 둘이서 술상을 앞에 두고 심각한(?) 이야기를 나누는 듯했다. '오늘 집에 못 가도록 욕보이자'라는 심

긴 음굴의 수중 동굴을 스쿠버 다이빙으로 접근하고 있다.

술궂은 생각이 고개를 쳐들었다. 문턱에 가지런히 놓여 있는 두 개의 신발을 거두어 계곡 아래로 내 던지고 주차장으로 줄행랑을 놓았다.

술 한잔의 얼큰한 기분으로 순옥이 엄마 손목 한번 잡아보고 나오니 신발이 없자 당황하면서도 '또 네 놈들의 짓이구나'라고 분개하면서 한편으로는 좋아했을 줄도 모른다.

1965년 대구 경북지방의 산쟁이 대부 노릇을 하시다가 서울로 훌쩍 올라가 버렸다. 1967년 중앙일보 김기문 선배와 더불어 한국동굴학회를 창립하여, 문화재관리국 전문위원으로 산에 바쳤던 정열을 동굴에 쏟아 부었다.

'산에 가면 누가 밥 먹여 주나' 했지만 동굴에선 밥이 나왔고 한국전쟁으로 대구까지 피난 온 젊은 산사나이의 가난을 쫓았는지 모른다.

그래서 오히려 산보다 동굴 하면 배 선생을 연상케 한다. 1959

년 울진 성류굴부터 시작한 탐사는 전국에 수많은 동굴이 마치 거미
줄처럼 강원도를 중심으로 전국에 펼쳐있지만 마치 박쥐가 동굴을
자기집처럼 마음 대로 드나드는 것처럼 지형에 대해 너무나 훤하다.
동굴의 생성 연대에서부터 어느 동굴에는 어떤 종유석이 발달되어
있고 '길이는 얼마다' 라고 할 정도로 기억력 또한 뛰어난 분이다.

1968년 8월 동굴의 암흑세계에서 겪었던 일이다.

강원도 삼척군 도계읍 대이리에 위치한 관음굴, 환선굴 탐사에
참석하라는 배 선생의 명령에는 대 선배로서 거역할 수 없는 힘이 있
었다. 바위 좀 할 줄 알고 물에 자신이 있는 세 사람 (박상열, 박태언,
갈판용)이 선득 나섰다.

왜냐하면 문화재 관리국이 지원하는 동굴탐사는 예산이 푸짐한
것 같았다. 공짜로 밥 먹여 주고 왕복여비까지 준다는데 안 나설 사
람이 없다.

영동선 신기 역에서 내려 소백산맥 줄기에 있는 갈매산 구비치
는 계곡을 따라 30리쯤 올라가면 해발 480미터 지점에 물레방아가
돌아가는 자연의 아름다움이 그대로 숨쉬는 마을이다.

두 개의 봉우리가 솟아있는데 멀리서 바라보면 말의 큰 귀처럼
생겼다고 대이리(大耳里)이다. 주위에는 험난한 산세와 어울리는
너와 집 몇 채가 옹기종기 모여 사는 이종대 씨 아래채에 짐을 풀었
다. 학술조사, 보도진들이 들이닥치자 이 마을에도 귀한 손님들이 찾
아왔다는 듯 굴뚝에는 저녁을 서두는 연기가 자욱하게 피어오르는
두메 산골이었다.

첫날부터 신바람난 갈판용 씨는 감자와 옥수수로 겨우 끼니를
이어가는 산간오지의 마을 아낙네를 불러들여 배 선생 몰래 쌀을 퍼
주고 술을 담게 하는 여유도 보였다.

강원도 카르스트지역에 분포된 석회 종유굴 탐사는 관음굴부터
시작되었다. 굴 높이 2미터, 폭3.5미터. 굴 입구부터 동굴 천장이 수

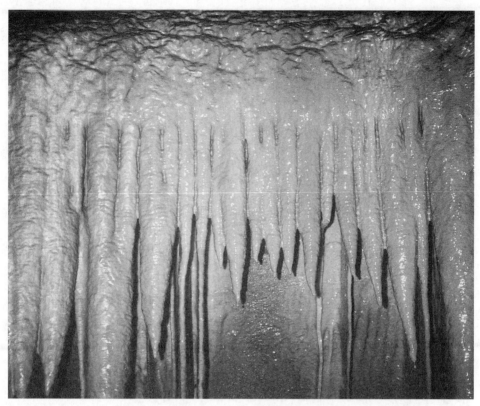

강원도 삼척군 대이리 관음굴의 종유석

면에 닿을 듯한 고요의 호수를 건너게 되어 있어 입구에서부터 오싹한 공포가 머리를 쳐든다. 동굴에 들어가는데 왜 수영을 잘하는 사람을 찾는지 그 이유를 알 것 같았다.

천장에서 호수로 떨어지는 물방울 소리가 수 억만년의 동굴의 신비를 더 해 주는 듯 했다. 고무보트를 구하기 힘든 시절이라 군용 에어매트를 두 개를 포개어 그 위에 엎드려 손으로 물결을 저어 한사람씩 깊이를 측정할 수 없는 심연의 호수를 건너게 되어있다. 권철주형의 차례가 왔다. 에어매트 위에 배낭을 메고 타는 것이 화근이었다. 천정에 배낭이 걸려 꼼짝하지 않았다. 당황한 나머지 매트에 연결된 자일을 잡아당기니 매트는 빠지고 그 위에 타고 있던 사람은 그대로 물 속에 빠지는 긴장감도 연출했다.

189

플래시 불빛에 전개되는 종유석들은 마치 지하금강처럼 아름다웠다. 좀 더 황홀한 지하궁전으로 누구보다도 먼저 빨려 들어가고 싶은데 배 선생은 동굴측량을 내세워 우리의 발목을 잡는다. "얘 상열이, 폴 대를 저 앞에 세워" 라는 지시부터 "줄자를 챙겨 와" 등, 잔심부름이 너무나 많았다. "어—이 판용이 도저히 안 되겠어, 우리 배 선생 한 번 골탕 먹이자" 귓속말이었다.

솔깃한 갈판용 씨는 히죽 웃으면서 "첨벙 첨벙" 물길 따라 사라졌다. 측량기구 레벨을 챙겨 갈판용 씨가 서있는 포인트지점에 다가선 배 선생은 질겁을 하고 만다. 물 속에다 포인터를 세워 측량이 불가능했기 때문이다. 배 선생은 어이가 없다는 듯, 콧등에 걸친 안경 너머로 우리를 노려보면서 "너희들 또 나를 골탕먹이려 들구나 어디 두고보자" 라는 말이 동굴의 메아리가 우리들한테 곤욕으로 되돌아 올 줄이야————.

제2폭포 하단부에 도착했다. 지하의 공동에 떨어지는 우렁찬 폭포소리가 진동되어 옆 사람과의 대화조차 나눌 수 없었다. 그러나 이 폭포를 타고 올라야만 전진이 가능하기 때문이다. 우측 암벽에 석회성분이 흘러내린 유석(플로우스톤)의 벽을 트래버스로 오르기 시작했다. 권철주 형이 선두로 나서 휙스 로프를 설치할 동안 갈 대원이 커피를 끓여 배 선생한테 올리니 추위를 이기지 못한 입술이 부르르 떨다 못해 이빨이 부딪치는 소리가 났다.

이 폭포를 넘어 좁은 종유석 사이로 겨우 빠져나가면 터널처럼 생긴 새로운 협곡이 펼쳐진다. 양옆은 깎아 세운 듯한 절벽이고, 하단에는 베이컨 커튼의 종유석이 즐비하게 늘어져 있다. 이 종유석을 두드리면 요란한 화음의 조화가 피아노 건반을 치는 듯 고요한 동굴의 침묵을 깨트리며 메아리친다. 칼 사이트의 결정체에 물을 뿌리면 더욱더 반짝거려 마치 보석 밭을 지나가는 듯 아름답게 빛났다. 양벽에는 석순, 석주, 종유석이 각양각색의 동물 형상들이 마치 사열하

190

는 듯 서있다. 중앙에는 고요의 호수가 잔잔하게 흘러내려 지하동굴의 아름다움을 더해 준다.

물길 따라 종유석에 매달려 이쪽 저쪽 벽으로 이동하다 보면 온몸이 물에 젖었다. 추위를 느낀 나머지 배 선생이 맡긴 양주를 배낭에서 끄집어내어 갈 대원과 번갈아 마시고는 그대신 물을 채워 놓았다. 한시간 물 길 따라 올라가니 모래가 깔린 휴식처가 나타났다. 갈 대원이 배 선생한테 다가서서 "배 선생님 수고 많았습니다" 하면서 물 섞인 양주를 권하니 "양주가 왜 이렇게 순하나" 하면서 사정도 모르고 잘도 마신다.

여기서 종유석이 사라져버린 협곡 따라 들어가면 우렁찬 물소리가 일행을 가로막았다. 높이 10미터의 제3폭포가 시야에 나타난다. '지하의 세계에 이렇게 어마한 폭포가 존재하다니' 이 장엄한 광경에 모두다 넋을 잃고 말았다.

좁은 입구에 비해 이 광장은 너무나 넓고 높았다. 이 지하의 동공 한 쪽 오목하게 파인 구멍에서 쏟아지는 폭포를 바라보면 마치 여자가 소변을 보는 듯 하다. 그래서 배 선생은 '옥문폭포' 라고 명명하자는 제안이 나오자 일행들의 웃음을 자아내게 했다.

이 신비의 폭포를 오르기 위해 갖고 온 사다리(길이3m) 3개를 연결하여 오줌을 온몸에 뒤덮어 쓰면서 안간힘을 다해 옥문에 손이 닿은 순간 사다리의 연결부분이 휘어지는 바람에 아래 탕 속에 나가 떨어졌다. 결국 이 폭포는 태양 아래 살아가는 인간의 손길을 거부하여 처녀성을 유지했다.

그 다음날은 관음굴에서 위쪽으로 약 2킬로미터 떨어진 환선굴 탐사를 실시했다. 굴 높이 7미터, 폭10미터의 커다란 입으로 우리를 삼킬 듯 기다리고 있었다. 굴 안에서 습기에 찬바람이 불어니와 한여름의 에어컨처럼 시원스럽다. 흘러내리는 물길 따라 150미터 쯤 들어가니 광장 벽에는 여러 형상들의 종유석들이 준엄한 모습들이 드

관음굴의 석순과 석주

러나기 시작했다.

　이곳을 지나 조그마한 언덕을 넘어 서쪽 광장으로 들어서면 체육관처럼 넓은 제2광장이 전개된다. 플래시 불빛이 닿지 않은 높은 천장에는 지하수로 스며들었던 물방울이 수 없이 떨어진다. 아래 밑바닥에는 지름 1미터 50센티미터 정도의 꽃방석이 둥글게 자리 잡았다.

　한 방울의 물에 함유된 극소의 석회물질이 수억 만년의 긴 세월 동안 떨어져 생성된 꽃방석이라 자연이 만든 위대한 작품에 감탄을 금할 수 없다. 주위 바닥에는 규모가 적은 논에 물을 가두어 놓은 듯, 림스톤 풀이 형성되어 혹시나 밟고 지나가지 않을까 발걸음이 조심스러워진다. 어디선가 우렁찬 물소리가 고요의 침묵을 깨트리고 들려온다. 물길 따라 거슬러 올라가니 새로운 형상의 지굴에 부닥친다.

넓은 동공(洞空)에 비해 계곡의 폭은 좁아도 물이 가득 찬 소(沼)가 우리를 삼킬 듯이 입을 벌리고 있는 탕의 연속이었다. 마치 금강산의 옥류계곡을 옮겨 놓은 듯했다. 벽면의 울퉁불퉁하게 튀어나온 양 벽을 최대한 이용, 몸을 이동하면서 소용돌이치는 물길 따라 올라가다 보면 우측으로 새로운 동굴이 전개된다.

수로는 수량이 점점 줄어 물 속으로 동굴이 형성되어 있어 더 이상 들어가지 못했다. '잠수장비를 갖고 와야만 되는데' 하면서 발걸음을 돌리는 배 선생의 모습이 안타까워 돌아가면 스쿠버 다이빙을 배우기로 마음 먹었다. 그때만 해도 스쿠버 다이빙하는 사람들의 숫자가 전국에 손꼽을 정도로 적어 잠수장비를 동원하지 못했다.

(1977년 에베레스트를 등정하고 개선할 때였다. 카트만두에서 한국일보 장강재 사장이 대원들에게 준 축의금 200불에다 주머니 비상금까지 털어 홍콩에서 수중장비를 구입하였다. 배낭 양쪽에 휜(오리발)을 하나씩 달고, 목에는 수중카메라 니코노스Ⅲ를 목에 걸고 김포공항을 빠져 나와 뭇 사람들의 시선을 끌었다.)

나는 높은 산과 깊은 바다의 세계를 추구하다 보니 두 개의 탱크가 필요했다. 한 개는 8,000미터 이상 고소에서 사용할 산소와 심해를 누비는 공기통이었다.

'다음에 스쿠버 장비를 갖고 오마' 아쉬운 마음으로 되돌아와 우측의 새롭게 전개되는 지굴에 대한 탐사를 시작했다. 헤드 램프에 전지를 갈아 끼우고 물기 하나 없는 건조한 동굴을 100미터 가량 들어가니 좁은 지굴이 하나 더 나타났다.

U턴으로 돌아나오는 이 좁은 굴은 퇴석층으로 이루어져 있는데 이 험난한 곳에 어떻게 들어왔는지 바닥에는 살쾡이로 추정되는 짐승 발자국이 선명하게 눈에 들어온다.

이 부근의 터널은 노년기의 퇴화된 동굴이라 종유석은 찾아볼 수 없다. 간혹 석순이 보이나 철분이 함유된 탓인지 검게 보였고, 지면을 밟으면 푹푹 꺼져 마치 죽음의 늪지대를 건너가는 것처럼 기분이 좋지 않았다.

이곳을 지나 바위 틈바구니 사이로 엎드려 기어 들어가면 굴이 차츰 막혀버린 듯 천장이 낮아진다. 포복의 자세로 기어 들어가 라이트로 자세히 살펴보니 주먹 만한 구멍이 보였다. 가까이 들어가 보니 그 사이로 찬바람이 새어나오고 건너편에서 우렁찬 폭포소리가 들려 동굴의 신비를 더해준다.

새로운 동굴의 세계를 개척한다는 기대감에 물러설 수는 없었다. 갖고 온 정으로 사람이 들어갈 만한 구멍을 뚫기 시작했다. 구멍에서 빠져 나오는 바람이 얼마나 센지, 퉁겨 나오는 바위가루가 얼굴을 때려 두 눈을 뜰 수가 없다. 한시간의 어려운 작업 끝에 겨우 사람이 빠질만한 구멍이 생기자 폭포소리는 온데 간데 없다.

두더지처럼 구멍사이로 파고 기어 들어간다. 가슴을 짓누르는 고통 속에 발버둥을 치면서 겨우 몸만 빠져 나왔다. 어렵쇼!, 주위를 아무리 살펴봐도 폭포는 보이지 않는다. 내가 들어온 반대쪽에서 폭포소리가 들리는 듯하여 무협지 소설처럼, 마치 신기루에 홀린 듯했다. "배 선생님 폭포는 없고 새로운 동굴이 발견되었습니다" 빠져 나온 구멍에다 대고 소리쳤다. (나중에 알았지만 폭포소리는 좁은 구멍으로 통하는 바람소리였다.)

주위에는 낮은 동굴이 형성되어 있고, 벽면에는 포도상 종유석 (동굴산호)이 간혹 보이나 박리현상으로 그 성장이 멈춰 퇴색되어 있었다.

여기서는 천장이 낮아지면서 천장이 부닥치는 기분 나쁜 소리가 우리들의 고통을 말해 주는 듯 들려왔다. 바싹 엎드린 포복 자세로 200미터 기어 들어갔다.

차츰 천장이 높아지더니 낙반의 흔적이 여기저기 보이는 굴뚝처럼 위로 뚫어 있는 수직굴 하단부에 도착했다. 서로의 모습을 쳐다보

니 얼굴은 물론 옷 또한 흙투성이라 누가 봐도 사람의 몰골이라고는 할 수 없어 서로 쳐다보기조차 민망스러워진다. 배 선생은 안경에 묻은 진흙을 침을 발라 닦아 내면서 "이 굴은 갈매산 능선에서 300미터 쯤 아래로 수직굴로 형성되어 있다. 우리가 들어온 환선굴과 서로 연결된다" 는 측량 결과를 이야기해 줘 주목을 끌었다.

아니나 다를까 밑바닥에는 썩은 나뭇잎이 발견되었고 머리 위로 박쥐들만이 침입자에 놀래 허공으로 날아 더욱 음침한 기분과 함께 수직굴이 바깥 세상과 연결되어 있다는 증거를 확신시켜 줬다.

너무나 엄청난 이 수직굴을 올라가려고 시도했으나 갖고 온 장비로는 태부족이라 단념할 수밖에 없다. 그 대신 우측에 사람이 들어갈 민한 협소한 구멍이 뚫어있는 것을 찾아내었다.

새로운 동굴의 세계가 전개된다는 짜릿한 흥분을 느끼면서 조심스럽게 들어가 보니 굴 폭이 차츰 넓어지면서 저 아래 우렁찬 물소리

195

가 들린다. 내려 갈수록 천장이 높아지더니 라이트 불빛에 거대한 지하수로의 협곡이 앞을 가로막는다.

여기서부터 지형이 거미줄처럼 복잡 다양하여 우리들의 들어 온 통로를 잃어버릴까 싶어 촛불을 세웠다. 물길 따라 상류 쪽으로 150미터 거슬러 올라가니 수량이 점점 줄더니 물 속으로 잠겨 버려 하류 쪽으로 내려가는 수밖에 없었다

배 선생은 새로운 협곡의 지굴을 발견했다는 기분을 느끼는 듯, 우리를 불러모아 새로운 지시를 내린다. "내 측량으로 보아 이 수로의 협곡은 굴 입구 제1광장 우측에 물이 흘러내리는 지굴과 통한다고 본다. 세 사람 박상열, 박태언, 갈판용은 점심을 먹고 내려가도록 해라" 배 선생의 말을 과연 믿어도 될까라는 의구심이 생겼지만 산 선배의 명령에 누구나 말 한마디 없이 순순히 응했다.

계절에 별 영향을 받지 않은 동굴의 기온은 영상 12~14도 사이다. 젖은 옷에 파고드는 냉기는 오한과 함께 앞으로 미지의 암흑 세계로 내려갈 일을 생각하니 어둠에 대한 짜릿한 공포는 머리에서 좀처럼 지워지지 않았다.

간단한 중식을 마친 일행은 한 번도 인간의 발길이 닿지 못한 예측할 수 없는 험난한 길을 내려오기 위해 장비를 점검했다.

바테리, 자일, 에어매트 등 하나라도 빠트리면 지하세계에서 탈출할 수 없는 절대적인 장비다.

어둠에 가려진 협곡의 높이는 30~50m, 폭2~5m ,정도로 양벽은 깎아 세운 듯한 급경사로 이루어져 사람이 붙기가 힘들 것 같았다. 아래에는 물깊이를 측정할 수 없는 고요의 호수가 수 만년동안 침묵을 지키며 흐르고 있다.

깊은 수심을 피하여 등반이 가능한 바위를 타다보니 자꾸만 위로 올라가 위험의 부담도 또한 컸다. 라이트 불빛에 반사되는 수면은 우리들의 불안한 마음을 달래는 듯 잔잔하게 흐른다. 어둠에서 오는

196

관음굴 탐사중 물속에서 종유석을 촬영하고 있다.(뒤에 검은 배경은 물길)

공포증은 암벽에 매달린 발이 좀처럼 떨어지지 않게 한다.

불빛에 의지하고, 험난한 협곡을 얼마나 내려왔는지 모른다. 요란한 물소리가 들리더니 지하동굴의 폭포가 앞을 가로막았다. 밀폐된 지하공간으로 떨어지는 폭포소리는 너무나 요란스러워 말로써는 의사소통이 되지 않아 눈치와 수화로 대신했다.

배낭에서 자일을 끄집어내어 하강을 서둘렀다. 뛰어 나온 바위 모서리에 슬링을 걸고 카라비너를 끼워 자일을 아래로 내려보냈다. 에어매트에 바람을 불어넣어 캄캄한 허공 아래로 내 던졌다. "펑" 하는 매트가 수면에 부닥치는 소리가 고요한 동공(洞空)에 울려 퍼진 여음이 동굴 속에 가득하다.

하강준비가 완료되었다. 그러나 선뜻 나서는 사람이 없다. 앞을 내다볼 수 없는 캄캄한 미지의 세계에 먼저 몸을 내 던지는 것은 무언

제주도 서귀포 앞바다에서의 다이빙

가 꺼림찍한 기분이 들었기 때문이다. 그리고 폭포 물을 온몸에 뒤덮어 쓰고 자일을 타고 내려가는 것도 보통 일이 아니다. 누군가 한사람이 다음 주자를 위해 희생해야만 순조로운 티롤리안 도강을 할 수 있다. 결국 내가 손들고 말았다.

하강기가 없는 시절이라 자일이 젖은 옷에 감겼다. 에어매트를 타고 심연의 호수를 건너 자일을 확보했다. 얼마후 한사람씩 캄캄한 허공에 몸을 내던졌다. 마지막 순서인 갈 대원이 하강하여 자일을 풀고, 매트에 몸을 실려는 순간 매트가 뒤집혀 몸 전체가 물에 빠져 허우적거렸다. 모든 조명이 집중해 건져냈으나 얼굴 혈색이 새파랗게 질려 말못하고 덜덜 떨기만 한다.

협곡의 물을 건너기 수 차례를 하다보니 유일한 교통수단인 에어매트도 날카로운 바위 모서리에 부닥쳐 펑크가 나버렸다. 우리들은 마치 난파선에 의해 무인도에 갇혀 버린 조난자의 신세를 면치 못했다. 모두들 어둠의 세계에서 영원히 헤어나지 못할까 하는 근심스러운 표정이 역력하게 비쳤다.

우리를 미지의 암흑세계로 보내놓고 바깥세상으로 되돌아간 배선생이 한없이 원망스럽다. 앞으로 전개될 미로는 누구나 예측할 수 없다. 그렇다고 왔던 길로 되돌아 갈 시간조차 너무 늦었다 습도로 인한 방전으로 바테리를 너무 소모했기 때문이다. 해드램프 불빛도 벌겋게 겨우 앞만 보였다. 전지를 절약하지 않으면 안될 정도로 절박했다.

"지금부터 선두 외는 불을 끈다" 라는 말이 떨어지자 동굴은 더욱더 냉기가 감돌기 시작했다. 배가 고파와도 자리에 앉아 먹을 공간조차 없는 절벽에다 U자처럼 생긴 협곡을 따라 내려올 수록 지하수로의 발달로 깊은 소(沼)의 연속이다.

바위길이 막히면 물로 뛰어 들어가기를 수 십 차례를 했다. 탐사대원온 온 몸이 다 젖어 버렸으나. 비닐에 싼 바테리와 빵 조각만 물기가 없었, 어두운 공간의 세계는 시간이 멈춰버린 듯 너무나 조용했다.

긴장의 연속은 배고픔도 또한 추위도 느끼지 않게 한다. 동굴에 들어온 시간을 계산하면 지금쯤은 밖에 나와 있을 시간인데 미로의 길은 가도 가도 끝이 없다. 어디선가 태양의 빛이 곧 나타날 것만 같았다. 굴 폭이 점점 좁아진다. 혹시나 굴이 막혀 버리지 않을까! 하는 불안감이 온몸에 스며든다. 차츰 경사가 심하면서 물의 흐름의 속도가 빨라지면서 차츰 수면이 얕아진다.

"철벙철벙" 이제부터는 무릎까지 차는 물길 따라 걷다보면 밑바닥에는 석회성분이 깔려있는가 하면 움푹 파인 암반에 콩알 만한 둥근 돌이 흐르는 물결 따라 맴돌고 있는 자연의 아름다운 케이브 펄이 눈에 띄었으나 갈 길이 바빠 그냥 지나쳐 버렸다. 조그마한 림 스톤 풀에 물이 가득 차 있는, 그 속에 부러진 종유석 파편과 함께 숯을 보았다.

"야 -- 숯이다" 나도 모르게 소리질렀다. 이것은 무엇을 의미하는가! 누군가 횃불을 들고 여기까지 올라와 종유석을 따 갖고 갔다는 흔적에 말 할 수 없는 반가움에 발걸음도 훨씬 가벼웠다.

앞에서 요란스러운 물 떨어지는 소리가 들린다. 또 폭포구나 생각하니 온몸에 힘이 빠지고 주저앉고 싶어진다. 그러나 이 폭포는 얼마 못 가 굴 입구에 있는 제1광장으로 빠지는 물줄기로 확인되었다. 라이트로 아래로 휘둘러 살펴보았다. 눈에 익은 광장이 펼쳐지고 건너편 언덕에서 불빛이 보였다. 그것은 촛불이었다. 우리가 들어올 때 켜두었던 촛불이 13시간 동안 가물가물 생명을 다 하듯 우리를 지키고 있었다. 경사가 완만한 조그마한 언덕을 넘어서니 굴 밖에서 들어오는 한여름의 후끈한 열기가 들어오고, 신록의 풀 냄새와 함께 흙 냄새가 확 풍긴다.

"굴 입구다!" 누군가 환희에 찬 소리로 외쳤다. 추위와 허기로 지친 몸으로 한사람씩 빠져 나오니 밖에는 날이 벌써 저물어 주위는 조용히 잠든 듯 했고 가을을 재촉하는 가랑비가 촉촉이 내리고 있었다. '돌아 나온 외롭고 고독했던 암흑의 세계' 는 막을 내렸다.

이제는 동굴장비도 많이 개선되었다. 동굴의 심연 호수를 건널 때 1960년 초창기에 사용했던 고무 보트는 필요 없었다. 스쿠버 다이빙할 때 입는 고무로 된 슈트를 입고 물에 들어가면 뼈까지 스며드는 추위도 잊을 수 있고 고무로 된 옷이라 부의 역할을 하여 아무리 깊은 호수도 마음놓고 건넜다. 그러나 수직동굴에는 강인한 체력을 요구했다. 쥬마르가 없는 시절에도 레다(줄사다리)를 이용하여 수월하게 오르락내리락 했으나 이제는 예전 같지 않아 몸과 마음이 가볍지 못하다. 육중한 몸으로 자일에 매달려 안간힘을 다 하는 내 모습을 누구한테도 보여주기 싫었다. 동굴에 첫발을 내 딛은지 30년

물과 같이 함께 하는 영원한 친구 장건웅이 신이 났다.

이라는 세월이 흘러갔다. 1998년 가을 환선굴이 관광개발되었다는
소식을 TV를 통해 듣고 동굴탐사에 선구자의 역활을 했던 장건웅
형과 한번 찾아가 보았다. 자연의 아름다움이 넘쳤던 골짜기에는 자
동차의 행렬이 넘치고 하루에도 수 천명씩 동굴에 몰려드는 인파에
놀라지 않을 수 없었다.

　　관광개발이라는 이름으로 환선굴 광장에는 호화찬란한 조명시
설에다 무작정 들여보내는 사람들의 열기로 인하여 동굴의 내부 온
도에 변화를 일으켜 아름답던 종유석들이 점차 퇴색되이 기는 것을
볼 때 이 동굴의 개척자로서 안타까웠다.

　　제1광장으로 떨어지는 물소리는 옛날과 다름없으나 배 선생의

목소리는 영원히 들을 수 없었다. 배석규선생은 새천년을 앞두고 1999년 8월 17일 73세의 나이로 산과 바다 동굴의 세계를 다 졸업하고 이 세상을 떠나고 말았다.

산에서 시작한 걸음이 세월이 지나면서 바다와 동굴로 향하게 되었다. 1975년 봄 배석규 선생을 고문으로 모시고, 한국탐험협회(회장 장갑득)을 창립하여 산과 바다 또한 동굴을 찾아 나섰다. 산쟁이가 산에 가지 않고 물에 다닌다고 못 마땅하게 여기는 후배들도 더러 있었다. 장건웅 형과 한창 물에 미쳤을 때였다. 한번 바다에 작살을 가지고 들어가면 가지각색의 고기를 옆구리에 주렁주렁 달고 나왔다. 잡은 고기를 회를 쳐서 소주 한잔에 "바다고기는 다 내 꺼다"라고 할 정도로 스쿠버 다이빙에 심취되어 있었다.

1978년 여름에는 문화재 관리국이 실시한 전라남도 여천군에 위치한 백도(무인도) 학술탐사를 배석규 선생의 지휘 아래 참가했다. 지방에서는 유일하게 백의인 교수(효성가톨릭대학교)와 나 뿐이었다. 무인도에 캠프를 치고 밤새도록 극성스러운 모기떼에 시달리다 못해 바다에 뛰어들어 야간 다이빙을 했다. 낮에는 피할 그늘이라곤 일제시대에 만들어졌다는 무인등대 뿐이었다. 그곳에 고인 물로 라면을 끓여 먹으며 고도의 섬 백도에서 깊은 바다에 서식하는 해송사진을 찍어 백도의 절경과 함께 문화재로 지정했다.

1985년 가을 대만산악연맹의 주최하는 타이베이 국제회의에 참석했다가 "대만에 다이빙하러 간다"는 한국서 걸려온 국제전화 한 통에 유혹되어 회의를 팽개치고 대구 스쿠버 다이빙팀 이상시, 이석권, 이태균 씨와 어울려 한국의 제주도와 같은 팽호섬에서 산호를 촬영하면서 바다에 심취했다. 그러나 이러한 바다의 세계도 나이가 들자 산보다는 못하다. 아마 산을 사랑하라는 운명인가 보다.

국토종주 삼천리

우두령에서 공비로 오인 받다

대한산악연맹에서는 창립 이후 국내의 행사로는 가장 큰 국토종주 삼천리 계획을 발표했다. 전국 각 시도연맹 회원들이 참여하는 이 행사는 여름방학을 이용하여 소백에서 태백산맥으로 이어지는 구간을 각 시도 연맹이 참여하여 국토사랑에 대한 실천과 더불어 회원 상호간의 우정을 다지는 한 마당의 잔치였다. 지금 산악인들이 앞다투어 실시하고 있는 백두대간 종주와 비슷하다.

1968년 7월을 시작으로 5년간에 걸쳐 실시되는 이 계획은 한국 최고 남단의 섬 마라도에서 한 줌의 흙을 파 가지고 한라산을 넘어 목포에 도달한다. 여기서 소백산맥을 타고 지리산과 덕유산을 거쳐 다시 태백산맥을 타고 설악산을 거쳐 향로봉까지 도달한다. 일단 이곳에 흙을 묻었다가 남북통일이 되면 묘령산맥을 타고 올라가 백두산 천지에 뿌리겠다는 야심에 찬 계획이었다.

경북산악회에서는 조병우 대장을 중심으로 9명이 참가하여 덕유산에서 전북연맹으로부터 배턴을 넘겨받아 추풍령까지 1차 년도 종주를 마치도록 되어 있었다.

그때만 해도 군부대의 지원이 용이하여 5관구 군용 트럭을 도움받아 딱딱한 나무의자에 앉아 먼지를 뒤덮어 쓰고 황간을 거쳐 어둠이 깃들 무렵 덕유산 산거리에 도착했다.

앞좌석에 승차한 조 대장을 제외하고는 모두다 두 눈동자만 반짝일 뿐 사람의 형색이 아닐 정도로 먼지를 뒤집어쓰고 말았다. 본부측으로 짐작되는 사람들이 플래시를 비추면서 모자를 벗어 먼지를 털고 있는 우리 앞에 나타났다. 한 마디 인사도 없이 다짜고짜로 "어디서 왔어요?" 라고 묻는다 "경북연맹에서 왔습니다" 라고 말하니 "아니 지금 몇 시인데 이제 도착하는 거야" 라는 반말투였다.

날이 어두워 나이를 잘 분간할 줄 몰랐는지 "대장 따라 오시오" 라는 역겨운 말이 또 튀어 나왔다. 온 종일 주린 창자로 먼지를 뒤집어 쓰고 차에서 내린 우리는 어안이 벙벙했다.

아나나 다를까 성질이 급한 정희수 선배가 참을리 없다. "여보세요! 당신들 말조심 해! 어디서 반말이야, 이거 더러워서 산에 못 다니겠네" 라고 상대편을 향하여 쏘아 붙였다.

그제야 심각한 분위기를 알아차린 듯 누군가 나서서 사과하는 바람에 시비는 일단락되었다. 그러나 '서울이면 최고인 줄 아나. 어디 두고 보자' 는 불씨는 여전히 남아 있었다.

이튿날 아침 덕유산 골짜기의 우거진 숲의 잎들은 아침 이슬을 머금은 채 푸름을 더해 화창했다. 한여름의 무더위를 무릅쓰고 아름다운 조국의 강산을 종주하겠다는 뜻깊은 행사였으나 엊저녁의 개운치 않은 불씨가 여전히 남아있는 듯 아침에 마주쳐도 인사도 없는 냉기류가 덕유산 골짜기에 감돌고 있었다.

주차장에서 간단한 의식이 있었다. 험준한 소백산맥을 타고 넘어온 국토종주 삼천리 대회기를 전북연맹측에서 다음 주자인 경북연맹인 우리들에게 넘겨주는 순서가 다가왔다. 황금 수술이 달린 국토종주 대회기는 30일 동안 비바람에 시달린 듯 하얀 천이 누렇게 퇴색되어 있었다.

전북연맹의 대장이 두 손을 높이 쳐들어 다음 주자인 조 대장에게 전달하려는 참이었다. 그 순간에 폭죽을 터트려 모두 놀라게 해주겠다는 짓궂은 생각이 들었다. 호주머니에 손을 넣어 군에서 제대할 때 갖고 온 크래커(마그네슘으로 만든 폭죽)을 끄집어내 심지에 불

당시의 공식 행사 깃발. 중앙의 '통일에의 의지' 문자는 한솔 이효상 선생의 친필

을 당겨 식장 앞으로 내던졌다.

"꽝" 하는 폭발음은 주위사람들을 놀라게 하기에는 충분했다. 본부 측에서 "무슨 짓이냐" 하는 흥분된 목소리가 귓전을 때렸으나 시침을 뚝 떼고 가만히 서 있었다. 내 앞줄에 서 있던 석태수 선배가 되돌아보면서 '또 네놈의 짓이구나' 하는 표정으로 히죽 웃고 있었다.

식장 주위로 수 없이 날아다니던 고추잠자리 떼가 폭발음에 놀라 어디론가 달아나 버려 한 마리도 보이지 않는다. 막상 일을 저질러 놓고 보니 민망스러웠다. 내 심정을 알아차린 듯 엊그제 타고 온 군용트럭이 우리를 태우기 위해 우리 앞으로 나가오사 나는 곧장 배낭을 챙겨 승차해 버렸다. 본부 측에서 누군가 우리들 앞으로 다가왔다. 또 무슨 일인가 궁금했는데 사연인 즉 산행 지점까지 트럭을 같이 이용하자는 부탁이었다. 그러나 정 선배는 좌석도 충분한데 어제의 앙금이 아직도 남아 있었는지 "안된다" 고 한마디로 거절해 버렸다.

첫 구간 한라산에서부터 취재차 온 한국일보 정범태, 김운영 기자만 태우고 식장을 빠져나와 산행 출발지점인 신기리를 향해 우리 일행은 먼지를 일으키면서 먼저 떠났다.

트럭을 쳐다보고 '촌놈들 어디 두고 보자' 라고 분개했던 본부 측은 대한산악연맹을 이끄는 실무진이다. 카랑카랑한 목소리에다 짧은 스포츠형 머리는 하켄크럽의 강호기 씨이고 얼굴이 검고 키가 훤칠한 니커바지의 차림은 서울 설령회의 최수남 씨이다.

한국일보 김운영 기자와 두 사람은 나와 인연이 닿아 1971년 대한산악연맹 최초의 로체 샬 원정등반을 시도한 한국 산악계에 잘 알려진 인물로 1977년 한국 에베레스트 원정에도 함께 하였다.

끝없이 펼쳐진 소백산맥의 능선길 따라 수 없이 오르내리기를 반복했다. 길섶에는 바람결에 흔들리는 들국화가 화사함을 자랑하건만 기나긴 여정에 쫓겨 배낭을 제쳐놓고 꽃 한 송이 어루만져 볼 틈도 없이 숨가쁜 걸음의 재촉이었다. 한 여름의 무더운 태양 아래 빈 수통을 들고 목마름에 호소하면서 걷다보면 능선의 뒤안길에는 아직까지 한국전쟁 때의 상흔이 여기저기에 남아 뒹굴고 있었다.

일주일째 되는 날 민주지산, 삼도봉을 지나 마지막 야영지인 황악산 우두령에 일찍 도착했다. 어린 소년이 소를 몰고 올라와 한가롭게 풀을 뜯어 먹이다가 산에서 내려오는 집단을 의아하게 쳐다보고 있었다.

붉은 대한산악연맹 깃발을 앞세워 그을른 얼굴에 세수 한 번 못하고 턱수염이 자란 일행들을 보고 수상스럽게 여길 줄은 미처 생각지도 못했다. '아 아— 오늘로써 1차 년도 국토종주 삼천리 구간이 끝난다' 라는 설레는 마음으로 아침 일찍 출발한 덕택으로 더위가 한창인 오후 2시에 도착하였다 . 모두 나무 그늘에서 막영할 생각도

1968년 8월, 우두령에서 무장공비로 오인받다.

없이 수통의 물을 마시면서 제각기 피로를 풀고 있었다.

　주위 사람을 곧잘 웃기는 이대웅 씨가 소먹이는 소년에게 다가섰다. "어이 동무 몇 살이야?" 라는 첫말이 화근의 불씨가 계속되었다. 아래 마을을 내려다보며 "몇 가구가 사느냐" 라고 묻고는 사탕 몇 알을 건네 주자 소년은 먹지도 않은 채 주머니에 넣더니 슬그머니 소를 몰고 내려갔다.

　한국일보 김운영 기자가 쌀과 부식이 떨어져 마을에 내려가 쌀 한 되를 사면서 고액권을 지불하는 바람에 가게 주인이 잔돈을 바꾸기 위해 이 집 저 집으로 다니는 것도 또한 화근이 되었다. 검게 그을른 얼굴에 딕 수염이 무척 자란 수상한 사람이 산에서 내려와 "파출소가 어디쯤 되느냐" 라고 묻고는 쌀 한 되를 사 갖고 산 위로 다시 올라갔다고 주인이 이장에게 말해 파출소에 신고를 했다.

당시는 김신조 일당이 나타난 다음 해라 주민들은 수상한 사람이 나타나면 신고하는 정신이 투철할 때였다. 몇 가구 안 되는 마을이 바짝 긴장되어 있는데 산에 소 풀 먹이러 갔던 소년이 내려와서는 "붉은 별이 그려진 깃발을 들고 20명 가량 산에서 내려와 '동무'라는 말을 사용했다"는 제보가 또 들어오자 틀림없는 무장공비로 단정했다. 연맹기에 등산을 상징하는 에델바이스가 그려져 있는데 별로 착각한 것 같다.

우두령은 충청북도와 경상북도의 경계 지점이라 두 지역 모두 비상이 걸렸다. 예비군을 소집하여 총과 실탄이 지급되고 경찰병력과 함께 밤을 이용하여 포위망을 좁혀가면서 우두령을 향하고 있었다. 이러한 긴박한 상황도 모른 채 그 날 저녁 모두다 피곤하여 침낭 속에 일찍 들어가 깊은 잠에 빠져 있었다. 나는 누구보다도 늦잠을 즐기는 편인데 그날 따라 천막을 두드리는 빗방울 소리에 아침 일찍 눈을 떴다. 모두 다 깊은 잠에 빠져있는 듯 조용했다. 밖에는 비가 내리는 듯 빗물이 천막 속으로 배어 들었다.

'아 —지루했던 국토종주 삼천리도 황악산을 넘어 추풍령에 도착하면 끝이구나'라는 생각이 들자 한 시라도 빨리 달려가 끝내고 싶은 심정이었다. 그래서 옆에 곤히 잠들고 있는 석 선배를 흔들어 깨웠다. "형님 뜸들이지 말고 빨리 일어 나이소"라고 하니 벌써 깨어있는 듯 "상열아, 조금만 더 눈 붙이자"라고 말했다. 이러다가는 또 늦어지겠구나, 어디 두고보자, 크래커를 터트려 놀란 잠을 깨워보겠다는 심술이 머리를 쳐들었다. 머리맡에 있는 배낭을 뒤져 크래커를 꺼내 라이터를 켜 심지에다 불을 붙이려는 순간이었다. "또 무슨 짓이야"라고 외치면서 석 선배가 내 손등을 치는 바람에 들고 있던 크래커는 저쪽으로 날아가 버렸다. '에라 나도 모르겠다. 눈이나 더붙이자' 하면서 침낭으로 파고 들어가 지퍼를 올리는 순간이었다. 천막 안에서 새어 나오는 말소리를 듣고 "탕

제1차 국토종주 삼천리를 마치고 추풍령 역에서 기념식수 및 표식주 설치. 좌부터 김조현, 심용운, 이원직, 김종욱, 미상, 정두용, 심동구, 김운영, 필자 박상열, 최상복.

탕 탕 --" 요란스럽게 연발의 총소리가 사방에서 들려왔다. 유탄이 천막을 뚫고 지나가는 것을 보고 "이제는 죽었구나"라는 생각이 들자 죽은 시늉을 하면 살 수 있다는 생각에 침낭 속으로 파고 들어갔다. 그러나 총구 앞에는 아무 소용이 없었다.

"꼼짝 마라. 움직이면 쏜다"라는 고함소리와 함께 천막 문을 밀치고 사방에서 총구가 들어와 우리를 겨냥했다. 당시 얼마나 놀랐는지 경찰이 들이대는 총 구멍이 대포같이 보였다.

한 사람씩 팬티 차림으로 뒷머리에 두 손을 얹고 천막 밖으로 엉금엉금 기어 나왔다. 어디선가 "엎드려. 개새끼"라는 소리와 함께 총 개머리판으로 후려치는 바람에 "사람 살려" 하는 소리가 저 편

209

에 서 들려왔다.

모두 천막 밖으로 끌려나오자 머리를 땅에 처박고 양손을 등 뒤로 돌린 원산 폭격의 자세로 주위를 둘러보았다. 본부측에서 대 간첩 작전본부에서 발행한 등반허가증을 보여줘도 아무런 도움이 되지 못했다. 한국일보사 김운영 기자의 신분증을 보여줘도 "이 자식! 기자면 최고야" 라고 하면서 "엎드려" 라고 고함만 되풀이했다. 긴급 출동한 병력은 우두령까지 올라와 주위를 살펴보고 천막 숫자를 보아 무장공비의 수가 많다고 판단했던 모양이다.

경찰은 야밤을 피해 날이 새는 새벽녘에 공격하자는 작전계획을 세워놓고 밤새도록 비를 맞으면서 추위에 떨면서 주위를 포위하고 있었기 때문에 신경이 날카로워질 수밖에 없었다. 마지막으로 조 대장이 원산폭격 자세에서 "경찰 아저씨 내 신분증을 끄집어내 보이소" 라고 애걸하자 경찰이 뒷 주머니에서 꺼낸 수첩에서 명예 경찰 신분증이 나오자 그제야 감정들이 누그러지기 시작했다.

"X새끼" 하던 욕설이 "여보시오" 라는 말로 바뀌었고, 우리를 겨냥했던 총구가 하늘로 향하자 엎드린 원산폭격의 자세에서 해방되어 일어설 수 있었다. 그제서야 안도의 한숨이 저절로 나왔다.

만약 새벽잠을 깨우기 위해 크래커 심지에 불을 당기려고 할 때 석 선배가 내 손등을 치지 않았더라면 크랙커의 폭음은 터지고 말았을 것이다. 그렇게 되면 주위를 포위하고 있던 군경 쪽에서 선제공격으로 오인하고 천막을 향해 총구에서 일제히 불을 내뿜었을 것이 분명했다. 하늘이 도왔기에 망정이지 지금도 생각해 봐도 아찔한 제1차 국토종주 삼천리의 우두령 사건이었다

팔공산에서 히말라야로

로체 샬로 가다

그토록 더 높은 산을 오르고 싶은 뜨거운 젊음의 열망은 봄 산 정상으로 타 올라가는 진달래꽃 불꽃처럼 팔공산 기슭에서 활활 불타오르기 시작했다.

1959년 5월, 대구고등학교 산악반 신입생 환영 등반이 나의 산 인생의 출발점이 되었다.

팔공산에 올라간다는 설레는 마음으로 장비를 구하기 위해 교동 시장의 노점상을 기웃거렸다. 당시 등산장비를 구하기가 쉽지않아 대부분 군수품들의 일색이었다. 그 중에서 모자 언저리에 털이 달린 하얀군용 스키 파커가 내 시선을 끌었으나 주머니가 빈털터리라 달랑 군용 반합만 사 들고 집으로 돌아왔다. 형이 입던 검게 물들인 군용 작업복에 허리에 수통을 두른 내 모습이 자랑스러워 거울 속에 몇 번이고 비쳐보면서 내일의 첫 산행을 기약하는 즐거움이 잠을 설치게 했다.

이튿날, 까까머리에 등산모 대신 교모를 눌러쓰고, 군용 배낭을 어깨에 메고 콩나물 시루같은 버스를 타고 팔공산을 찾아갔다. 그날 저녁 부도암 계곡에서 군용 A형 천막을 치고 나무로 지은 시체말로 '항고 밥'을 먹게 된 것이 산으로 향한 운명의 시작이었다.

그 해 여름방학 때, 경북학생산악연맹이 주최한 제1회 하계 산간 학교에 각 고교 및 대학 산악부 120여명이 지원 나온 미군 트럭을 타고 참가했다. 해인사로 올라가는 언덕의 길 섶 나무 그늘 아래 걸쳐놓

213

은 흑판이 교실에서 보는 것보다 산을 배우겠다는 마음의 자세 와 주위의 자연환경 탓인지 유난히 정겹게 느껴졌다.

'산에 왜 올라야만 되는가' 라는 주제로 한솔 이효상 회장의 등산철학에 대한 강의에 이어 '노란 저고리 순이가 그리워라 코스모스야' 라는 자연 속에 살아가는 여인의 순수를 묘사한 시가 낭송되자 산에 첫 발을 디딘 나를 매료하는 것 같았다. 김기문 선배한테 등산사를 배우게 되었다. 18세기 알프스의 조그마한 마을 샤모니에서 출발한 등산역사는 알프스의 최고봉이 등정됨으로써 '알피니즘(Alpinism)' 의 역사가 시작되었음을 알았다.

영국 등산가 영(G. W Young)이 말한 '산악인이란 산에 올라가는 것만이 아니고 걷기를 좋아하고 산에 대해 읽고 사색하는 사람은 누구나 산악인이 될 수 있다' 라는 말처럼 산의 사상을 느끼면서 산을 오르는 진정한 의미를 차츰 깨닫는 듯했다.

그 해 늦가을이었다. 11월3일 광주학생사건을 기념하는 제1회 60킬로미터 등행대회가 국내에서 처음으로 경북학생산악연맹 주최로 팔공산 일원에서 3박4일의 일정으로 열렸다.

가산에서 팔공산맥을 종주하는 이 대회에 학교 대표선수로 가슴에 난생 처음 넘버를 자랑스럽게 달고 설레는 마음으로 참가했다. 동명 냇가에서 실시한 장비검사는 천막, 배낭, 반합, 수통에 이르기까지 군수품 일색이라 만약 한국전쟁이 없었더라면 이 땅에 산악운동이 일어났을까 하는 의구심을 가질 정도로 전쟁의 부산물들로 가득찼다.

등산대회는 산악운동의 저변 확대와 더불어 기술 보급이라는 명분으로 시작되었지만, 마치 군사작전을 방불케 하듯 군용 배낭에 담요를 두르고, 산악부 깃발을 앞세운 긴 행렬은 가산산성으로 뻗어나갔다.

끝없이 펼쳐진 팔공산 능선을 따라 가다보면, 한국전쟁이라는

1968년 하계 산간학교에서 최수남 씨가 암벽 등반 강사로 시범을 보이고 있다.

전쟁의 상흔이 아직 아물지 않은 것을 여기 저기에서 엿볼 수 있었다. 푹 파인 참호 속에는 해골이 뒹굴고, 그 옆에는 어느 병사가 썼던 철모인지 엎어진 채, 빗물이 고여있는 것을 바라보노라면 전쟁 당시의 포성이 들려오는 것 같았다.

학도병으로 참전했다가 치열한 영천전투에서 부상 당한 심판장 서해창 선생의 절름거리는 걸음을 앞세워 팔공산을 오르는 우리들의 마음 한 구석에는 서글픈 역사의 뒷모습을 엿보는 것 같아 마음이 무거웠다.

이 대회의 마지막 날 실시되는 16킬로미터 구보경기는 팔공산 기슭의 백안동에서 출발하여 동촌 아양교에 골인하는 구보경기였다. 20킬로그램이 넘는 배낭을 짊어지고 10인1조가 되어 정신없이 뛰다보면 목이 마른 나머지 논두렁에 얼굴을 박고 더러운 물을 마시면서 승부에 대한 근성을 키웠다.

1960년 제2회 60킬로미터 등반대회부터는 산악운동을 보급하려는 효과를 얻기 위해 백안동에서 대구역까지 구보를 하게 되어 있었다. 아양교를 건너 시내로 들어오면서 관중을 의식하다 보니 마구 뛰지 않을 수 없었다.

결국 아양교를 건너 큰 고개에서 다리에 경련이 일고 말았다. 당황한 나머지 다리에 피를 내야만 경련이 풀린다는 생각이 머리를 스쳤다. 응원차 뒤따라오는 친구에게 "칼! 칼을 빨리 갖고 와"라고 고함을 질렀다. 동료는 엉겁결에 자동차 수리점에 뛰어 들어가 타이어를 찌르는 칼을 갖고 왔다.

어떠한 수단과 방법을 써서라도 골인 지점까지 도착해야 한다는 일념으로 쥐가 난 장딴지를 칼로 찔렀다. 피가 장딴지를 타고 흘러내려도 흥분된 탓인지 아픔도 못 느낀 채, 입에 거품을 내 뿜으며 정신없이 뛰었다. 결국 결승점에 골인하자마자 그대로 쓰러져 버렸다. 동료들이 달려들어 군화를 벗겨 보니 흘러내린 피가 양말을 적시다 못해 군화에 흥건히 괴어 있었다.

어처구니없는 짓을 해 가면서 첫 대회에서부터 고등부 연속 3회의 우승이라는 기록을 일구어 냈다. 그 영광 깊숙한 곳에서 히말라야로 가는 조그마한 실마디를 찾을 수 있을 줄이야 누가 미처 알았겠는가.

1970년 본격적인 등산을 시작한지 10년이라는 세월이 흘러도 만년설로 향하는 부푼 꿈은 능선을 가로지르는 비바람의 안개처럼 좀처럼 손에 잡히지 않고 허공을 스쳐 사라졌다. 그러던 중, 대한산악연맹의 로체 샬(Lhotse Shar·8,383m) 원정대의 지방대원으로 선발되었다.

세계의 지붕이라는 히말라야산맥의 남쪽 기슭에 자리잡고 있는 네팔왕국은 북부가 중공의 티베트 자치구이고 동부가 인도보호령인 시킴 히말라야, 남부와 서부가 인도에 각각 접경하고 있다. 면적은 14만7백95평방키로미터, 인구는 1천2백2만명, 언어는 파르파티아어를 쓰고 국민들은 대부분 힌두교도이다.

히말라야 산맥의 표고 3천~4천미터의 기슭에 자리잡은 지리적 조건으로 등산기지가 되고있다. 지리적인 입지조건 때문인지 고산족은 산을 신성시하여 기이한 습관인 살아있는 여신을 숭배하고, 백팔신앙(百八信仰) 등 재미있는 풍습을 엿볼 수 있다. 그래서 위험에 부닥칠 때는 언제나 '옴마니 밧메홈' 이라는 주문을 108번씩이나 외운다.

네팔의 기후는 아열대에 속하여 농업과 목축업을 주업으로 삼는다. 산지에서는 주로 목축을 하는데 양, 염소, 야크 등을 사육하는 것이 그들의 주된 생업이 된다.

고산족은 주로 등반대의 셰르파, 포터노릇을 하고 생계를 이어나가고 있다.

한 시즌에 외국등반대에 셰르파로 고용되면 일년동안 먹고 살수 있다 하여 그들은 생명을 내 걸고 적극적으로 나선다.

네팔의 정치는 입헌군주제로 15세기 이래 몽고족의 마라왕조가 번영했으나 18세기에 힌두교도인 쿠르카족이 이스람교도에게 쫓겨 인도에서 네팔에 침입하여 마라왕조를 무너뜨리고 국내를 통일하고 쿠르카왕국을 세우게 되었다.

그 뒤 인도를 식민지로 만들었던 영국이 인도에서 마침내 침략의 손길을 뻗어 1814년 이른바 네팔전쟁을 일으켰으며, 이 전쟁에서 패배한 네팔은 영토를 나누어주고 영국의 보호 아래 형식적인 독립국으로 남아 있게 되었다.

그 무렵 영국은 해가 떨어지지 않는 나라로서의 기반을 굳혀 식민지를 세계 곳곳에 만들고 있을 때다. 네팔도 이에 굴복 영국의 통치 아래로 들어가게 됐던 것이다. 이런 쿠르카왕국은 1846년 쿠테타로 절대권력을 잃어버리고 상징적인 왕으로 남게 되었다. 네팔의 명문이었던 '리나' 가의 바하두르가 군대를 장악하면서 실권을 뺏아 국왕을 명목적인 왕으로 만들고 독재정치를 폈던 것이다.

'리나' 가의 정권은 150년동안 계속되는데 1915년에 쿠르카 왕조의 8대 왕손이 인도의 힘을 빌어 '라나' 가의 세력을 밀어내고 지금의 입헌군주제도를 단행하게 되었다.

이 로체 샬은 1963년 경북산악회가 처음 원정계획을 잡았다. 만년설에 첫 발을 내딛는다는 부푼 꿈은 우리를 유혹하기에 충분했다. 첫 훈련은 팔공산 일원에서 한순식 선배의 지도 아래 실시됐다. 현지 등반을 방불하게 하는 크레바스를 통과하는 훈련을 한답시고, 통나무를 잘라 달아 올리다 보면 중량에 못이겨 캐러비너가 늘어져 망가지기도 했다. 당시만 해도 히말라야 등반에 대한 정보가 전혀 없는 실정이어서 의욕만 앞세워 1950년대의 고전적인 방법으로 훈련을 했다. 지금 돌이켜 생각해 보면 쓴웃음이 나올 정도로 미련스러운 짓이었으나 그 때만 해도 그것은 신바람나는 훈련이었다.

그러나 그 결과는 예기치 못했던 서해창 선생의 죽음과, 제일교포의 지원이 무산되어 결국 경북산악회의 한 어린 산이 되었다. 그렇지만 지금 나에게는 영광의 산으로 되돌아 올 줄이야.

로체 샬 원정계획이 발표되고, 대원 구성에 문제점이 많았다. 히말라야로 가는 길은 멀고도 먼 험난한 길이지만 대원 선정에는 두터운 벽이 서울의 텃세에 가려져 있음을 실감했다.

지방대원이라고는 전주에서 자라 대학시절을 경희대학교 산악부에서 활동한 권영배 씨와 나 단 둘인데도, 대원선정에 이르자 나는 대한산악연맹 임원들의 입방아에 오르고 말았다. "와일드한 성격의 소유자라, 팀웍을 중시하는 히말라야등반에서는 막대한 영향을 준다"는 그 이유는 이러하다.

1968년 대한산악연맹이 속리산에서 실시한 제1회 전국 하계산간학교 때의 일이다. 그 날 지녁 임벽등빈 실기교육을 미치고, 서울서 내려온 실기강사 중심으로 한 밤의 더위도 식힐 겸, 법주사로 가는 길목의 구멍 가게에 모두 모여들었다. 나무 평상에 둘러앉아 막걸리 한 잔으로 여름밤의 더위를 식히면서 잔이 오고가며 지나간 산 이야기가 화제에 올랐다.

그 중에서도 우두령에 있었던 제1차 국토종주 삼천리 공비 오인 사건에 열을 올렸다. 산악인을 공비로 오인한 경찰에게 사살 당할 뻔했던 아찔한 순간을 안주 삼았다. 밤이 깊어 가자 주기가 오른 사람들은 한 두 사람씩 슬슬 빠져나가고 세 명만 남았다. 술잔을 거절할 줄 몰라 엉덩이가 무거운 최수남 씨와 '나바론' 이라는 별명으로 사람들을 곧 잘 웃기는 경북산악회 이대웅 씨는 취기와는 아랑 곳 없이 술잔 속에 진한 농담을 섞어 주고 받았다.

시간이 흐르자 화세가 빈곤해지면서, 두 사람은 알피니즘으로 방향을 돌렸다. 영국의 문학자 레슬리 스티븐의 말처럼 '산악운동은 자연을 대상으로 한 관중 없는 스포츠다' 라는 말이 불씨가 되었다.

"등산은 스포츠가 아니라, 차원 높은 철학이 담겨있는 예술이라는 말에 동의한다"고 누가 말하자 "그게 아니라"고 우기고 나섰다. 생각이 서로 달라 상반된 자기 주장만 내 세우다 보니 급기야 시비가 벌어지고 술상이 엎어지는 지경까지 이르고 말았다. 결국 두 사람을 말리다 못해 나까지 끼어 들고 말았다. 그 날 밤 세 사나이의 강한 기질은 고요한 밤의 속리산 자락을 뒤흔들고 말았다.

1971년 3월 프리 몬순 시즌에 로체 샬 원정대가 출발하기까지는 우여곡절을 많이 겪었다. 산악연맹의 살림도 꾸려 나가기 어려운 시절인데 원정대 경비를 조달한다는 것은 당시 형편으로는 엄청난 일이었다.

그 때 김영도 부회장(전 공화당 선전부장)은 각고의 노력 끝에 박대통령의 재가를 얻어 공화당으로부터 국고보조금을 타 낼 수 있었다. 그리고 한국일보 장기영 사주의 지원이 없었더라면 무산되었을지도 모른다.

한국등반사상 처음 8천미터 도전이라는 로체 샬은 에베레스트 남쪽 4킬로미터에 위치한 로체의 위성봉으로 최고봉에 가려 별로 잘 알려 있지 않지만 난공불락의 산과 다름없었다.

1957년 뉴질랜드의 노만 하리 등반대가 시등한바 있으나, 1965년 일본 와세다대학 요시카와(吉川尙郞) 대가 동남릉으로 8,150미터까지 진출했으나 실패했고, 1970년 5월 21일 오스트리아 지크프리트 에벨리(Siegtried Aeberli) 대가 간신히 올랐을 뿐이다.

대원 구성은 대장 박철암(47) 경희대학교 교수, 부대장 강호기(31), 대원 하세득(30), 최수남(30), 김인길(29), 장문삼(29), 권영배(27), 박상열(27), 양승혁(52), 김초영(51), 한국일보 기자 김운영(38) 씨 등 10여명으로 구성되었다. 대원들의 평균 연령이 39세였으나 제대로 훈련의 기회도 갖지 못했다.

당시 외국에 나간다는 것이 어려운 시대라, 부푼 가슴에 의욕만

1971년 캐러밴 중 추쿵에서의 대원들 뒤줄 왼쪽부터 김인길, 최수남, 장문삼, 박철암
강호기, 하세득, 앞줄 박상열, 셰르파 푸티지, 양승혁

앞서 1971년 3월17일 김포공항을 출발, 장도에 오르게 되었다. 난생 처음인 외국 나들이라 들 뜬 마음으로 오사카와 홍콩을 거쳐 그날 저녁 방콕에 도착하여 이틀간 머물면서 식량을 구입하고 카트만두로 향했다.

네팔의 수도에 도착할 즈음 기내에서 내려다 본 히말라야 산맥의 파노라마는 장엄하다 못해 신비로움 마저 감돌고 있었다. 수평선 위로 구름을 뚫고 힘차게 우뚝 솟아 있는 저 산! 난생 처음 대하는 연봉들이라 흥분을 감추지 못했다. 마음 깊숙한 곳에는 모든 정열을 후회 없이 저 산에 바치겠다는 의지 속에 빛나는 눈동자는 하얀 정상을 의식했다.

트리부반 국제공항에 도착하니 교민들과 더불어 이국적인 마스크의 AP기자 비나야 씨가 큰 눈망울을 굴리면서 반갑게 맞이해 주었다. 블루스타 호텔에서 여장을 풀고 요리 기구와 셰르파들이 먹을 식량을 구입하여 포장한 후 카트만두 사원을 둘러보았다.

온 거리마다 남루한 복장을 한 맨발의 사람들이 거리를 누볐다. 간혹 지나가는 여인들은 가타(Gatha)라는 면사포처럼 생긴 천으로 얼굴을 가린 채 촉촉이 젖어있는 눈동자로 이방인을 넘나보는 얼굴에는 뺨이라도 어루만져 주면 금방이라도 눈물이 배어 나올 것 같이 아름다웠다.

카트만두 거리에는 길 한 복판에 소가 드러누워 낮잠을 즐겨도 누구 하나 쫓아내는 사람이 없다. 오히려 간혹 지나가는 사람이나 릭샤(인력거)도 소들을 비켜 가는 소 천국의 나라였다.

거리의 사원 마루에는 웃옷을 입지 않고 가부좌를 틀고 앉아 하루 종일 명상에 잠긴 백발의 노인 사이로 원숭이가 넘나든다. 사람과 동물이 뒤엉켜 살아도 귀찮다는 표정을 통 엿 볼 수 없는 원시 그대로의 삶이 꿈틀거린다. 석가모니가 속세를 떠나 히말라야의 깊은 산 속으로 고행의 길을 떠나면서 지상낙원을 남기고 간 느낌마저 든다.

우리는 전세 낸 경비행기에 장비 식량과 함께 몸을 실었다. 비행 40분만에 거대한 히말라야 산맥의 파노라마가 펼쳐졌다. 저 끝에 에베레스트와 어깨를 나란히 하고 있는 로체가 보이고, 그 옆에 로체샬의 모습이 시야에 들어오자 갑자기 숙연함이 가슴에 깊이 자리 잡았다.

비행기는 요란한 엔진 소리를 내면서 험준한 계곡을 파고들더니 갑자기 산악 기류에 휘말려 기체가 흔들리면서 에어 포켓에 휘말린 듯 마구 아래로 떨어졌다. 마치 비행기 날개가 나무에 부닥칠 것 같은 불안감 속에 머리 위에 달려 있는 손잡이를 무의식적으로 당겨 급강하고 있는 기체를 상승시켜 보려는 노력도 해보았다.

히말라야 깊숙이 자리잡은 루크라(표고 2,800m)로 향하는 비행기는 관제탑이 없는 시계 비행이라 날씨가 나쁘면 착륙하지 못하고 되돌아가야 했다. 카트만두 공항을 이륙한 지 50분만에 요란한 엔진소리와 함께 경사진 풀밭에 바퀴가 닿을 때까지는 손에 땀을 쥐게 하는 곡예 비행이었다.

활주로 주위에는 앞에 보이는 만년설과 대조적으로 수많은 꽃들이 화사하게 피어 우리를 반기는 듯 했다. 저 멀리 만년설의 장엄한 산군들은 너무나 높게 솟아 있었다. 신비의 구름이 감도는 저 산을 과연 우리가 오를 수 있을까?

이 세상에 태어나 처음 밟아 보는 고도 2,800미터의 땅 덩어리는 내 호기심을 발동시키기에 충분했다. 배낭을 내려놓고 경사가 약간 진 500미터의 짧은 활주로 끝을 향해 힘껏 뛰어 보았다. 숨이 가빠 100미터도 뛰지 못하고 풀밭에 풀썩 주저앉았다. 평지에서 달리는 것보다 훨씬 힘든다는 사실을 실감했다.

무그라의 산 속 깊은 밤은 잠 못 이루는 밤이 되고 말았다. 능선 위로 떠오르는 달빛을 응시하면서 활주로를 거닐고 있는데 쌍게라는 셰르파가 다가와 수통에 든 술 '창'을 건네주면서 "고산병으로 머리가 아프냐?" 라고 묻는다. 나는 고개를 저으면서 고맙다는 표시로 그의 손을 꼭 잡아 주었다. 달빛을 쳐다보면서 네팔에서 처음 마시는 '창' 이라는 막걸리 같은 맛 또한 일품이었다.

이튿날 고용된 포터들이 모여들었다. 푸더지라는 사다를 우두머리로 생사고락을 같이할 셰르파 8명, 포터 78명이 3.5톤이나 되는 장비 및 식량을 나누어 짊어졌다. 본격적인 캐러밴이 시작되었다.

셰르파의 고향인 남체(3,440m)의 가파른 언덕길을 올라서니 숨이 턱에 와 닿는다. 산 구릉 밑에 몇 채의 집이 부락을 이루면서 살아가고 있다. 쌍게집에 들렀다. '군사' 라고 불리는 나무집으로 아래층에는 외양간으로 야크나 염소 등 동물을 기르고 위층에는 침실과 부엌으로 쓰이고 있다. 낡은 목조 건물의 삐걱거리는 계단을 밟고 2층에 올라서니 화덕에서 나오는 연기가 온통 주위를 자욱하게 하여

벽은 검게 그을려 있었다. 셰르파의 집답게 벽에는 피켈을 비롯 등산 장비가 벽을 장식하고 있었다. 뚱뚱한 쌍게부인이 따라주는 창을 쾨쾨한 냄새가 나는 침대에 걸터앉아 마시면서 베이스 캠프 생활에서 필요한 검은 염소 두 마리를 흥정했다.

4월7일(캐러밴 4일째), 고도가 높아짐으로 나무가 자라지 않는 삭막한 추쿵(4,750m)에 도착하여 오후2시 경 천막을 쳤다. 갑자기 배가 몹시 고팠다. 권영배 대원과 함께 방콕에서 구입한 햄을 더블백에서 끄집어내 계곡 아래로 갖고 내려가 바위틈에 쪼그려 앉아 먹으면서 허술한 식량 준비에 대해 불평을 했다. 지방대원이라는 동료 의식이 작용한 탓인지 권 대원과는 더욱 더 친할 수 있었다.

파란 하늘 아래 만년설의 산들이 바로 눈 앞에 펼쳐진 잔디밭에 배낭을 베개 삼아 드러누워 오후의 나른한 무료함을 느꼈다. 계곡 저 건너 우뚝 솟아 있는 아마다브람(6,856m)을 바라봤다. 마치 피라미드 같은 급경사를 자랑하며 우뚝 솟아 있었다. 한번 오르고 싶은 충동이 가슴에 와 닿는다. 그러나 더 높은 로체 샬이 우리를 기다리고 있다며 마음을 달래었다.

캐러밴 5일째 되는 날이었다. 순간적인 가벼운 두통이 왔다. 말로만 듣던 고산병의 시초인가 싶어 천막으로 들어가려다 보니 옆 천막 앞에 권영배 대원이 쪼그리고 앉아 눈동자가 이완되어 초점 잃은 눈으로 나를 쳐다보았다. 이상한 느낌이 들어 그의 앞으로 다가섰다.

"야, 영배야 뭐 하니" 하고 불러보니 "중국 사람이 인삼을 사러 가는데 어쩌구 저쩌구……" 현실과 맞지 않는 헛소리를 되풀이했다. 또 한번 "야 ─ 영배야 정신차려" 하고 그의 어깨를 잡아 흔들어보니 말없이 뒤로 나자빠진다.

얼마 전만 해도 햄을 대원들 몰래 나눠 먹었는데 아니 갑자기 이럴 수가 있나. 겁이 덜컹 났다. 계곡을 거닐면서 돌을 줍고 있는 박철암 대장에게 뛰어갔다. "대장님 큰일 났습니다. 영배가 고산병으로

캠프 1에서 캠프 2로 전진하다.

캠프1 뒤에 커다란 크래바스가 입을 벌리고 있다.

쓰러졌습니다". 대원들이 우르르 몰려와 환자를 천막에 눕히고 간
호를 하였으나 의식을 회복하기는 커녕 항문에서 배설물까지 나온
다. 시간이 흐를수록 혼수상태에서 헤어나지 못하자 당황한 박 대장
은 몰핀 주사를 최후의 수단으로 사용하겠다는 뜻을 비치면서 대원
들의 동의를 구하는 듯 했다. 그러나 무거운 침묵만 감돌 뿐 대답하
는 사람은 아무도 없었다.

　고산병으로 쓰러진 환자의 응급처치는 저지대로 빨리 하산시키
는 방법 외에는 아무런 약이 있을 수 없다. 오직 산소공급 뿐이다. 늦
은 밤에 환자를 업고 험난한 산길을 내려간다는 것은 불가능했다.
그래서 날이 샐 때까지 대원들이 뜬눈으로 밤새 간호하다 보니 고소
에서 사용할 산소가 바닥이 났다. 환자는 회복은 커녕 계속 의식불명
상태였다. 이튿날, 날이 새기가 무섭게 환자를 포터 등에 업혀 강호

기, 장문삼 대원을 앞세워 남체까지 후송했다. 무선국을 통해 카트만두 관광성에 헬리콥터를 요청했으나 기후 불순으로 비행기가 뜰 수 없다는 전문에 환자를 부둥켜안고 구름 낀 하늘만 쳐다보면서 원망할 따름이었다.

또 한 차례의 지겨운 밤을 보낸 이튿날 아침이었다. 밖에서 "와 와 —" 하는 원주민들의 환성소리에 놀라 눈을 비벼보았다. 어디선가 비행기 엔진소리가 들려오는 것 같았다. 너무나 지친 나머지 환청이라 생각하고 눈을 다시 감았다.

그 때였다. 문을 박차고 셰르파가 들어와 "바라사보 헬리콥터가 내려옵니다" 이 한 마디에 정신을 차려 밖으로 나가 하늘을 쳐다보니 구름 사이로 비행물체가 내려오지 않는가. "야! 이런 날씨에 헬리콥터가 오다니." 너무나 반가운 나머지 강 부대장은 조종사의 목을 감싸안고 울음을 터트리고 말았다. 그 후 권 대원은 키트만두의 유나이티드 미션 병원에 실려가 뇌수종이란 진단을 받고 무려 20일 동안 치료를 받았으나 의식이 회복되지 않았다.

권 대원은 40일간의 등반을 마치고 병문안을 간 우리들을 알아보기는 커녕 헛소리만 되풀이할 뿐이었다. 그 후 고산증세로 입원한 지 43일째 되는 날 한국으로 후송되어 치료를 받았으나 그 후로 약 1년간이나 후유증에 시달렸다. 이러한 불상사 때문에 잔류대원들의 사기는 극도로 저하되었다. 그러나 대원들은 고산병에 시달려 가면서도 무거운 발걸음을 재촉하지 않을 수 없었다. 로체 샬 빙하를 거슬러 올라간 지 하루만인 4월8일 본격적인 등반이 시작되는 베이스 캠프(5,300m)에 도착했다.

고도가 점점 높아짐에 따라 고산병으로 시달려온 어느 대원은 베이스의 첫날밤을 두통에 시달리다가 날이 밝기 무섭게 배낭을 챙겨 하산했으나 끝내 모습은 보이지 않았다. "도대체 고산병이 무엇이길래 대원들의 사기를 이렇게 찢어 놓다니." 하느님은 너무나 가혹한 시련을 우리에게 안겨 주는 것 같았다. 베이스 캠프에서 바라 본 로체 샬은 거의 수직에 가까운 암벽으로 솟구쳐 있어 보는 이로 하여 금 몸서리치게 싸늘함이 비쳤다.

라마교 의식에 따라 돌 제단을 만들어 긴 장대를 세워 그 꼭대기 중심으로 쵸타르라는 울긋불긋한 부적을 만국기처럼 사방에 걸고 향을 피운다. 안전한 산행과 성공을 위하여 두 손 모아 합장하고 난 후, 제주 뒤를 따라 제단을 돌면서 한줌의 쌀을 뿌리면서 "옴마니 밧 메홈" 이라고 주문을 외웠다.

왜! 산악인은 헤밍웨이의 킬리만자로의 한 마리 표범처럼 안일 한 생활을 마다하고 한푼의 보수도 없는 삭막하고 험난한 길을 왜 자 꾸 올라가야만 하는가? .

킬리만자로는 높이 19,710피트---.
눈에 뒤덮인 산으로 아프리카 대륙의 최고봉이라 한다.
이 봉우리에는 말라 얼어붙은 한 마리 표범의 시체가 있다.
도대체 그 높은 곳에서 표범은 무엇을 찾고 있었는지 ?
설명해 주는 사람은 아무도 없다.
인간이 그저 편하게 살려면 얼마든지 살 수 있다.
표범과 같이 강한 짐승이 눈으로 만년설 덮인
산봉우리까지 가지 않더라도
산밑에 먹을 것은 얼마든지 있을 것이다.
그럼에도 불구하고 왜 올라갔을까?

베이스 캠프의 첫 날 밤은 수줍어하는 새 각시를 반기는 듯 고요 한 밤에 밝은 달빛이 온 누리에 비쳤다. 흰 눈으로 소복 단장한 로체 샬을 바라보노라니 장엄하다 못해 신비에 가까운 거대한 암벽에 내 가 압도당하고 만다.

캠프 1에서 캠프 2로 눈길을 전진한다.

　천막을 밀치고 나와 손을 내밀면 별빛 하늘 아래 정상의 옷자락
이 손아귀에 잡힐 듯이 너무나 가깝게 느껴졌다.

　큰산을 처음 대한 나는 걷잡을 수 없는 감동과 주체할 수 없는 충
동에 휩싸였다.

　성운이 감도는 산 속 깊은 밤하늘 아래 산들만이 즐기는 고요에
온 몸을 적시고 빙하 따라 걷노라면 지금 내가 어느 곳에 있다는 것을
느낄 수 없는 환각과 이따금씩 들리는 눈사태 소리에 잠 설치는 밤,
살그머니 천막에서 빠져 나와 따뜻한 커피라도 마시고 싶은 충동이
인다. 기나긴 밤의 여운이 별빛 속에 흘러가면 이윽고 동쪽 하늘에는

먼동이 트고 새벽의 찬란한 여명은 차디찬 빙하 위로 어김없이 찾아온다.

베이스 캠프를 설치한지 일주일만인 4월15일 로체 샬 빙하를 건너 커다란 입을 벌이고 있는 크레바스 바로 밑에 캠프1(5,700m)을 설치했다.

고산병 환자후송차 카트만두에 갔던 강호기, 장문삼 대원도 돌아와 점점 활기를 되찾아 휙스 로프 따라 장비와 식량이 전진 캠프로 보급되기 시작했다. 오전에는 맑았던 날씨가 정오가 되면서 저 아래에서부터 구름이 밀려왔다. 곧 진눈깨비가 내리기 시작한다. 휙스 로프가 밤 사이에 얼어붙는 바람에 아침의 물자 수송에 많은 애를 먹었다. 당시는 유마르(Jumar)가 없어 자일에 캐러비너를 통과시켜 올라가다 보면 자일을 잡은 손이 미끄러져 눈에 나가떨어지기도 했다.

거대한 공용의 허리 같은 능선을 오르다 보면 짙은 가스가 시야를 가려 되돌아오는 경우도 허다하다. 때로는 휘몰아치는 회오리 돌풍이 전진을 가로막으면 바위 틈바구니로 피신하여 돌풍이 멈출 때까지 아노락 캡의 끈을 졸라매면서 장갑 벗은 두 손을 '호호' 불어가면서 떨기도 했다.

4월22일에는 독수리 둥지처럼 생긴 설면의 돌출부에 캠프2를 설치했다. 이 지역은 요새와 같아 눈사태의 부담을 줄이기에 적합했다. 반면에 사방은 경사가 워낙 급해 수송물자를 데포(Depot)할 수 없이 공간이 좁아 천막 안에 쌓아 놓았다. 그래서 천막 안은 너무나 지저분하고 좁았다. 고린내 나는 양말이 눈 앞에 널려 있어도 고소때문에 감히 치울 생각을 하지 못한 이 게으름뱅이 생활은 고도가 높아질수록 심해지는 듯 했다.

밖에는 폭풍설이 몰아치지만 천막문의 지퍼만 올리면 괴로웠던 모든 순간이 사라져 버리는 캠프2는 우리들에게 더 말할 나위 없는

230

보금자리였다. 회색 빛 하늘이 어김없이 찾아오면 싸락눈이 천막을 두드린다. 그 날 하루는 공치는 날이 되고 만다. 이러한 기후조건이 계속되면 꼼짝없이 천막에 갇혀 날씨가 좋아질 때까지 며칠씩 침낭에 파묻혀 무료함을 달래야하는 것이 가장 큰 고역이었다. 때로는 책을 뒤적이다 편지를 쓰는 것도 잠시 뿐 싸락눈과 함께 찾아오는 고독은 달랠 길 없었다.

음악이라도 듣기 위해 머리 맡에 있는 카세트를 찾아 틀어 보았다. 감미로운 음악이 생물체라고는 찾아볼 수 없는 황막한 설원에 울려 퍼진다. 멜로디에 맞춰 몸을 흔들어 보았으나 숨만 가빠올 뿐 별다른 흥이 나지 않았다.

또 한 번의 진한 커피로 고독을 달래는데 카세트에서는 애국가가 흘러나왔다. 이국만리 깊은 산 속에서 들은 탓인지 숙연한 마음이 들어 스위치를 끄려는 순간 이었다. "총각은 절대 듣지 마세요" 라는 짓궂은 목소리가 호기심을 불러 일으켰다. 나는 카세트의 볼륨을 올렸다. 남녀의 야릇한 목소리가 떨릴 듯 사랑을 속삭인다. 침을 삼키면서 귀를 기울이니 아니나 다를까 곧 이어 사랑에 울부짖는 섹스 음향이 혼자 남아 있는 천막을 뒤흔든다. 어느 산 친구가 우리들 몰래 녹음하여 보낸 것은 틀림없으나 장난치곤 너무 야하기도 하고 심한 것 같기도 하다. 높은 산이 주는 고독은 되씹어 버릴 수 있지만, 아랫도리가 뿌듯해지는 것만은 견디어 내기가 어려운 것을 알겠다.

히말라야에서는 때로는 무서운 고독과 싸워야만 한다. 이 고독은 회색 빛 하늘 아래 눈 내리는 날이면 어김없이 바람소리와 더불어 찾아온다.

캠프 3으로 가는 길은 너무나 험한 설사면으로 이루어져 있다. 한 걸음 내디딜 때마다 산소 부족에서 오는 신장의 고동소리가 들린다. 얼어붙은 휙스 로프를 더듬다 보면 발판이 무너져 온 몸에 힘이 빠진다. 슬립에서 벗어나기 위해 두 손은 안간힘을 다해 휙스 로프를 움켜잡고 버틴다.

이 때는 모든 것을 뿌리치고 눈 속에 풀썩 주저앉고 싶은 충동을 느낀다. 그럴 때마다 피켈에 체중을 의지하여 가쁜 숨을 몰아쉬면서 피로를 달래야 한다. 이 순간에 내가 살아 움직이고 있다는 사실을 내 세울 수 있는 것은 허공을 향해 "헉헉" 내뿜는 따뜻한 입김뿐이다. 산사나이들은 이 순간적인 유혹의 손길에서 벗어나는 자 만이 정상과 더 가까워 질 수 있다는 엄연한 사실을 나는 누구보다도 잘 알고 있다.

오후가 되면 어김없이 찾아오는 바람을 동반한 눈보라가 앞을 가로막아 한 걸음도 전진 할 수 없어 되돌아서는 경우가 허다했다. 셰르파들이 등반을 마치고 고정자일을 잡고 내려서면 많은 눈덩이가 아래로 떨어진다. 눈덩어리가 일명 독수리 둥지에 쳐놓은 천막 양쪽으로 갈라 떨어져서 캠프2는 눈사태의 영향권에서 벗어날 수 있다. 간 혹 못난 눈덩어리가 길을 잃고 한 두 개씩 천막을 두드리면 틀림없이 사람이 내려오고 있다는 것을 알 수 있다.

고도가 점점 상승하면 혹독한 추위를 피부로 느낀다. 천막 안에 걸쳐놓은 젖은 장갑이 얼어붙어 있다. 입김으로 형성된 성에가 천막 내피에 하얗게 달라붙어, 바람이 천막을 두드릴 때마다 눈가루로 쏟아진다.

5월3일 캠프3(6,700m)지점 경사 50도～60도의 급사면에 한 시간 동안 눈을 깎아 겨우 천막 한 동을 설치했다. 강한 바람이 불면 곧 날아갈 것 같은 불안감을 지울 수 없다. 그래서 천막을 설치할 때, 스노 앵커(Snow Anchor)를 사용했고 자일로 천막 양쪽 공기통을 통과시킨 다음 고정시켜 눈사태에 대한 대비에 소홀하지 않았다.

모진 추위 속에서도 새벽은 밝아온다. 천막이 울부짖으며 곧 찢어질 것 같은 강한 바람소리에 놀라 눈을 떴다. 아직 따뜻한 체온이 남아 있는 오리 털 침낭에서 빠져 나오려 할 때가 가장 괴롭다. 그러나 오늘따라 웬일인지 꼼짝하기 싫은 새벽이다. 이제 일어나야 한다는 생각으로 몸을 뒤척이는 순간에 눈사태가 천막을 덮쳤다. "눈사태다!" 라고 외치면서 옆에 잠들고 있는 강 부대장을 발로 찼 다. 그리고 침낭에서 빠져 나오려고 했으나 이미 때는 늦었다. 무거운 눈의 중력이 천막을 짓눌러 버렸기 때문에 움직일 수 없었다. '아── 이제 죽는구나' 라는 생각이 뇌리를 스쳤다. 몸을 좌우로 돌리려고 몸부림쳤으나 꼼짝할 수 없었다.

시시각각으로 다가오는 죽음의 현실을 앞두고, 필사적인 탈출을 시도하였으나 점점 눈의 중력이 천막을 죄여 올 따름이다. 안간힘을 다해 누운 자세에서 발버둥치며 몸을 돌려 엎드린 자세가 되니 침낭에서 몸이 빠져 나올 것 같았다. 두 손을 더듬어 출입문의 매듭을 찾아 당기자 문이 열리면서 눈이 밀려 들어왔다. 오직 살아야겠다는 일념으로 두 손으로 두더지처럼 눈을 피헤쳤다. 맨손인데도 손이 시린 줄도 몰랐다.

얼마의 시간이 흘렀는지 모른다. 눈구멍 속에 확 트인 시야 저 건너 파란 하늘이 보였다. 이른 아침 햇살이 눈을 부시게 하고 차가운 바람은 얼굴을 덮쳐 흐릿한 정신을 일깨워 주었다. 주위를 살펴보니 설면에 튀어나온 눈삽이 눈에 띄었다. 잠자리에서 당한 눈사태라 아무 것도 없이 맨발로 오직 눈삽을 의지한 스텝 커팅 (Step Cutting)으로 10미터 쯤 내려왔다.

설동과 같은 크레바스 속에 아무 것도 모른 채 잠들어 있는 셰르파들을 흔들어 깨웠다. 살았다는 현실보다 죽음의 대한 공포가 머리를 죄어왔다. 쌍게가 끓여온 차를 마시니 마음이 조금 안정되는 듯 했다.

내 모습을 셰르파가 긴네주는 고글에 비쳐보니 처량하기 짝이 없다. 무성히 자란 턱수염에다 얼굴에는 태양의 강한 자외선을 받아 피부가 타다 못해 벗겨져 있었다. 이제는 아무 것도 가진 것 없어 한 발자국도 움직일 수 없는 몸이 되고 말았다.

셰르파들을 시켜 천막 속에 파묻혀 있는 장비를 가져오게 했다. 천만다행인 것은 엊그제 스노우 앵커를 이용하여 천막을 견고하게 쳐놓지 않았더라면 눈사태로 천막에 갇힌 채, 수천 미터의 낭떠러지로 굴러 버렸을 것이다. 정말 위험 천만한 일이었다. 아침식사를 마친 셰르파들이 눈사태로 파묻힌 캠프로 올라가 눈을 파내어 장비를 회수하여 되돌려 주면서 히죽 웃는다.

고도가 점점 높아짐에 따라 뒤따라야 할 물자수송이 되지 않아 어려움을 느꼈다. 고도순응 차 베이스 캠프에 내려갔던 최수남 대원도 올라와 좁은 천막에서 세 사람이 지내야했다. 고소증세는 사라졌으나 그 대신 식욕이 왕성한 강 부대장은 눈에 보이는 것을 가리지 않고 먹어 치웠다. 이에 따른 식량보급이 원활치 않아 등반속도가 떨어졌다.

그뿐만 아니라 고정자일이 바닥이 나, 더 이상의 등반이 불가능했다. 아래 캠프에 내려가 픽스 로프를 회수하여 사용하는 도리밖에 없었다.

더 올라가고 싶은 생각은 간절했으나 장비와 식량 부족으로 한계에 도달했다는 것을 느꼈다. 몬순까지 일찍 다가오는지 악천후까지 겹쳐 온 종일 내리는 눈발과 함께 로체 샬은 점점 높아지고 있었다. 이제는 스스로 물러서는 것이 현명할 것 같았다.

눈사태로 입은 손가락의 동상을 이유로 내세워 내려가기로 작정했다. 그러나 강 부대장에게서는 아래에 설치해 놓은 픽스 로프를 걷어왔으면 하는 눈치가 역력했다.

베이스 캠프를 떠난 후 처음으로 내려서는 무거운 마음이었다. 로체 샬 정상을 몇 번이나 되돌아 봤다. '내 첫사랑의 로체 샬이여 다시 찾아오마' 라고 마음속으로 다짐하면서 캠프3을 떠나 캠프1에 도착했다.

여기서 식량공급을 담당했던 김인길 씨가 반가이 맞이해 주었다. 두 사람이 아래에 설치한 휙스 로프를 회수하여 셰르파를 시켜 올려 보내고 나니 마음이 한결 가벼워졌다. 두 사람은 철수할 때까지 여기에 남아 있기로 했다.

그 날 저녁 베이스 캠프의 박 대장으로부터 김정섭 제1차 마나슬루 원정대의 김기섭 대원이 조난 당했다는 비보를 셰르파가 라디오를 통해 전해 듣고 무전기로 알려줬다. 한국에서 우리와 함께 8천 미터를 처음으로 겨냥한 원정대인데 이런 비보로 날아오다니. 용감한 삼형제의 마나슬루 비극은 여기서부터 시작되었다고 본다. 우리 둘은 천막에서 빠져 나와 마나슬루 방향으로 머리 숙여 묵념을 올렸다. '산이 좋아 이국만리에서 만년설의 제물이 된 그대여 편히 잠드소서' 눈감아 명복을 빌면서 불운의 낭가 파르바트의 비극을 생각해 보았다.

집념의 산 낭가 파르바트

히말라야 등반에서 가장 극적인 파란과 비극을 되풀이한 산은 낭가 파르바트(Nanga Parbat)이다.

독일대가 일곱 번 끈질긴 도전 끝에 31명의 용자를 눈 속에 묻고 등정된 산으로 용감한 셰르파들도 이 산을 꺼린다.

에베레스트가 영국민의 운명의 산이라면 이 산은 독일국민의 산이라고 할까. 이 산에 인간이 처음 도전한 것은 1895년 영국의 유명한 등산가 머메리였다. 그는 처음 남면 빙하를 무모하게 오르려고 시도했으나 이 거대한 빙벽은 인간의 강철같은 투지만으로 어림없었다.

다시 서면 루트를 택한 머메리는 천신만고 끝에 2명의 쿠르카병과 함께 6,100미터 지점까지 올라갔으나 더 이상 난관을 뚫기는 역부족이었다. 식량이 떨어진데다 셰르파마저 고산병에 시달려 다시 북면루트로 눈을 돌렸다.

그는 2명의 대원과 포터들을 내려보내 산을 우회해서 북면으로 오도록 하고 자신은 우수한 쿠르카병 2명과 함께 능선을 따라 안부 디아마 콜을 넘기로 했다. 이것이 머메리가 남긴 마지막 종적이다.

그들은 과연 어디서 그 용감한 생애를 다했는지───. 이것이 등산가로서 히말라야 등반에 바친 첫 희생자였다.

이로부터 37년 후 1차대전이 끝나자 낭가 파르바트는 다시 독일등반대가 몰리기 시작했다.

1932년 1차의 공격을 몬순 기후 때문에 실패한 독일의 빌리 멜클(Willey Merkle)대는 1934년 다시 강력한 등반대를 조직하고 재공격을 시도했다.

8명의 베테랑 대원, 과학반, 연락 수송담당관 등 13명과 5백명의 포터 및 셰르파로 구성되었지만 비극을 예고하는 듯 캐러밴중에 대원 드렛셀이 신병 악화로 숨졌다.

7월6일 일행은 7,480미터에 캠프8(전진캠프)를 설치하고 정상을 눈 앞에 두는데 성공했다. 정상까지는 4, 5시간만 걸리면 충분할 것 같았다.

누구도 성공을 믿어 의심치 않았다. 그러나 비극이 이때부터 찾아올 줄이야 밤부터 무서운 폭풍설이 몰아닥쳤다. 다음 날도 그 다음날도 계속된다. 도저히 더 이상 배겨낼 수 없다는 판단 하에 철수명령이 내려졌다.

대원 슈나이더와 앗센 부렌너가 셰르파 3명을 데리고 후퇴했다. 무서운 폭풍설로 한치 앞도 보이지 않았다. 제7캠프까지 내려왔을 때 셰르파 3명은 낙오됐다. 그날 하룻밤을 눈구덩이 속에서 새웠다. 다음날도 종일 폭풍설과 싸우며 눈 속에서 지냈다.

7월10일 3명이 라키오트 피크를 넘을 때 4명의 후발대 셰르파

하룻밤 사이에 노인이 되어 돌아온 헤르만 불

와 만났다. 그들은 모두 기진맥진했다. 급사면을 내려올 때 니마 돌
제와 니마 다시가 쓰러졌다. 제5캠프에 도착 직전 핀쓰오 놀브가 절
명했다. 위기의 연속이었다.

4명의 대원과 8명의 셰르파로 된 후발대도 마찬가지, 12명이 슬
리핑백은 3개 뿐이었다. 첫날은 셰르파 니마 놀브가 얼어죽었다. 빌
리 브란트도 제7캠프 30미터 전방 눈 속에 쓰러졌다. 산릉 위에 남았
던 셰르파와 다그시 대원과 벨첸바흐도 차례로 숨졌다. 동료가 속속
숨져 가는 것을 지켜보는 안타까움 생명과의 전쟁에서 살아남은 자
에게 남은 것은 오직 처절뿐이었다.

14일 아침 제7캠프에 남은 사람은 대장 멜클과 셰르파 안 체링

케렉 등 3명뿐, 용감한 안 체링은 대장에게 구원대를 요청하러 가겠다고 자청했다. 인간의 능력으론 상상조차 못할 필사의 투쟁 끝에 안 체링은 동료를 살려야겠다는 신념만으로 그 날 밤 제3캠프에 굴러 들어갔다. 제4캠프에선 모두 조난 당했을 것으로 믿었다가 유령같이 나타난 안 체링의 소식으로 두 사람이 아직 살았다는 것을 알았다.

곧 구원대를 파견했으나 불가항력이었다. 위에 남은 멜클과 케렉은 마지막 힘을 짜내 모오렌 코프 암벽까지 도달했다. 그리고 그곳에서 잠시 쉬는 것으로 그들은 영원한 잠에 빠져 버린 것이다. 멜클이 말했듯이 "산속 넓은 하늘 아래서 새워본 밤은 아무튼 말할 수 없는 마음이었고 로맨틱한 것이었다" 라는 말이 죽음으로 되돌아 올 줄이야. 이렇게 하여 13명의 대원중 9명의 목숨을 앗기고 독일대의 2차공격은 완전히 실패로 끝났다. 이때 셰르파 케렉의 희생정신은 히말라야 등반사상 미담으로 남게 되었다. 자기는 충분히 살수 있음에도 주인과 함께 생명을 같이한 것이 전해졌기 때문이다. 낭가 파르바트에 멜클과 함께 두 차례에 걸쳐 참가한 웨드 마휄은 '등산자의 조난' 에 대해서 '어떠한 동기나 이유에는 변명의 여지는 있겠지만 산에서 일어난 조난사고는 등산자의 패배의 자인으로 그칠수 있다' 라고 말했다.

1895년 머메리가 처음 길을 열기 시작하여 1932년, 1937년의 값비싼 대가를 치루고 드디어 1953년 7월 3일 오후 3시 불세출의 거인 헤르만 불이 단독으로 정상에 우뚝 서지만 사경으로 밤을 지새우고 내려온 극한 드라마가 연출되었다.

이렇게 산에서의 조난은 예측할 수 없다는 생각으로 천막에 들어와 가스 버너를 피워 눈을 녹여 저녁준비를 하고 있는데 갑자기 눈이 시려왔다. 원인도 모른 채 "김형 갑자기 눈이 몹시 매운데 밖에 나가 버너를 피웠으면 좋겠어" 라고 말한 뒤 천막에 들어와 누워보니 눈물과 함께 눈이 아파오기 시작했다. 원인을 생각해 보니 눈사태를 당했을 때 천막에서 맨몸으로 고글(Goggle)없이 탈출하여 강한 아침햇살에 눈이 노출되었기 때문이다. 또한 고정 자일을 회수할 때 눈보라가 고글에 달라붙는 바람에 안경을 벗고 작업했는데 그 영향으로 설맹(雪盲)에 걸린 것이 틀림없었다.

밤새도록 통증으로 두 눈을 감싸안고 울부짖다가 새벽녘에 가서야 겨우 통증이 멈추어 잠자리에 들 수 있었다. 이튿날 베이스 캠프를 지키고 있던 박 대장이 예년보다 몬순이 일찍 닥쳐온다는 라디오의 통보를 전 캠프에 알려 주었다. 이 때부터 셰르파들이 동상을 호소하면서 등반을 중지하고 내려오는 경우가 많았다.

8천 미터라는 인간 한계의 벽을 무너뜨리겠다는 무서운 집념 아래 최수남 대원은 5월10일 7,800미터 지점에 캠프4를 설치하고 이틀을 묵은 후, 셰르파 쌍게와 함께 가파른 설벽을 기어올라 오후2시 30분 로체의 주 능선인 프라토우 하단부에 도착했다.

그 곳에서 1965년 일본대, 1970년 오스트리아대가 설치한 것으로 보이는 고정 자일을 이용하여 수직 150미터 되는 암벽을 통과하여 로체의 주 능선인 설사면에 도착하니 저 멀리 PK 38봉이 아련히 보였고 로체 샬 정상에 오르자면 캠프 1개를 더 설치해야만 가능하다는 것을 느꼈다.

더 이상의 발걸음은 만용에 불과하다는 판단을 내리고 패배의 쓰라림을 가슴에 안고 하산을 서둘러야만 했다. 강인한 체력의 소유자인 최수남 대원은 한국인 최초로 8천 미터의 벽을 허물고 내려왔으나 아깝게도 1976년 2월16일 설악산에서 에베레스트 원정 훈련등반 도중 눈사태로 참변을 당하고 말았다. 그는 그 불행한 사고가 없었더라면 1977년 한국에베레스트 원정대에 참가하여 틀림없이 정상에 올라섰을 등반이론과 경험이 풍부한 알피니스드었다.

마나슬루의 혼

히말라야 자이언트 급 14개 봉우리 가운데 8번째로 높은 마나슬루(8,156m)는 1956년 일본산악회 마키아리즈네(愼有恒) 대장에 의해 초등하여 일본 등반사상 최고의 금자탑을 이뤘다.

영국의 에베레스트(8,848m), 독일의 낭가 파르바트(8,126m)와 함께 마나슬루 또한 그 나라의 국운을 걸고 수 차례 걸쳐 도전하였으나 실패한 경력이 있는 운명의 산이라고 할 수 있다.

당시 한국인으로서 처음으로 8천미터 자이언트봉에 도전한 팀은 앞에서 밝힌바 같이 1971년 대한산악연맹의 로체 샬(8,383m)과 김정섭대의 마나슬루(8,156m)였으나 두 팀 모두 실패를 하고 말았다.

특히 김정섭 대장은 1971년부터 3차에 걸쳐 도전을 계속했으나 모두 16명의 고귀한 생명을 희생시키고 말았다. 그러다가 1980년 4월28일 동국대학교 산악회 이인정 대장, 서동환 대원에 의해 등정되었다.

한국 히말라야 등반사를 더듬어 보면 당시에는 선진국에 비교할 바는 못되지만 1962년 경희대학교 박철암 대장이 이끄는 다울라기리 II봉과 김정섭 대장이 지휘하는 츄렌히말(7,371m)봉을 김호섭씨가 초등하여 귀국한 후 전국 순회 강연 및 사진전으로 산에 다녔다 하면 그 이름 석자를 모르는 사람이 없을 정도로 인기 절정이었다. 그 후 일본 시즈오카(靜岡)대학산악회가 등반하고 난 후부터 등정

여부에 대해 논란의 대상이 되기도 했다.

뭇 산악인들의 선망의 대상이었고 때로는 질시를 한 몸에 받아 오던 김대장은 누가 무어라 해도 히말라야의 개척자로 그야말로 헌신하였고 두 동생까지 희생의 제물로 마나슬루(8,156m)에 바쳤으니 한국산악운동을 히말라야 쪽으로 눈을 돌리게 한 선구자로서 평가해야 함은 너무나 당연할 것이다.

요즈음처럼 여행 자유화 시대를 맞이하여 많은 산악인들이 세계의 산을 오르고 있지만 그 당시 경제적인 여건으로 볼 때 해외 원정등반은 선택된 극소수의 사람들만이 나서는 그림의 떡이었다.

그 때만 해도 산악운동의 선구자는 산악운동의 보급에만 전념했을 뿐 고산등반에 대해서는 무관심했던 것은 사실이다. 이러한 현실을 벗어난 수 십 년이 지난 지금은 어떠한가? 8천미터 고봉을 등정한 영광자가 계속 탄생하고 있다. 이러한 현실을 비춰볼 때 히말라야의 등반에 앞장섰던 박철암 교수와 김정섭 씨의 개척정신은 큰산을 지향하는 신세대들이 잊어서는 결코 안된다.

츄렌히말 등반에서 영광을 안고 돌아온 김정섭 씨는 그 여세를 몰아 1971년 프레몬순 시즌에 마나슬루 원정대를 조직, 등반을 시도했다. 그러나 아깝게도 김기섭 대원이 정상공격을 앞두고 돌풍에 휘말려 크레바스에 추락, 실종되었으니 마나슬루의 비극은 여기서부터 시작되었다.

대한산악연맹의 로체 샬도 실패로 끝 난 1971년 가을이었다. 대구산악연맹의 주최하는 팔공산악제에 마나슬루에서 조난당한 고 김기섭 씨가 특별공로상 수상자로 선정되어 형인 김정섭 씨가 식장에 왔다. 그 날 저녁 팔공산 수숫골에 캠프를 치고 저녁을 나누면서 히말라야 능반에 대해 많은 이야기를 나눴다.

"1차 마나슬루 등반에서 실종한 동생의 유해를 크레바스에서 건져내어 시신을 고국으로 운구하여 피맺힌 동생의 원한을 풀어주려고 제2차 마나슬루 등반을 추진 중 대원으로 참가해 달라는 부탁이었다. 아울러 지방에도 등반 능력이 우수한 산악인이 많은 것으로 알고 있으니 부산 쪽에서도 한 사람을 추천해 달라는 부탁도 잊지 않았다.

며칠 지난 후 청봉산악회 김부갑 회장을 만나러 부산에 내려갔다. 역에 마중 나온 사람은 송준행 씨(부산연맹 총무이사)였다. 그날 저녁 세 사람은 송도해수욕장 방파제 횟집에서 차가운 겨울 바람을 맞아가면서 소주잔을 기울였다. 그토록 갈망했던 히말라야 등반의 기회가 찾아왔다는 송 형의 들뜬 표정을 엿보였다. 결국 그 날 밤은 술이 취해 김 회장 집으로 자리를 옮겨 밤을 새웠다. 그 후 서울 무교동에 있는 김정섭 씨 사무실에 몇 차례 들러 일본으로 등산화를 주문하고 여권서류를 갖추는 등 시간가는 줄 모르고 지냈다.

1971년 연말, 대구에서 유일한 여성 산악단체의 최동원 회장으로부터 연락이 왔다. 내용인즉 '마나슬루 등반에 참가한다는 소식을 알고 있다. 축하한다' 는 말까지 잊지 않았다. 청산회에서 매년 실시하는 1972년 산악인 신년 교례회에 송별의 자리도 따로 마련했으니 꼭 참석해 달라는 부탁이었다.

행사를 하루 앞 둔 그 날 아침이었다. 본 연맹 이사장인 영신고등학교 박우진 교장으로 부터 전화가 걸려 왔다. 오늘 급히 만나자는 내용이었다. '도대체 무슨 일일까?' 하고 별로 대수롭게 생각하지 않았다.

그 날 저녁이었다. 박 교장이 자주 드나드는 단골 카페에 마주앉게 되었다. 담배 한 개피를 물고 긴 연기를 내뿜으면서 조심스럽게 말을 끄집어냈다. "김정섭 씨가 XXX의 돈으로 마나슬루 원정을 추진중이다" 라는 말에 너무나 당황한 나머지 "도대체 어디서 흘러나온 이야기입니까" 되물어 보았다. 대답하기가 거북한 듯 한참 머뭇거리다가 "서울의 모 TV방송사에서 흘러나온 이야기다" 라고 일

러줬다. "만약에 마나슬루에 간다면 등반보다 신변의 안전이 염려된다" 라는 말까지 잊지 않았다.

갑작스러운 이 한마디는 너무나 충격적이어서 도저히 수긍할 수 없었다. 그렇다고 당장 입장을 표명할 수 없는 형편이라 "생각할 여유를 달라" 라는 말을 남기고 그 자리를 빠져 나왔다. 결국 다음 날 저녁에 청산회의 신년 교례회에 참석하지 않았다.

그 날 저녁 답답한 마음을 달래길 없어 왕골산악회원(심한석, 차재우)들과 어울려 수성들에 있는 포장마차 순례를 시작했다. 이집 저집 드나들다 보니 나중에는 몸을 가누지 못할 정도로 취해 버렸다. 결국 그 날 밤은 집으로 돌아가지 못하고 후배들과 함께 수성관광호텔에 투숙하게 되었다.

이른 새벽에 숙취로 인한 갈증을 해소하기 위해 머리맡에 있는 주전자를 더듬어 보았다 이미 물은 바닥난 상태다. 겨우 몸을 일으켜 화장실에 들어가 수도꼭지에 입을 대고 물을 삼켰다. 두통과 가슴이 너무나 답답한 나머지 겨울의 창문을 열어 제쳐보았다.

어디서 날아왔는지 수많은 까마귀떼가 숲속 나뭇가지에 앉아 모두 다 나를 쳐다보면서 "까악까악" 하면서 기분 나쁘게 울부짖고 있었다.

1971년 로체 샬 원정 때 고산병으로 쓰러져 카트만두 병원에 입원한 권영배 씨를 찾아갔을 때 병실 창문을 통해 본 수많은 까마귀떼가 연상되어 무언가 불길한 징조를 암시해 주는 듯 했다.

지나간 옛일은 빨리 잊어버리는가 보다. 더 높은 산에 대한 욕망은 한껏 부푼 욕심에 불과했다. '에델바이스' 라는 등산장비점 운영에 전념해 보았으나 외상 장부에 산꾼들의 이름만 늘어날 뿐, 가게를 정리하고 머리도 식힐 겸 서울로 올라갔다.

태평로에 위치한 대한산악연맹 사무실에 들러 강호기 씨를 만나 커피를 마시면서 잡담을 즐겼다. TV 정규방송의 화면에 속보가 갑자기 흘러나왔다.

'마나슬루 등반대 눈사태로 15명 참변' 청천 벽력같은 뉴스를 듣는 순간 머리가 쭈뼛 서고 가슴이 답답해진다. '아니 이럴 수가 있나' 내 눈을 의심할 수밖에 없었다. 히말라야 등반사상 두 번째로 큰 눈사태로 인한 조난사고였다.

첫 조난 사고는, 1937년 카를 빈(Karl Wien) 박사가 인솔하는 독일 낭가 파르바트 원정대가 제4캠프 부근에서 발생한 눈사태로 대장을 포함해 7명의 대원과 셰르파 9명 전원이 사고당한 비극이다.

그들은 카를 빈을 대장으로 8명의 강력한 등반대를 조직해 6월 7일 제4캠프를 설치했었다. 그리고 6월14일부터 15일 밤사이에 히말라야를 등반사상 최대의 비극이 이곳에서 일어난 것이다.

라키오트 빙벽 사이에서 떨어진 거대한 눈사태는 순식간에 캠프4를 덮쳐버렸다.

7명의 대원과 9명의 셰르파 등 16명이 한사람도 살아남지 못한 것이다. 이것이 발견된 것은 3일 후인 18일 의사 루후트가 베이스 캠프에서 올라와보니 캠프 자리에는 흰 설원만 펼쳐있을 뿐, 길이400미터 폭150미터나 되는 거대한 눈사태의 잔재만 어지러이 흩어져 있었던 것이다. 이 비보는 즉각 독일로 날아가 수색대를 공수해 왔다. 한달 후인 7월15일부터 발굴작업이 시작됐다.

유해는 모두 슬리핑백 속에서 평화스럽게 잠들고 있는 듯했다. 공포의 흔적은 추호도 없었다. 죽은 자의 팔목시계는 12시20분을 가리킨 채 멈춰 있었다.

화면에는 조난자의 이름이 흘러나온다. 송준행, 김호섭, 오세근, 박창희, 일본사진작가 야스히사 가즈나리(安久一成) 등 5명과 더불어 셰르파 린지 왕겔 등 10여명의 명단이 숨가쁘게 화면을 지나간다. 분명히 내가 추천한 부산의 산사나이 송준행 그 이름 석자가 선명했고, 내 눈이 곧 흐릿해졌다.

마나슬루에 같이 가자 해 놓고 전화 한 통으로 "나는 못 간다"라고 슬쩍 빠져버린 나를 원망하면서 밀려온 눈더미에 묻혀 숨막히는 죽음의 고통 속에 나를 얼마나 원망했을까.

'산이 좋아 산에 올랐다가 만년설에 묻힌 그대들이여. 흰 눈이 내리는 날, 잿빛 하늘을 쳐다보면 눈발 따라 올라간 당신 생각에 잠깁니다'.

다방 구석에 앉아 식어 버린 커피잔을 바라보면서 등산가의 죽음을 숙명으로 받아들이는 독일 작곡가 멘델스존 말이 떠오른다.

"나의 죽음에 음악의 반주를 곁들어 준다면 장송곡보다는 봄의 노래를 불러 주었으면 한다. 푸른 코트와 완장 대신 삼페인을 터트려 준데도 나쁘지 않다".

히말라야에서 눈사태로 인한 희생은 어쩔 수 없나 보다. 그것은 비켜 갈 수 없는 것이 산악인들의 숙명인기. 그 죽음은 누가 강요한 길이 아니고 스스로 선택했을 따름이다. 그 죽음은 빙하 위에 세워진 케른과 같이 평범하게 생각하는지 모른다.

한국 마나슬루 2차 원정대는 1차원정 때 김기섭 대원이 돌풍에 휘말려 첫 희생이 된 유해를 찾고 이번 만큼은 우리가 정복한다는 굳은 신념으로 1972년 김정섭 총대장으로 12명이 그 전 해의 쓰라린 조난 경험을 뼈저리게 느끼며 그 유해도 찾을겸 현지로 떠났다.

2월28일 셰르파, 포터 등 305명을 고용하고 트리스바에서 캐러밴을 시작 4월7일 고도 7천2백50미터 지점에 캠프4를 설치하는데 성공했다. 마의 4월10일 운명의 시간은 새벽 3시10분쯤 찾아왔다.

전날밤부터 거세진 날씨는 폭설과 굉음으로 귀를 찢을 듯, 순간 "우르릉 꽝" 하는 폭음과 함께 수 만톤의 눈사태는 계곡을 부수면서 6,500미터지짐에 실치한 갬프3의 친막을 덮쳤다.

캠프3에는 18명의 대원과 셰르파가 함께 있었는데 모든 것이 순식간에 사라져버렸다. 이때 살아남은 사람은 김예섭씨와 셰르파 앙

246

1972.2.1 마나슬루 한국 등반대 마지막 결단식. 좌로부터 김정섭, 김호섭, 서충길, 오세근, 박창희, 김예섭, 최석모, 연응모, 송준행, 구신회 (전민조 저, 「그때 그 사진 한 장」 눈빛 출판사)

리다와 다와 옹추 등 3명뿐이었다. 김씨는 1,100미터를 떠밀려 내려와 5,400미터 지점에서 구조됐고, 셰르파 두명 역시 눈사태에 떠밀리고 난 후 설원을 30시간 헤맨 끝에 12일 새벽 김 대장에게 이 비보를 전하고 기절해 버렸다.

당시 캠프2에 있던 서충길 대원의 일기에는 4월10일 캠프2를 덮쳐 날릴 것 같은 폭풍설로 시계는 전혀 보이지 않았다한다. 눈사태의 위험이 있었으나 종일 눈보라 때문에 천막 이동이 불가능했다. 캠프3대원은 어찌됐을까? 걱정이 되었으나 무전조차 들리지 않는다고 적혀 있었다. 바로 이 시각에 캠프3은 눈사태에 휩쓸린 것이다. 다음은 셰르파 앙 리다의 이야기이다.

"그날 나는 캠프3에서 천막의 제설작업을 하고 있었다. 두 번째의 천막 제설작업을 막 끝낼 순간 돌연 산이 무너지는 듯한 엄청난 굉음과 함께 덮쳐온 눈사태로 캠프3은 순식간에 사라졌다. 다행히 나는 1백미터정도 날려갔으나 무사했다.

60미터정도 날려 떨어진 다운 쥬와 둘만 남았다. 눈사태의 천둥 같은 소리가 종일 귀에 울려 살아있는 기분이 아니었다".

그 당시 캠프2에 있던 김 대장은 이 급보를 듣고 곧 수색대를 편성 캠프3으로 올려보냈으나 수색은 절망적이었다. 대원 1명과 셰르파 3명만 남고 전원 캠프1로 철수시켰다.

이때 캠프2에서 바라보는 사고현장은 산 모습마저 바뀌었고 흰 설원만 침묵을 지킬 뿐. 바로 그때 고지대에 민감한 셰르파가 먼저 캠프2보다 훨씬 아래 지점에서 움직이는 점을 발견했다 쌍안경으로 확인한 결과 사람이었다.

곧 구조대를 내려보내 기적적으로 살아있는 김정섭 대장의 동생 김예섭 씨를 발견 구출했다. 그 지점은 고도 5,400미터의 빙하 위였다. 구출된 김 씨는 당시의 상황을 이렇게 전한다.

"새벽 3시 조금 지나 셰르파 2명의 눈 쓰는 소리에 잠을 깨 용변을 봤다. 다시 침낭으로 들어갈려는 순간 천막은 날리고 눈사태가 덮쳤다. 얼마나 눈과 함께 뒹굴었을까? 같은 천막에 있던 야스히사와 나는 곧 눈 위로 뛰쳐나왔으나 카메라 맨 박창희 씨는 허리뼈를 다친 듯 침낭에서 꼼짝도 못했다. 야스히사도 코피를 흘리며 오른팔을 못 썼다.

셋이서 진통제를 먹었다. 움직이지 못하는 박 씨 때문에 둘은 형편없이 찌그러진 천막을 찾아 바로 세우고 박 씨를 편히 뉘었다. 눈보라는 계속됐고 고도계는 5,700미터를 가르키고 있었다. 약 1시간30분이 지났을까 제2의 눈사태가 덮쳤다. 몇 백 미터를 날려 갔는지 모른다.

이번에도 신이 보호했는지 나는 무사히 눈 위로 탈출할 수 있었으나 야스히사도 박 씨도 보이지 않았다. 그후 또 한차례 눈사태, 밤을 세웠다. 눈보라는 여전했고 가슴이 아파 절망적이었다. 구원을 바라는 마음도 차츰 몽롱해져 갔다." .

그야말로 30시간을 악천후 속에서 기적적으로 생환한 김 씨였다. 이같이 히말라야의 등정의 영광은 한 두 번만에 이룩된 것이 아니고 비극과 희생위에 쌓아올린 케른과 같아 눈물겨운 기록인 것이다.

다음 내용은 하이 드라마를 <사람과 산>(1991년1월호)에 고동률 기자가 연재한 것을 발췌한 것이다.

1972년 4월10일 새벽3시 히말라야 등반사상 두번째로 큰 조난사고를 기록하고 말았다. 이날 설벽 아래 설치된 김정섭대의 제3캠프(6,500m)엔 등반대장 김호섭, 김예섭, 박창희, 송준행 ,오세근, 야스히사 대원 등 총 18명이 6개의 텐트에 나뉘어 깊고 깊은 잠에 빠져 있었다. 오직 셰르파 두 사람 앙 리타, 다와 옹추만 제설작업을 하느라 분주히 움직이고 있었다. 치워도 끝이 없는 눈에 진저리를 내며 날이 새기만을 기다리고 있었다.

설벽에서 굴러내리던 눈뭉치들은 눈과 얼음 덩어리가 섞여 그 규모가 더욱 커졌다. 눈덩이는 내려오면서 주위의 눈을 휩쓸어 가공할 위력을 갖춰 폭풍을 동반하여 제3캠프를 덮쳤다.

"꽈르르릉--- 쿵" 눈사태를 맞은 6개의 천막은 공중으로 치솟았다. 가랑잎처럼 이리저리 흔들리다 계곡으로 쳐박혔다. 제설작업중이던 두 셰르파는 눈사태에 맞아 100미터 쯤 나뒹굴었다. 16명의 젊은 목숨을 묻어 버리고는 흔적 없이 사라진 제3캠프, 두 셰르파가 정신 차려 기어 나왔으나 아무런 흔적도 없었다. 다만 한 치 앞을 분간하기 힘든 눈보라가 날리고 있었다. 두 셰르파는 수색을 포기하고 제2캠프로 하산하기 시작했다. 16명을 날려 버린 눈사태는 여기저기에서 계속되고 있었다. 한편 제2캠프(6,000m)에 있는 원정대 총대장 김정섭은 전멸된 제3캠프의 비운은 상상도 못한 채 3일 안에 정상을 해치울 계획을 세워놓고 있었다.

이 무렵 김예섭, 박창희와 야스히사가 자고 있던 천막은 설벽에 부딪치며 떨어지다가 어느 순간 기적적으로 멈췄다. 김예섭은 맨손으로 천막을 찢고 밖으로 나왔다. 야스히사도 자력으로 기어서 나왔다.

눈구멍에서 탈출한 김예섭은 동상을 염려하여 오버 슈즈를 신었다. 고도계는 5,700미터을 가리키고 있다. 제3캠프가 6,500미터인데, 무려 800미터나 날려왔단 말인가. 그는 믿어지지 않는 상황에 고도계가 고장이 났다고 생각했다. 천막 속엔 중상을 입은 박창희가 몸을 비틀며 비명을 지르고 있었다. 김예섭은 비상용 가위로 천막을 뜯어내고 박창희를 끄집어냈다. 눈은 계속 내리고 아무리 둘러보아도 위치가 감이 잡히지 않았다. 야스히사는 접골된 어깨뼈가 아프다며 신음을 토했다. 참혹한 부상을 입은 박창희는 파랗게 질린 얼굴색으로 죽어가고 있었다. 김예섭은 추락할 때 부러

250

진 늑골에 비로소 통증을 느끼기 시작했다. 엄청난 통증이었다. 돌발적인 눈사태에 의해 낯선 곳으로 내팽개 쳐진 세 사람은 어떻게 살길을 열 것인가에 대해 토의를 했다. 그러나 뾰족한 대안이떠오르지 않았다. 무전기는 물론 쓸만한 장비도 없이 상처 입은 몸만 남았을 뿐이었다.

체온마저 잃기 시작하여 나른해지며 졸음이 몰려왔다. 살 수 있다는 확신을 전혀 가질 수 없었지만 살아야 겠다는 본능만 꿈틀거렸다. 죽음보다 더한 고통을 참으며 세 사람이 하염없이 구조대만 기다리고 있을 때 눈사태를 맞고도 구사일생으로 살아난 두 셰르파가 처절하게 하산하고 있었다. 눈사태로 러셀을 해 놓은 눈길은 모두 사라졌고 고정 자일도 찾을 수 없었다. 살을 베어갈 듯한 바람만 불었다. 평시라면 1, 2시간이면 넉넉히 갈수 있는 제 3캠프와 제2캠프 사이의 길을 노련한 셰르파들이 27시간이나 걸려 겨우 도착했다. 그깃도 한 번의 비박을 하고서야 가능했다.

11일 새벽 6시경 두 셰르파가 비보를 전하자 제2캠프에 남아 있던 셰르파들은 가슴을 치며 통곡했다. 비명에 간 셰르파들이 대부분 혈족이며 이웃이었다. 김정섭은 다리를 후들거릴 정도로 정신이 아득해졌다. 슬픔에 겨워 눈물을 흘리고 있는 셰르파를 쳐다보는 김대장의 눈에 살기가 돌았다. "이제부터 우는 놈은 모두 죽여버린다. 다들 철수 준비를 해라." 더 이상의 희생을 줄이기 위해선 철수가 최선책이었다. 통한의 철수 명령이었다. 셰르파들은 필요한 소지품만 챙겨서 눈물을 뚝뚝 흘리며 추위도 잊은 채 베이스 캠프로 내려갔다. 눈사태에 밀린 동료들이 뛰어오는 것만 같아 자꾸 뒤를 돌아보며 발걸음을 뗐다. 김정섭은 뒷처리를 위해 그 동안 제2캠프에 남아 있었다.

이렇게 제2캠프가 철수하고 있을 때 김예섭 일행은 비상약으로 간직했던 진통제와 비타민을 나누어 먹었다. 소리도 질러보고, 손

전등을 켜서 휘둘러 보기도 했지만 아래쪽에서는 아무 반응이 없었다. 부상이 덜한 김예섭은 제3캠프 쪽으로 올라갈작정을 했다. 하지만 눈이 허리까지 차서 뜻 대로 되지 않았다. 체력만 소모하고 말았다. 구조대를 기다리며 잠을 자기로 합의를 봤다. 그러나 잠이 오지 않았다. 세 명은 서로의 체온을 의지하며 버틸 때까지 버티기로 했다. 그때 또 눈사태가 덮쳤다. "쿵" 하는 소리가 들리면서 셋은 동시에 눈더미에 휩싸였다. 박창희와 야스히사는 그것으로 마지막 이었다.

김예섭은 공중으로 뜨는가 싶더니 곧 떨어져 굴러 내렸다. 가슴이 압박되어 숨이 막혔다. 이대로 죽는다는 비장감이 들었다. 그러나 이상할 정도로 의식이 또렷해졌다. 얕은 눈두덩에 걸려 몸이 정지했다. 그는 무턱대고 위로 기어 올라갔다. 2미터 오르면 1미터 정도는 미끄러져 내렸지만 아귀같이 기어올랐다. 10미터쯤 올랐을까 강한 눈보라가 불어왔다. 강한 바람이었다. 김예섭은 다시 굴러 내리기 시작했다. 통나무처럼 굴러가다 어느 순간 오뚝이처럼 또 벌떡 일어섰다. 얼굴에 얼어붙는 눈을 떼며 망망대해에 던져진 절망감을 느끼는데 돌풍이 또 불어 닥쳐 김예섭은 다시 굴러 내리다가 눈 속에 거꾸로 쳐박혔다.

체력단련을 위해 늘 윗몸 일으키기를 했던 김예섭은 허리힘을 이용해 벌떡 일어났다. 그야말로 4전5기였다. 바람 때문에 더 이상 움직일 수 없었다. 김예섭은 체력 소모를 막고 체온을 유지하기 위해 구덩이를 파고 들어가 앉았다. 다른 대원들도 어디쯤 살아 있을 것이라 생각하며 혹한과 싸웠다. 자기자신과의 투쟁이 시작된 것이다. 죽음의 그림자인 졸음이 쏟아졌다, 동상이 점점 심해져 발을 움직일 수가 없었다. 발가락의 감각이 마비되고 있었다. 30시간 이상 먹은 게 없어 속은 쓰리고 온몸의 기운이 빠져나가며 고산증이 찾아오고 있었다. 다행히 폭설과 눈사태가 그치고 해가 뜨고 있었다. 김예섭은 어떻게 제2캠프에 구조신호를 보낼 것인가에 대해 생각하기 시작했다.

　11일 오전8시경 베이스 캠프를 향해 철수하는 대원들의 모습이 가물가물 보였다. 착각인가. 김예섭은 눈을 부비며 다시 바라봤다. 햇살에 또렷이 나타나는 사람들은 분명히 동료들이었다. 오버슈즈를 벗어 빨간 색이 나오게 뒤집어 흔들었다. 눈구멍을 나와 악을 쓰며 소리소리 질렀다. 철수하던 대원들이 멈칫하며 저희들끼리 무리지어 수군거리는 듯했다. 이어 셰르파 두 명이 김예섭을 향해 다급하게 달려왔다. 엎어지고 자빠지며 미친듯이 뛰어왔다.

　이럴 즈음 2캠프에 남아 있던 김정섭은 생존자가 있다는 보고를 받고 망원경을 통해 바라봤다. 원정대의 일행은 확실한데 누구인지 판별이 되지 않았다. 김정섭은 전대원에게 총력전을 벌여 반드시 구조하라고 지시했다. 그리고 자신도 촌각을 다투며 생존자 쪽으로 내려갔다. 눈에 곤두박실을 치며 뛰었다. 제3캠프의 비보를 생생하게 증언해 줄 그 생존자가 제발 죽지 말라고 모두의 마음을 모아 기도하면서---.

　총력전을 벌여 그 생존자를 구조했을 때 전 대원은 경악했다. 질긴 생명력으로 살아난 사람은 틀림없이 셰르파일 것이라고 생각했는데 의외로 제일 연소자며 고산경험이 없는 김예섭의 생존은 충격이었다.

　비록 엄청난 인명을 잃고 하산하는 중이었지만 기적적으로 생존한 김예섭을 구출한 대원들은 다소의 위안을 받을 수 있었다. 김예섭을 후송하는 하산은 쉽지 않았다. 앞가슴의 상처로 인해 업을 수가 없고, 발가락은 전부 얼어 터져 걷기는 커녕 제대로 서지도 못했다. 셰르파 두 명의 부축을 받아가며 베이스 캠프로 철수했다.

　서울에서 거행된 마나슬루 원정대 영결식에서 눈물을 삼키면서 정한모 씨의 '마나슬루에 묻힌 젊은 넋들에게' 라는 조시가 낭송됐다. 28년이라는 세월이 흘렀으나 나의 낡은 등산수첩에는 그 날의 조시가 빛바랜 채로 적혀 있다.

하늘이 무너지는 소리였을 것이다.
山만큼 눈사태 그 무게인들 오죽했으랴
그대들 순식간에 삼켜버리고
山은 다시 제자리로 돌아가
잠잠하거나 사나운 짐승처럼
지금도 간신히
눈바람 소리로 포효하고 있을 것이다.
정상에의 부푼 꿈에 고달픔 잊어버리고
우리 모두의 시선이 지켜보고 있었던 것을
山은 무자비한 폭력으로
아니면 관대한 포용 뜨거운 사랑으로
와락 품에 안아 버렸는가
산이 좋아 산에 오르고
산에 올라 산에 산다.
드디어 산이 된 그대들
세계의 지붕 위
그 높은 세계의 산이 된
젊은이들이여

1976년 제3차 김정섭대장의 마나슬루 원정대가 출발했으나 대원간의 불협화음으로 캠프3까지 오르고 철수하여 불운의 마나 슬루는 막을 내렸다.

부산산악연맹에서 실시한 금정제에 가야만 했다. 캠프파이어 불꽃이 활활 타오를 때였다. 송준행 형이 평소 아끼던 후배 청봉산

254

악회 김흥수 씨를 앞세워 북문산장 억새밭 언저리에 외로이 세워진 '마나슬루의 혼' 이라고 적혀 있는 송형의 비석을 찾아갔다.

"그 옛날 즐거웠던 송도 횟집의 만남처럼 술잔에 소주를 가득 채워 차디찬 비석에 부으니 소슬한 바람만 옷깃을 스칠 뿐 말없이 빈 잔만 나에게 되돌아오는구먼.

마나슬루의 혼이 된 후에야 알았지만 대학시절에 배낭을 다독거려 주면서 산을 다정스럽게 오르던 숨겨놓은 산아가씨가 약혼녀와 다름없다는 사실을 뒤늦게 알고 너무나 놀랐다오!

그 산아가씨는 마나슬루에서 죽음을 너무나 애통해 한 나머지 한 평생을 혼자서 보내면서 그대의 넋을 달래고 있다는 소식을 들었소. 송형의 죽음으로 힘겨운 삶을 시장 모퉁이에서 보내다가 화병으로 돌아가신 어머님의 시신을 화장하고 손때 묻은 해머 등 유품을 또한 불태워 평소 즐겨 오르던 금정산 부재바위에 어머님의 유골과 함께 뿌리면서 하염없이 눈물을 흘렸다 하오."

거대한 산들이 사방에 둘러사인 만년설에 휴식하고 있다가 그 언젠가 "나 여기 돌아왔소"하고 눈 털고 말할 것 같기에 한결같은 마음이었다.

만년설이 덮인
히말라야의 깊은 산골 부락에
어느 날 낯선 처녀가 찾아왔다.
다음날부터 부락에 머물러 살면서
매일 마을 앞 계곡에 나가 앉아
누구인가 하염없이 기다렸습니다.
오랜 세월이 몇 십년 흘러갔습니다.
고왔던 그녀의 얼굴에
어느덧 하나 둘 주름살이 늘어갔고

까맣던 머리칼도 세월 속에 세어 갔건만
속절없는 여인의 기다림은 한결 같았습니다.
그러던 어느 봄 날
이제는 하얗게 할머니가 되어 강가에 앉아 있는
그녀 앞으로
상류로부터 무언가 둥둥 떠내려 왔습니다.
바로 여인이 일생을 바쳐 기다리고 기다렸던
그 사람이었던 것입니다.
그 청년은 히말라야 등반을 떠났다가
행방불명된 여인의 약혼자였습니다.
그녀는 어느 날엔 가는
꼭 눈 속에 묻힌 약혼자가 조금식 녹아
흐르는 물줄기를 따라 떠내려오리라는 것을 믿고
그 산골부락 계곡에서 기다렸던 것입니다.
할머니가 되어 버린
그녀는 몇 십년 전 히말라야로 떠날 때의
청년 모습 그대로인 약혼자를 붙잡고
하염없이 입을 맞추며 울었습니다.

지금은 고인이 되었지만 대구경북산악연맹 이사장으로 마나슬루 원정대에 못 가게 적극적으로 만류했던 박우진 교장은 농담조로 이런 말을 자주 했다. "내 말을 안 듣고 마나슬루에 갔더라면 전진 캠프에 진출했다가 동료와 함께 눈사태를 당했을 것이다. 앞으로 생명의 은인으로 생각하고 한 평생 내게 술을 사도 모자랄 것이다" 라는 이 말은 큰산을 올랐던 한 사람으로서 의미심장한 말로 내 가슴에 맴돌고 있다.

그 동안 많은 세월이 흘러 새 천년을 맞이했다.

대한산악연맹은 7대륙 최고봉 등정사업의 일환으로 그 중에 아시아는 물론 세계의 최고봉 에베레스트 원정대 단장으로 참가했다. 그러나 부덕한 사정으로 등반을 마칠 때까지 대원들과 생사고락을 함께 못한 아쉬움으로 쿰부 빙하를 떠나 카트만두로 내려와 귀국을 서둘고 있었다.

대산련 이인정 부회장이 한국에서 원정대? 격려차 이곳에 온다기에 공항으로 마중 나갔다. 이 부회장과 함께 공항 출입국을 빠져 나오는 사람은 놀랍게도 '집념의 마나슬루' 를 등지고 20년 전에 미국으로 이민 갔던 김정섭 씨가 아닌가! 너무나 뜻밖이라! "아니 형님 여기까지 웬 일입니까?" 하면서 두 손을 잡고 반갑게 맞이하면서 주름진 얼굴을 쳐다보았다. 그는 한참동안 말없이 입술을 지긋이 깨물다가 "두 동생의 시신을 찾기 위해 왔다" 라는 그 말에 또 한번 놀라지 않을 수 없다.

마나슬루에서 조난 당한지 30년이 가까운 세월이 흘렀음에도 불구하고 광활한 만년설 어느 곳에 묻혀 있을 줄 모르는 두 동생의 시신을 찾기 위해 왔다는 집념에 대한 열정은 막을 수 없어 경의 표명에 앞서 연민의 정을 느꼈다.

'만년설이 쌓인 높은 산들은 신의 영역이라 인간의 힘으로는 어쩔수 없다' 라는 이때까지 느껴온 산의 진리는 언제 닥쳐올 줄 모르는 그분의 신변에 안전이 염려되기 때문이다. 오늘따라 공항을 빠져 나오는 지프차의 덜컹거리는 소음과 더불어 카트만두의 어두운 밤거리는 내 마음처럼 무거웠다.

지현옥을 생각하며--

'大山聯' 원고 청탁을 받고 근래에 자주 느낀 산악인의 자존심과 순수성에 대해 저의 작은 뜻을 여러 산악동지께 전 하고자 글을 쓰고 있던 중. 믿고 싶지 않은 비보를 접했다.

안나푸르나에서 엄홍길 대장이 이룬 등정 소식의 기쁨 뒤에 바로 이어진 지현옥 대원의 실종 소식이 바로 그것이다. 이 무슨 날벼락입니까. 지난해에도 캉첸중가에서 아끼던 젊은 산악인들이 사라졌는데. 머리 속은 온통 지현옥으로 가득 차 가슴이 답답하고 슬픔이 앞을 가렸다. 아무리 히말라야 산군들은 젊음의 영혼을 부른다 하지만 너무나 가혹했다---.

티없이 하얀 만년설이 맺어준 엄홍길과 지현옥의 만남의 운명을 생각해본다.

엄홍길은 10년 전부터 안나푸르나를 무려 네 차례나 도전했지만 번번히 뜻을 이루지 못하자 늘 입버릇처럼 "히말라야 정상은 성스러운 여신의 문을 열어줘야만 올라갑니다" 라고 했다.

그는 항상 등정의 영광보다는 인명을 소중히 여기는 불심이 깊은 산악인이다. 더욱이 작년에는 등반 중 추락하는 셰르파를 구하려다가 발목이 부러지는 중상에도 불구하고 강한 의지와 신념으로 살아 돌아왔다. 일년동안 믿기 어려운 빠른 회복을 이룬 그는 곧바로 다시 안나푸르나로 향했다.

그의 이번 등정은 산악계의 4전5기의 쾌거로 우리 모두에게 결코 좌절하지 않고 끝까지 용기를 잃지 않는 불굴의 정신을 심어주는 훌륭한 귀감이 되었다. 지현옥도 이번 안나푸르나 도전이 처음은 아니다. 89년에는 엄홍길과 함께 등반했고 10년만에 다시 안나푸르나로 향했다. 1999년 4월 29일 지현옥은 발빠른 엄홍길보다 1시간 늦게 정상에 올랐다. 그러나 하산 중 셰르파 까뮈와 함께 영영 돌아오지

258

않았다. 그가 생전에 그렇게도 좋아했던 히말라야의 하얀 만년설이 영원한 안식처가 될 줄이야.

이미 세계적인 여성 알피니스트로 인정 받은 그는 우리 산악인 모두의 자랑과 희망이고 이 땅의 모든 여성의 긍지와 기쁨이었다.

한국이 낳은 20세기 위대한 젊은 나이의 소중한 여성산악인을 잃었다. 우리는 이번 안나푸르나에서의 엄홍길과 지현옥의 승리와 슬픔을 큰 교훈으로 삼아야 할 것이다. 우리는 진정한 산악인답게 좌절치 말고 다시 일어나야만 그 뒤를 이을 여성산악인의 나타날 것이다. 또 한번 지현옥을 생각한다.

인간의 한계를 넘는 아름다운 도전

이 책의 원고가 끝날 스즘. 엄홍길씨의 히말라야 14개 봉을 모두 등정해 온 산악인들에게 기쁜 감격을 주었다. 큰산을 지향했던 한사람으로써 가슴 설레는 마음으로 그에 대한 격찬의 말을 쓰고 싶었는데 월간 〈사람과 산〉 김우선 편집위원이 쓴 '뉴스 메이커' (2000년 8월 27일)에 연재된 글을 읽게 되었다. '인간의 한계를 넘는 아름다운 도전'이라는 산악인들의 영광과 비극. 때로는 등정의 기쁨을 안겨주지만 무한한 절망과 비극을 강요하기도 한 그 휴먼 드라마가 한국 히말라야 등반사를 한눈에 보는 것 같아 필자의 양해를 얻어 한번 옮겨본다.

히말라야를 향한 한국 산악인들의 집념은 무섭도록 끈질기다. 1962년 박철암 씨(경희대학 명예교수)의 다울라기리2봉(7,751m) 정찰대가 한국의 히말라야 원정시내의 문을 연 이래 39년이라는 짧은 기간 동안 서구 산악계가 100여년에 걸쳐 이룩한 끈질긴 업적을 따라잡았을 정도니 말이다. 특히 지난 7월31일 오전 10시15분 엄홍길

씨(40·파고다외국어학원)가 세계 제2위 고봉 K-2(8,611m)를 등정. 세계에서 8번째로 히말라야 8,000m급 14개 봉 완등자가 된 것은 그간 한국 산악계가 히말라야에 기울여온 노력을 상징적으로 보여준 쾌거다. 엄씨의 이번 14개 봉 완등은 한국은 물론 아시아 산악계 최초의 기록이다.

실패한 원정도 과소 평가해서는 안 된다

흔히 한국의 히말라야 8,000m급 봉우리 등반을 이야기할 때면 1977년 고상돈의 에베레스트 등정이 먼저 나온다. 한국인으로서 처음으로 8,848m의 세계 최고봉 에베레스트 정상에 선 이는 물론 고상돈씨다. 그러나 한국인으로서 처음 8,000m 이상의 고도에 도달한 이에 관해서는 별로 이야기되는 바가 없다. 이는 전적으로 실패한 원정은 무시되고 성공한 원정에 대해서만 찬사가 쏟아지는 한국산악계의 풍토 때문이다. 비록 등정은 실패했을지라도 등반에는 성공한 원정의 가치를 과소평가 함으로써 빚어진 결과이기도 하다.

한국 최초로 히말라야 8,000m급 봉우리를 향해 출사표를 낸 산악인은 1971년 1월 김호섭 대장의 마나슬루(8,163m) 원정대. 김 대장의 동생 김기섭대원은 7,800m 지점까지 진출한 후 기상악화로 후퇴했다. 다음날 김기섭씨는 형과 함께 정상공격을 시도했으나 돌풍에 휘말려 추락사. 일본원정대의 56년 초등에 이은 마나슬루 재등의 꿈은 좌절되고 말았다. 같은 해 3월 출발한 사단법인 대한산악연맹 로체 샬(8,383m) 원정대(대장 박철암)는1970년 오스트리아 원정대에 의한 초등 이후 재등을 노린 11명의 팀. 최정예 최수남 대원이 쌍게 셰르파와 함께 8,000m 지점까지 올랐으나 깊은 골(Gap)에 막혀서 등정은 불가능했다. 바로 그 최수남씨가 8,000m라는 고도를 체험한 최초의 한국인이다. 그러나 최씨는 77년 한국 에베레스트 원정대의 동계설악산 훈련도중 설악골에서 눈사태로 사망하는 비운의 주인공이 되고 말았다.

동생을 마나슬루에 묻은 김정섭·호섭·예섭씨 형제는 1972년 다시 한 번 마나슬루 원정대를 꾸렸다. 대원12명, 셰르파 22명, 포터 305명에 이르는 2차 마나슬루 원정대는 폭설로 고전하면서 4캠프 (7,250m)까지 진출했다. 정상까지는 900여m 남겨놓은 지점. 그러나 이 원정대의 3캠프(6,500m)를 덮친 거대한 눈사태는 5명의 대원과 10명의 셰르파를 앗아감으로써 히말라야 등반사상 두 번째로 큰 조난으로 기록되었다. 희생자 중에는 일본 사진작가 야스히사 가즈나리 외에 1차 원정대 대장이었던 김호섭씨가 포함돼 있어 김씨 형제의 비운이 잇따랐다. 김예섭씨가 눈사태에 1,100m나 휩쓸려 내려갔다가 구조된 것은 그나마 불행 중 다행이었다.

한국의 세계 최고봉 에베레스트(8,848m)의 여덟 번째 등정국이 된 것은 1977년 9월15일 오후12시50분 펨바 노루부 셰르파와 함께 고상돈 대원이 정상에 올랐다. 이 땅에서 근대적인 등반이 시작된 지 50여년 히말라야 원정의 문을 연지 불과15년이라는 짧은 기간에 이룩한 업적이었다. 당시 개발 도상국였던 대한민국 정부가 지원한 이 원정대의 '국위 선양' 목표와 아울러 박정희 정권의 '유신체제'를 공고히 하려는 대내외적인 소기의 성과를 거두기도 했다.

어쨌든 국민은 고상돈씨의 세계 최고봉 등정에 열광했으며 서울에 돌아온 김영도 대장 이하 원정대원은 카 퍼레이드와 훈장수여 등 영웅대접을 받았다. '정상의 사나이'로 남아 있는 고상돈 씨는 1979년 5월29일 북아메리카 최고봉 매킨리(6.194m) 등정 후 하산 도중 추락. 30세의 젊은 나이에 유명을 달리했다.

1977년 한국 에베레스드 원정대의 영광 뒤에는 별로 알려지지 않은 기록이 하나 있다. 8,700미터 지점에서 죽음의 비박(텐트 없이 야영)을 이겨낸 부대장 박상열 씨(현 대한산악연맹 부회장)의 이야기. 앙 푸르바 셰르파와 함께 무산소로 하룻밤을 견딘 후 생환한 박 씨의 비박은 당시까지 등반사상 가장 높은 곳에서의 무산소 비박으로 기록된다. 8,800미터 지점 힐라리 스텝에서 산소가 떨어진 후 탈진한 상태에서 5캠프로 내려오며 발휘한 박 씨의 초인적인 의지와 체력은 8,000미터 등반에서의 '성공' 이 무엇인가를 극명하게 보여주는 대목이다.

한국인이 오른 두 번째의 8,000미터급 봉우리는 바로 비운의 마나슬루. 동국산악회 이인정 대장이 이끈 이 원정대는 80년 4월 28일 서동환 대원이 등정함으로써 1971년부터 1976년까지 세 차례에 걸쳐 5명의 한국산악인의 목숨을 앗아간 한을 풀게 되었다.

마나슬루는 한국인에게 비운의 봉우리

1982년 5월30일에는 세계3위의 고봉 마칼루(8,463m)에 한국산악회 허영호 씨가 올랐다. 한국 산악계에 세 번째 8,000미터급 봉우리 등정이라는 기록을 세운 것. 함탁영 씨를 대장으로 한 이 팀의 업적은 이후 국제 산악계에서 등정 시비에 휘말리기도 했다. 그러나 당시 허 씨가 정상에 네 잎 클로버를 묻고 대신 그곳에 있던 무당벌레 마스코트를 가져왔는데 그것이 바로 1981년 가을 단독 등정한 폴란드의 예치 쿠쿠츠카가 남긴 것으로 밝혀져 등정의 의혹을 말끔히 해소했다.

허영호 씨는 1983년 10월23일 세계 9위봉 마나슬루 단독 무산소 등정 이후 활발한 고산 등반을 감행 1985년 로체 샬 등반(8,000m까지 진출). 1987년 에베레스트 남동릉 동계등정. 1989년 로체 단독 야간 등정. 1993년 에베레스트북릉-남동릉 종단 등을 해내면서 한국의 대표적인 산악인으로 급부상 했다. 허 씨는 당시

한국인 최초로 히말라야 자이언트 8,000미터 14개 봉을 완등한 엄홍길

까지 히말라야 8,000급 4개봉 등정 기록을 수립. 이 분야의 선두주
자로 나서기 시작했다.

엄홍길, 박영석, 한왕용 등 2세대 출현

한편 양정산악회의 남선우 씨는 1988년 에베레스트 단독 등정
이후 1991년 에베레스트 남서벽 등반(8,500m까지 진출). 1992
년 초 오유(8,201m)와 시샤팡마(8,027m)를 연속 등정했다. 김창
선 씨 역시 1986년 K2. 1988년 에베레스트. 1991년 시샤팡마 등
8,000미터급 3개 봉 등정 기록의 소유자. 이른바 한국에서의 히말
라야 8,000미터급 등정 레이스의 원조는 바로 이들 허영호 씨와
남선우, 김창선 씨가 되는 셈이다.

뒤이어 엄홍길, 한왕용 씨 등이 이의 등정 레이스에 2세대 주자
로서 출발한 것은 1990년대부터. 엄홍길 씨는 1988년 9월 에베레
스트 등정 이후 1993년 9월 초 오유, 시샤팡마. 1995년 5월 마카

루, 7월 브로드피크(8,047m), 10월 로체(8,518m), 1996 다울라기리(8,172m), 9월 마나슬루(8,156m). 1997년 7월 가셔브룸1봉(8,068m), 가셔브룸2봉(8,035m), 1999년 4월에는 안나푸르나(8,091m), 7월 낭가 파르바트(8,125m), 2000년 5월 캉첸중가(8,586m), 7월 K2(8,611m)를 차례로 등정함으로 8,000미터급 14개 봉 완등이라는 위업을 달성했다.

　박영석 씨도 1993년 한국인으로서는 최초로 에베레스트 무산소 등정이라는 기록을 세운 초인적인 체력의 소유자. 박씨는 1996년말까지 초 오유. 안나푸르나 등정 등 8,000미터급 3개 봉으로 당시 엄홍길 씨의 7개 봉에 훨씬 못 미치는 상대였다. 그러나 1997년 한 해에 다울라기리, 가셔브룸 1·2봉, 초 오유, 로체 등 8,000미터급 5개 봉을 오르는 신기록을 세웠다. 박씨 이전의 기록은 1996년 14개 고봉 완등에 성공한 멕시코의 카를로스 카르솔리오가 1996년에 세운 4개봉 등정보다 많았다.

　엄홍길과 박영석의 히말라야 8,000미터 등정 레이스가 불을 뿜기 시작한 것은 바로 1997년부터의 일이다. 박영석 씨는 1998년 시샤팡마 중앙봉(8,027m), 낭가 파르바트, 마나슬루, 2000년 캉첸가, 브로드피크를 등정. 현재 8,000m급 12개 봉 등정자로 올해 안에 K2와 시샤팡마 주봉(8,012m)을 오르면 엄홍길 씨에 이어서 세계9번째 히말라야 8,000미터 14봉 완등자가 된다.

　엄, 박씨를 바싹 추격하는 한왕용 씨(33·전주 개척산악회)는 현재 9개 봉 등정자이다. 한씨는 특히 에베레스트 등정 후 하산도중 8,700미터 지점에서 한 시간 이상 기다렸다가 탈진 상태에 빠진 다른 한국팀 대원을 구출하고 크래바스에 빠진 외국 대원을 구출하는 등 휴머니스트 산악인으로 정평이 나 있다. 캉첸중가, 마칼루, 시샤팡마, 브로드피크, 가셔브룸 2개 봉이 남아있다.

　8,000미터 등정레이스를 달리고 있는 이들과는 달리 박정헌 씨

는 거벽 등반 위주의 제3세대 등반가로 주목받고 있다. 1994년 10월 안나푸르나 남벽 등정 이래 1995년 에베레스트 남서벽(대장 조형규). 1996년 초 오유, 시샤팡마, 1997년 낭가 파르바트. 2000년 K2 등정 기록의 소유자인 박씨는 탁월한 체력과 고소 등반력을 발휘하여 한국산악계에 등로주의 길을 열어줄 수 있는 신세대 산악인으로 기대를 모으고 있다.

1984년 12월 은벽산악회의 동계 안나푸르나 원정대(대장 안창렬)가 보내온 등정 소식은 한국산악계뿐 아니라 세계 산악계를 놀라게 할 만한 사건이었다. 이 팀의 김영자 대원이 파상 노르부 등 셰르파 4명과 함께 안나푸르나 정상에 올랐다는 것, 이는 여성 최초의 등정라는 것 외에 동계 초등이라는 대기록을 함께 세운 경이적인 사건이기 때문이다.

여성 최초 대기록, 추락사로 인정 못 받아

그러나 김씨는 하산 도중 두 명의 셰르파가 돌풍에 휘말려 추락 사망으로 이들의 배낭에 있던 카메라를 잃어버림으로써 정상 사진을 제시하지 못하는 불운을 맞았다. 이러한 불운은 세계산악계에서 등정 의혹 문제를 제기하는 상황으로까지 발전했다. 그럼에도 불구하고 김 씨와 은벽산악회는 등정을 입증할 수 있는 입증을 제시 못함으로써 세계 초등의 영광은 1987년 2월 등정한 폴란드의 예지 쿠쿠츠카가 차지하고 말았다.

1993년은 세계 최고봉 에베레스트에 한국 여성 산악인들이 오르는 기록이 세워졌다. 등반대장인 지현옥 씨에 의해 대원 13명 전원이 여성으로 이루어진 이 원정대는 5월10일 지씨와 최오순, 김순주 대원이 셰르파4명과 함께 등정. 한국 여성으로는 최초이자 세계에서 지현옥 씨는 1990년 안나푸르나 남벽 등반. 캉첸중가 등반 경험이 있으며 에베레스트 등정 이후 1997년 가셔브룸1봉. 1998년 가셔브룸2봉에 등정함으로써 히말라야 8,000미터급 3개 봉 등정 기록 보유자. 그러나 1999년 4월 안나푸르나 등정 이후 실종됨으로써 국내 산악인들에게 커다란 슬픔과 함께 아쉬움으로 남는다.

히말라야 14개 봉 완등한 파이어니어들

1970년대 들어서 히말라야 파이어니어로 떠오른 이는 라인홀트 메스너. 1978년 7월 메스너와 하벨러 두 명의 등반가는 무산소로 에베레스트 정상에 오르는 기록을 달성했다. 메스너는 1978년 8월 낭가 파르바트 다이미르벽을 단독 등반, 세 번의 비박후 등정하면서 히말라야 등반의 선두주자인 메스너의 에베레스트 무산소 등정은 1970년대 말 히말라야 8,000미터급 봉우리 등반에 선구자로 부각되었다.

라인홀트 메스너가 에베레스트 무산소 등정은 1970년대 초 히말라야 8천미터급 봉우리 등반에 적용되기 시작. 1979년 영국의 더그 스코트대의 캉첸중가 무산소 등정을 마지막으로 8,000미터급 14봉 무산소 등정이 마무리되었다.

메스너는 무산소 단독 등반의 선구자로서 1986년 인류 최초로 히말라야 8,000m급 봉우리 14개 모두를 오르는 불멸의 기록을 세웠다. 이후 14개 봉 완등자는 모두 8명으로 1987년 폴란드의 예지 쿠쿠츠카, 1995년 스위스의 에라르 로레탕, 1996년 멕시코의 카를로스 카르솔리오, 폴란드의 크리스토프 비엘리스키, 1999년 스페인의 화니또 오이아르자발, 2000년 5월 이탈리아의 셀지오 마르티니, 그리고 한국의 엄홍길 씨가 2000년 7월31일 K2에 오름으로써 인류 사상 여덟 번째 히말라야 14개 봉 완등자가 되었다.

설악산에 진 에델바이스

한국산악회 해외 원정 등반대 조난

한국산악운동의 선구적인 역할을 했던 한국산악회의 히말라야 원정대는 부푼 꿈을 안고 1969년 2월14일 설악산 죽음의 계곡 백미폭포에서 빙벽훈련 등반을 마치고 내려와 저녁을 먹고 난 후, 깊은 잠에 빠져 있었다.

한밤중 잠자리에 덮친 눈사태로 이희성 대장을 비롯하여 대원 10여 명이 참변을 당하고 말았다. 이러한 사실이 매스컴에 대서특필되자, 온 국민이 경악을 금치 못했다. 만년설이 쌓여 있는 알프스나 히말라야처럼 높은 산이 아닌 설악산에서 눈사태로 유능한 산악 동지를 잃었다는 소식을 듣고 같은 산악인으로 가만히 앉아서 생사여부를 기다릴 수는 없었다

외국 산에서만 눈사태가 일어난다는 통념 아래 한국에서는 무관심했던 것이 이제 현실로 나타나자 산악인들은 크나큰 충격을 받을 수밖에 없었다. 조난 당한 대원 중 에코크럽의 이만수 씨는 1968년 8월 강원도 삼척군에 위치한 관음굴, 환선굴을 한국산악회 이종호, 배석규 씨를 비롯, 설악산 권금성 산장의 유창서 씨와 내가 함께 암흑의 세계 지하동굴을 16시간에 걸쳐 탐사한 적이 있었다. 동굴 속에 있는 폭포를 오르다가 물벼락을 맞아 추위에 떨기도 했던 그 추억이 엊그제 같은데, 눈사태로 조난당하였으니 더욱 더 죽음에 대한 비통함에 있어 그가 남긴 시 한 편이 떠오른다.

아름다운 저 산이 우리들을 부를 때
우리 모두 모여서 저기 저 산 오르세
바위보다 단단한 우리 마음 달래고
얼음보다 차가운 우리 정열 태우려
모여서 가는 곳 높은 산 에델바이스
꽃피는 저기 저 산 오르세

경북산악회는 긴급이사회를 소집했다. 나는 조병우 씨를 대장으로 해병장교로 갓 제대한 김종률과 최상복, 손익성 씨, 대구일보 구활 기자와 함께 구조대 6명이 일행이 되어 2월21일 사고 현장으로 출발했다.

폭설로 인해 오직 빨리 갈 수 있는 교통수단은 야간열차 뿐이었다. 그날 저녁 대구역을 출발하여 영천, 영주역에서 몇 시간 기다렸다가 바꾸어 타는 불편한 열차를 이용하여 아침에야 강릉에 도착했다. 역 주변의 해장국집에 들러 아침식사를 했으나, 밤잠을 설친 탓인지 식욕마저 떨어졌다. 터미널로 찾았지만 교통은 두절이었다. '설악산 조난 구조대'를 내세워 통사정하자 그제야 운전기사는 갈 때까지 가보자는 생각으로 핸들을 잡았으나, 자동차 바퀴가 수 차례나 눈에 빠져 숱한 애를 먹으면서 겨우 주문진까지 도착했다.

더 이상 운행할 수 없다는 기사의 말에 마음 졸이고 있을 때였다. 세무코트를 걸치고 중절모를 눌러쓴 중년신사가 우리들 앞에 다가왔다. 서울에서 밤열차를 타고 내려왔다고 자기를 소개하는 사람은 조난자 김종철 씨의 부친 김치근 씨였다. 아들을 잃었다는 슬픔을 애써 감추고 오히려 구조대가 조난당하지 않을까 걱정했다.

그 분의 주선으로 강원 해안지방을 지키는 농방사의 군 트럭을 이용할 수 있었다. 일행은 딱딱한 나무의자에 걸터앉아 차가운 겨울 바람을 온 몸에 맞아가며 북쪽으로 올라갔다. 눈이 워낙 많이 내린 탓으로 겨우 설악동 입구에 도착했다. 여기서 설악동으로 이어지는 도로는 깊은 눈으로 사람 통행이 불가능했다. 그러나 여기에서 지체할 수 없어 무거운 배낭을 어깨에 짊어지고 설악동에 우여곡절 끝에 도착했다.

온 천지가 하얀 눈의 세계로 변해 버린 설악동! 난생 처음 보는 엄청난 적설량에 놀라지 않을 수 없었다. 대부분의 여관들은 아래층까지 파 묻혀 있었다. 주민들은 쌓인 눈의 중력으로 여관 건물이 무너질까 염려했고, 이웃과의 왕래는 눈 터널을 통해 이루어졌다.

구조본부에 도착하니 한국산악회 및 대한산악연맹 구조대원들이 먼저 도착해 있었다. 우리 경북산악회 구조대 명단을 제출했으나 숙소조차 배정 받지 못해 천막을 치기로 했다.

설악산 일대는 3~5미터의 눈이 내려 구조대는 비선대까지만 진출할 수 있었다. 한국산악회는 김정태 구조대장을 중심으로 수색활동을 벌였다. 먼저 나선 한국산악회 경북지부 최억만 씨가 슬픔에 빠져있는 대원들을 위로한다면서 배낭 속에서 통소를 꺼내 불었다. 처량한 통소 소리는 오히려 주위 분위기를 숙연하게 만들어 구조대원들에게 눈총을 받기도 했다.

그날 저녁 대한산악연맹 대원들은 헬기 탑승문제를 두고, 한국산악회와 승강이를 벌이기도 했다.

2월21일 혹시나 하는 마음에서 조난자의 대피 예상코스를 헬기에 탑승하여 백미터 폭포와 대청봉을 공중탐색했으나 아무런 흔적도 찾아볼 수 없었다. 다음날에도 대청봉에서 죽음의 계곡을 수색하기 위해 군부대의 지원을 받아 헬리콥터를 이용, 오후 5시30분에 9명을 투입하였다. 정상은 2, 3미터의 적설이라 가슴까지 육박하여 질겁을 하고 말았다. 결국 그 날은 날이 저물어 한 발자국도 옮기지 못하고, 하룻밤을 천막에서 묵게 되었다.

섭씨 영하 16도에다 강풍까지 불어닥쳐 동상을 입은 대원도 있었다. 23일 오후부터는 폭풍설경보까지 내려 구조대가 사고를 일으킬 우려 속에 철수명령이 떨어 졌다.

이렇게 되자 유일하게 접근할 수 있는 방법은 천불동 계곡을 따라 올라가는 길뿐이었다.

그러나 비선대에서부터 가파른 설사면 양쪽 계곡에는 엄청난 눈이 있어, 언제 눈사태를 일으킬 줄 몰라 눈이 녹아 어느 정도 안정될 때까지 기다리는 수밖에 없었다. 동료의 생사여부를 안타깝게 생각한 성급한 대원들 중에는 군을 동원하여 총을 쏘아 산울림을 이용하여 눈사태를 일으킨 후 올라가자는 의견이 나와 주목을 끌었다.

당시만 해도 해외등반이나 고산등반에 대한 경험이나 눈에 대한 지식이 없었다. 군관민 합동으로 구조본부가 구성되어 있었기 때문에 만약 구조대가 사고를 일으킬 경우 책임이 막중하여 누구 하나 선뜻 나서는 사람이 없었다.

우리는 유일한 지방구조대로 야간열차를 갈아타고 이틀만에 눈길을 어렵게 올라와, 그대로 눈 덮인 설악산만 쳐다보고 허송세월 할 수는 없었다. 안타까운 마음으로 이틀이 지나자 양폭까지라도 진출해 보겠다는 생각으로 2월25일 아침 일찍 배낭을 챙겨 구조본부 몰래 올라갔다.

그러나 신흥사 입구에서 경찰이 눈사태의 위험을 명분으로 내세워 입산을 통제하여 되돌아 올 수밖에 없었다. 일행은 주머니의 돈을 털어 따뜻한 온돌방이 있는 여관으로 숙소를 옮겼다. 여기 저기에서 시간만 끄는 구조본부의 미숙한 운영체계를 나름 대로 비판하는 높은 목소리가 나오기도 했다.

헬기가 뜨면 눈사태를 유발하니 헬기는 현장에 접근하지 말도록 방침을 정해 두고 있었다. 그러다가 구조본부는 설악동 주민한네 설국 뒤통수를 얻어맞는 사건이 일어났다.

전국의 매스컴들이 모여 취재경쟁을 벌이고 있을 때였다. 한국일보 기자가 설악산 지형을 환히 알고 있는 이 동네 수렵인 문동수 씨를 설득, 구조본부 몰래 야간을 틈 타 사고현장에 올라가 백미폭포 상단부에 걸려 있는 주인 잃은 빨간 자일과 폭포가 반쯤 묻힌 눈사태의 현장사진을 찍고 내려왔다.

죽음의 현장이 생생하게 담긴 필름은 그 날 밤 서울로 긴급 공수되어 2월24일 한국일보 조간에 '본사 단독 수색반 극적 개선' 이라는 특종기사와 사고현장의 사진이 지면을 채웠다. 그 통에 구조본부는 물론 취재차 모였던 기자들을 난처한 입장으로 만들어 버렸다.

나중에 안 일이지만 헬기로 대청봉에 투입되었던 대원 아홉명에게 철수명령을 내린 것이 잘못 전해져 전체 구조대가 철수하는 것으로 소문이 나 돌았다. 그러자 현지인이 여관에 머물고 있는 설악산악회를 찾아와 사고 현장까지 갔다 오겠다면서 많은 일당을 요구하기까지 이르게 되었다.

그 다음날부터 양상은 크게 달라졌다. 엄격했던 입산통제가 무너지고, 구조대는 현장에 접근하느라 가슴까지 빠지는 눈을 밀치고 전진하기도 했다. 그 구조대 뒤로는 기자들의 긴 대열이 따랐다. 양폭산장에 도착하기까지는 많은 눈이 흘러내린 흔적을 여기저기에서 엿볼 수 있었다. 나는 외국 서적에서만 보았던 작은 크레바스를 난생 처음 설악산에서 목격할 수 있었다.

양폭산장에 도착하여 허기진 배를 채우기 위해 배낭을 풀어 보았다. 서둘러 올라온 탓인지 건빵과 과자 부스러기 뿐이었다. 그러나 한 발 먼저 도착한 대한산악연맹 구조대는 산장의 화장실 분뇨 통을 덮는 철판 덮게를 버너에 달궈 베이컨을 구워 먹으면서 같이 먹자는 말 한마디 없다.

오후 3시쯤 싸늘한 죽음의 계곡 사고 현장에 도착하니 햇빛조차 능선으로 사라지고 싸늘하고 차가운 기온은 계곡에 가득했다. 백미폭포 상단부에 쌓여 있던 눈사태가 수 차례에 걸쳐 쏟아져 내려 천막을 덮쳐 버렸던 것이다. 그 위세는 대단해 거대한 눈덩이는 계곡을 메우다 못해 백미폭포를 반쯤 채웠다 참혹한 현장에는 먼저 도착한 한국산악회가 구조작업이 아닌 시체 발굴작업을 하기 위해 매몰 예상지점에 대나무 표지를 꽂은 다음 삽질을 하고 있었다.

현장 접근이 우선이었으나 눈을 파헤칠 장비가 운반되어 있지 않았다. 취재현장을 한국일보에게 선수를 빼앗긴 40명이나 되는 보도진들 때문에 구조대는 또 한차례의 곤욕을 치러야만 했다. 성급한 어느 기자는 특종감이 곧 나타날 것처럼 삽으로 눈을 파헤치다 못해 나뭇가지를 꺾어 눈 속으로 여기저기 찔러 보기도 했다.

언제부터 '죽음의 계곡' 이라고 누가 명명했는지 골짜기엔 어두운 그림자가 서려 있었다.

그 후 한국산악회의 수색활동의 진행상황은 다음과 같다.

3월1일

산악회 12명, 경찰 17명, 군 1개 분대, 보도진 20여명 등이 모인 가운데 2일째 발굴작업이 계속되었다. 낮 12시2분 전진대가 표시한 발굴지점에서 윔퍼 텐트의 빨간줄을 발견, 캠프의 위치를 확인하게 되었으며 곧 이어 6미터쯤 파 내려간 설동 속에서 김종철 군의 유체가 최초로 발견되었으며 이어 이만수 씨의 유체도 나왔다.

오후 1시40분 경 우선 김종철 씨의 유체를 인양 안치하였다. 이때 발굴 A지점에는 본부 천막이 발견되었으나 시간이 늦고 날씨가 추운 관계로 작업반을 철수시키고, 현장에는 김정태 씨 등 9명의 산악회 구조대원이 김종철 씨의 유체 옆에 캠프를 치고 고인들의 영혼과 하룻밤을 지냈다.

이날 대피 코스를 조사한 유창서 씨 등 3명의 수색대가 아무 흔적을 발견하지 못 한 채 이곳으로 와서 캠핑중인 9명과 합류하였다.

3월 2일

어제에 이어 발굴 A지점에서 깊이 7미터 수평굴 9미터의 눈 속에서 본부 8인용 천막이 발견되었다. 또 다시 발굴 시간을 다투는 60여 명의 가슴이 미어지는 슬픔 속에 임경식 씨의 유체를 인양 안치하고 난 후 계속 김동기, 남궁기, 이희성 대장의 유체를 소리 없는 통곡과 더불어 올렸다. 한편 발굴 B지점인 B파티 천막에서 오준보, 이만수 씨의 유체를 수습하였다.

속초에서 오신 이기섭 박사의 검시를 받은 시신은 곧 하얀 천에 둘러 비닐자루에 수용한 후 한국산악회기로 덮어 안치하였다. 발굴된 고인의 유품은 일단 경찰에서 인수하여 파악하였고, 카메라, 필름, 수첩 등을 제외한 장비 일체를 산악회 측에서 인수 보관하였다.

이날 지체없이 유체 하산작업을 하기로 하고 전날 지시에 따라 현장에 도착한 구조대 12명, 인부 13명이 이를 담당하였다. 공급된 들것이 6대 밖에 없어 부득이 이만수 씨만 남기고 6구의 유체를 이문형 씨를 리더로 운반, 허리까지 차는 눈길을 헤치며 천당폭포, 오련폭포는 자일 케이블로 달아 내리는 등 고난을 거듭한 끝에 밤 1시경 신흥사에 도착 안치하였다. 이날 현장의 이만수 씨 유체 옆에는 김정태 씨 등 또 다른 3명이 밤샘을 하였다.

3월 3일

이 때까지 세사람이 아직 눈 속에 묻혀 이곳저곳 10미터씩 철주로 탐색했으나 위치를 알 수 없어서 현장은 초조함을 금치 못했다. 어제 발굴된 조난대원의 필름을 밤사이에 현상해서 그 사진으로 재검토 한 끝에 오후2시 경 박명수, 박은명, 변명수 씨를 마지막으로 인양할 수 있었다.

스키 3대를 1조로 급히 조작하여 썰매 4대를 만든 다음, 이만수 씨의 유체와 함께 4구의 유체를 그 동안 발굴작업에 주동이었던

설악산 죽음의 계곡 조난 현장 눈속에서 발굴된 조난자들(김운영 사진)

의용소방대 문동수 씨 등 14명과 산악회 구조대원들이 협력하여 두
번째로 운구 하산을 하였다.

오후 8시30분 횃불을 밝히고 마중 나온 동료들과 함께 신흥사에
무사히 도착하여 조난동지 전원의 유체를 안치하여 빈소를 마련하
게 되었다. 서울서 달려온 유족들과 산악회원들이 모인 가운데 신흥
사 박추담 주지스님의 독경이 영혼들을 위로했으며 밤사이에 속초
에서 운반된 관에 한 사람씩 차례로 입관되었다.

설악산 에델바이스는 피었다 이렇게 지고 있었다.

한덕정 씨의 '설악산 조난보고서(1971년)' 일부분을 발췌하여
폭설에 의한 조난경위를 알아본다.

2월 3일

낙원동에 자리잡은 숙소 조양여관에서 10여일을 등반준비로 뛰다보니 출발일이 내일로 다가왔다. 공동·개인장비, 식량, 기타 모든 준비는 오늘로써 끝이 나고, 내일 출발에 앞서 각자 개인 운행구 점검을 하고 있을 때 몇몇 대원들은 부모, 친구, 연인에게 출발 인사를 나누고 숙소로 돌아왔다. 숙소에 모여 그간 우리 대원들이 즐겨 부르던 노래를 기타 반주에 맞춰 불렀다. 클레멘타인곡에 가사를 붙인 것이다.

> 엄마 엄마 나 죽거든 설악산에 묻어 줘
> 앞산에다 묻지 말고 설악산에 묻어 줘
> 비가 오면 덮어 주고 눈이 오면 쓸어 줘
> 친구들이 찾아오면 산에 갔다 전해 줘

노래가 끝나자 임경식과 변명수가 앞으로 약 보름간을 산에서 보내야 하니 서울의 밤 거리 구경이나 나가자고 하기에 흰눈이 소복이 내리는 종로를 지나 무교동에 들어섰다.

역시 눈은 계속해서 내리기에 등산화에 윈드자켓 두건을 머리에 쓰고 있노라니 여기저기에서 술에 취한 취객들이 미끄러운 길가를 비틀거리며 누비고 있는 것을 보고 경식이가 하는 말 "이 복잡한 거리를 떠나 내일은 설악의 품에 안길 테니 그곳에 영원히 묻힌들 한이 있겠느냐"는 말에 변명수가 "그렇고 말고, 우리 아주 그곳 설악산에 멋있는 별장을 짓고 별을 벗삼아 그곳에 살까요" 하는 말을 주고받았다. 숙소로 돌아오니 만수와 종철이의 '엄마 엄마 나 죽거던 설악산에 묻어 줘' 하는 구슬픈 노래가 기타 반주에 맞춰 들려오고 있었다.

276

2월 5일

오전 10시 강릉역에 도착하니 온 벌판이 눈에 덮여 있었다. 전세 버스편으로 설악동에 오는 동안 눈이 많아서 한 차선만 겨우 통해 여기저기에서 자동차가 눈에 빠져 있는 것을 보았다. 오후 4시경 설악동에 도착하여 설악여관에 숙소를 잡고 보니 온 동네가 눈 때문에 도로는 마치 교통호를 파놓은 듯 집 앞 입구만 눈을 파헤쳐 놓았다. 이곳에서 짐을 풀고 나니 본부로부터 각 팀 명단이 발표되었다.

H파티 : 이 희 성　대　장(육군 중령)
　　　　 김 동 기　부 대 장(서울공대 조교수)
　　　　 남 궁 기　부 대 장(한국전력 소속)
　　　　 안 광 옥　촬영, 기록(미국대사관)
　　　　 박 채 규　 (문공부 촬영기사)
T파티 : 전 담(훈련)　　이재인(운행) 임경식(촬영)
A파티 : 한덕정 리더　　이인정　　　　정형식
B파티 : 박은명 리더　　박명수　　　　변명수
C파티 : 오준보 리더　　이만수　　　　김종철
D파티 : 구인모 리더　　오동석　　　　강신형

각팀 명단이 발표된 후 팀 장비 정리를 한 후 잠자리에 들었다.

2월 6일

오전 10시에 신흥사에서 '해외원정 등반대비 훈련단' 결단식이 있었다. 이은상 회장의 등반 훈련에 대한 몇가지 주의사항과 회기 수여식에 이어 설악산악회에 이기섭 박사 격려사로 끝을 맺었다. 오후에 비선대끼지 식량 장비 수송이 시작되었다. 비선대끼지는 리셀이 이미 되어 있어서 손쉽게 운반할 수 있었다. A, C, D 파티는 다시 돌아와 설악여관에 머물고 B파티만 비선산장으로 진출했다.

2월 12일

새벽 6시에 A, D파티는 기상을 해서 천막을 철수하고 출발 준비에 만전을 기했다. 오늘의 일정은 우리와 D, T파티가 정상에 오르고 H, B, C파티가 백미폭포 아래에 베이스 캠프를 설치하고 빙폭 훈련과 설동 훈련을 한 다음 14일에 교대하기로 되어 있었다.

캠프2에서 죽음의 계곡 베이스로 가는 도중 친한 경식이가 세수를 하자고 해서 스키를 벗고 기스링을 내려놓은 다음 오랫만에 얼굴을 씻었다. 그때 경식이 말이 "사람이 언젠가는 죽는데 나는 꼭 천막속 슬리핑백 속에서 자다가 그대로 평화스럽게 눈사태를 만나 죽고 싶어" 하였다. 나도 그 말에 공감이 갔다. 산이 좋아 산을 찾다 산에서 죽은들 무엇이 한이겠느냐는 말을 나누며 죽음의 계곡 백미폭포 아래에 도착했다.

그곳은 앞에 백미폭포가 보이고 우측 정상으로 향하는 60도의 경사 벽이 하늘로 뻗어 있다. 이곳에서 전대원이 지난 8일에 헤어진 후 5일 만에 전부 만났다. 계곡 우측에 3인용 윔퍼 텐트를 설치하고 좌측에 8인용 콘셋 천막을 설치할 터를 본부가 벌써 마련해 놓았다.

이곳에서 약 30분간 기념촬영을 한 다음 B, C, H파티와 14일에 만나기로 약속하고 A, D, T파티는 정상으로 향했다. 이 때 T파티의 경식이와 H파티의 박채규씨가 뉴스촬영 관계로 하루를 바꾸기로 하고 김동기 부대장은 빨리 내려가야 할 일정 때문에 우리와 함께 빈 몸으로 정상을 오르기로 하였다

정상으로 향하는 죽음의 계곡의 설벽은 가파르고, 가다가 쉴 수 있는 곳도 별로 없었다. 전원 아이젠을 착용하고 스키 스톡으로 지그재그 형식으로 경사진 계곡을 따라 약 6시간 오르니 정상이었다. 정상의 날씨는 이상할 정도로 바람이 없고 기온은 6도였다 김동기 부대장은 정상에 회기를 꽂고 베이스 캠프로 떠났다.

우리는 정상에서 멀리 천불동, 공룡릉, 울산암을 바라보고 더 멀

278

리 금강산의 비로봉을 보며 천막을 치기 시작했다. 막영지는 정상 케른에서 약 10미터밖에 안 떨어진 꼭대기였다. 저녁이 되니 영하 13도로 내려 갔다. 예상 외로 따뜻하고 바람도 없다. 천막설치 후 천막 주변을 스노 블록으로 벽을 쌓았다. 만약에 불어 닥칠 강풍에 대비하기 위해서였다.

2월 13일

아침에 텐트에서 나오니 가스가 끼고 눈이 내린다. 라디오에서는 폭풍주의보가 내렸는데 바람은 거의 없고 눈은 점점 더 내리기 시작한다. 촬영기사 박채규 씨는 촬영을 끝낸 후 하산하였다. 방송에서는 간첩 이수근이 잡혔다고 한다.

오전에는 소청봉 가는 도중에 약간의 글리세이딩과 스립 정지 훈련을 하였다. 계속 내리던 눈은 어느새 폭설로 돌변했고 이어 지욱히 낀 가스 속에 쉼없이 줄기차게 내리고 있다.

오전 훈련을 마치고 스노 블록으로 텐트 주위를 보강한 후 내일의 하산을 위해 등산화, 양말, 옷 등을 텐트 속에서 버너 불에 말렸다. 정상인데도 바람은 거의 없고 눈만 계속해서 내리니 어쩐지 기분이 좋지 않다. 정상에서도 바람은 세게 불고 날씨도 춥고 해야 할 텐데 기온은 어제와 다름없이 영하13도 정도이다

2월14일

아침에 눈을 뜨니 어젯밤 꿈이 하도 이상해서 인정이와 형식이에게 꿈 이야기를 했다. 꿈은 베이스 캠프가 눈사태에 휩쓸렸다. 옆에 T파티 텐트에서 이 소리를 듣고 "아침부터 무슨 소리냐"고 하기에 잠자코 있었다. 오늘의 일정은 베이스 캠프에 가는 것이다. B, C파티와 교대하기 위해서였다.

눈은 계속 내렸으나 바람은 별로 없었으며 기온은 영하13도, D

파티와 우리는 하산할 준비를 했다. 천막은 그냥 두고 가기로 되어 있었다. 베이스에 있는 B, C파티와 천막 교대까지 하기로 하였으니 짐이 좀 가벼워졌다. 기스링을 지고 출발 하니 눈이 생각보다 훨씬 더 와서 허리까지 빠진다.

다시 캠프로 돌아와 T파티의 전담, 이재인과 의논하고 오늘 아무도 안 올라오면 내일 T파티도 철수하기로 되어 있다. 죽음의 계곡으로 떨어지는 경사진 계곡을 눈과 엎치락 뒤치락하며 미끄러지기를 약 30분 하여 베이스에 도착하였다.

그러나 이상하게도 베이스 캠프가 하나도 없고 천막을 쳤던 자리도 많이 달라져 있었다. 주위를 돌아 보니 오른쪽 빙벽에 B파티의 자일이 그대로 걸려 있었다. 불길한 예감이 들었다.

그러나 혹시나 하는 생각에 베이스 캠프로 가는 순간 여기 저기에 눈사태가 난 흔적과 먼저 텐트를 친 자리보다 약 10미터 이상 위로 올라온 것을 느꼈다. 이 때 다른 대원들이 자일을 걷자고 하기에 순간적으로 위험을 느껴 소리를 지르며 막 빠져나가는데 우리가 서 있던 자리에 또 다시 눈사태가 덮쳤다.

어마어마한 폭음과 동시에 떨어지는 눈덩이는 마치 폭탄을 퍼붓는 듯 눈가루가 날리는 것이 온 천지를 뒤덮은 느낌이다. 위기일발이었다. '우리가 그 자리에 몇 초만 더 있었더라면' 하는 생각을 하니 등에서 진땀이 날 정도였다. 이 때가 오후 2시.

A, D파티 6명이 이 때부터 합류하여 행동 통일을 하기로 하고, 앞으로 러셀을 시작하였다. H, B, C파티 10명이 모두 이 밑에 묻혔으리라는 생각은 했으나 너무나 엄청난 일이기에 아무도 입을 열지 않았다. 다만 우리가 취할 행동은 그들이 어떻게 이곳을 피해 안전지대로 철수했을지도 모르는 그 베이스 캠프를 찾는데 모아졌다.

좁은 죽음의 계곡에 폭설이 퍼붓는다. 아무리 찾아도 베이스는 간 곳이 없다. 미칠 것 같이 조용한 이 계곡을 우리 6명이 뚫고 나아

조난자들을 고인의 동료악우들이 운구하고 있다.(김운영 사진)

가야 한다. 앞 뒤쪽 벼랑에서는 계속 분설이 내렸다. 여기에 서 있으면 온몸이 눈에 묻히므로 6명이 전부 엎드렸다. 엎드려 수영하는 식으로 손과 발로 저어 나갔다. 눈에 닿는 면적이 넓어서 몸이 눈에 빠지지 않는다. 그러나 전진은 더디다. 10미터 전진하고 다시 쉬기를 거듭하니 손과 발에 힘이 빠져 더 이상 나아갈 수 없게 되었다.

4시, 이젠 행동을 중지해야 한다. 이곳에서 비박을 했다가는 6명은 고스란히 눈에 묻힐 것 같았다. 굴을 찾았다. 굴은 이미 눈에 묻혀서 우리의 쉴 곳이 못되었다. 이젠 도리 없이 양폭 산장까지 가야 한다. 못 가면 우린 이곳에서 고립 당하고 눈에 묻히고 만다. 점심 대신 크래커와 초콜릿을 믹있다.

계속해서 이 좁은 죽음의 계곡에 눈이 퍼붓는다. 눈이 오는 것이 아니라 하늘 어느 한구석에 구멍이 뚫려 눈이 쏟아져 내리는 것 만 같다. 너무도 조용하다. 너무 조용하니 귀가 윙윙 울리는 것 같고 불길한 예감이 자꾸 머리를 스치고 지나간다. 이번에 러셀 방법을 조금 바꾸어 인모와 내가 스노 쇼벨(눈삽)로 교통호 파는 식으로 파고 전진하고 뒤에서 4명이 배낭을 운반하기로 했더니 좀 빨라지는 것 같다.

어둠이 계곡에 깔리기 시작했다. 어두워지니 마음은 더욱 초조해진다. 이 골짜기를 돌아서면 양폭산장이 보이므로 우리 6명이 있는 힘을 다해서 눈을 파고 러셀에 힘을 더했다. 양폭산장에는 베이스 캠프가 우리를 기다릴 것이라는 조그만 희망을 가지고 나아가니 힘이 덜 드는 것 같았다.

멀리 양폭산장이 어둠 속에서도 그림자처럼 보인다. 그러나 거기에는 불빛, 인기척 모두 없다. 베이스 캠프는 이리로 철수하지 않았다는 걸까?

그러면! 다시 생각하니 아찔한 생각이 든다. 틀림없이 백미폭포 아래서 당했나 보다. 거의 확실하다. 이 계곡에서 이러한 상태에서 다른 곳으로 대피했을 리 없다. 대피를 했으면 이 곳에 있어야 할 H, B, C 파티가 도대체 어디로 갔단 말인가? 더 이상 생각할 틈도 주지 않은 채 우리는 우리에게 닥칠 위험을 느끼고 다시 러셀을 시작했다. 엎드려서 스노 스위밍(눈헤엄)을 하고 눈삽으로 앞을 파헤쳐 죽음의 계곡을 출발한 지 꼭 5시간 만에 양폭산장에 도착했다. 평상시에는 30분이면 충분한 거리다.

산장에 들어서니 사방은 캄캄하고 텅 비어 있었다. 기스링을 풀어 버너에 불을 켜고 저녁을 마친 후 각자 자리를 잡고 나니 모두가 착잡한 심정에 젖어 들었다.

도대체 베이스 캠프의 H, B, C파티는 어디로 갔단 말이냐? 생각해 볼 필요도 없이 그 곳에서 눈사태에 휩쓸린 것이 확실하다. 이렇게 단정을 내리고 나니 잠이 올 리가 없다. 이희성 대장, 김동기 부대장, 남궁 기 부대장의 얼굴이 머리를 스치고 지나간다. 잠을 청하려고 애를 쓰는데 경식이가 하던 말이 생각난다. 서울에서 마지막 거리 구경을 나갔을 때 '설악에 묻히고 싶다' 던 말과, 헤어지던 날 '눈사태를 만나 조용히 죽는 것이 가장 행복하겠다' 던 말이 생생하게 떠올랐다. B파티의 변명수와는 지난 1월에 한라산에서도 1주일을 같이 보냈는데, 만수와 종철의 "엄마 엄마 나 죽거든 설악산에 묻어 줘" 하던 구슬픈 노래 소리가 자꾸만 들려온다.

그러면서도 혹시나 하는 생각에 문을 열고 밖을 내다보면 깜깜한 계곡에는 여기 저기에서 눈사태가 일어나고 있을 뿐 인기척이라곤 들리지 않는다. 어제밤 꿈이 이상하게도 적중되었다면 더 이상 생각하기가 싫다. 우리 6명이 어떻게 해서 안전하게 신흥사까지 빠져나가야 할 것인가를 생각했고, 또 정상에서 이 사실을 모르고 있을 T파티의 전담, 이재인 두 형들도 걱정이 된다. 악몽과 환상에서 하룻밤을 지샜다.

2월 15일 폭설
어제 무리한 강행과 악몽 때문에 오늘은 무제한 취침하기로 하였다. 어제 베이스 캠프 자리로 가려고도 생각했으나 여기에서 우리가 취해야 할 행동은 제2의 조난을 방지하는 것이므로 무리한 행동은 하지 않고, T파티를 기다리기로 했다. 우리의 식량을 점검하니 1일 식량이 남아 있었다. 연료도 1일분, 이제부터 식량 과 연료통제를 시작해서 5일분을 만들었다. 하루에 2식을 하고 점심은 크레커와 사탕으로 때우기로 하였다.

밖에는 계속해서 눈이 퍼붓고 있다. 인기척을 들으려고 신경을 밖으로 곤두세우고 있다. 오후 3시경 전담, 이재인의 신호를 듣고 마중을 나갔다. 이를 악물고 천막 3개와 정상에 있는 장비를 철수해 오는 것을 보고, 앞으로 대비책과 어제의 우리가 겪었던 일 들을 보고했다. 모두들 아무 말이 없었다. 다만 내일 기상이 괜찮으면 모두 베이스 캠프 자리로 가서 그곳을 파헤쳐 확인하려 하였다. 또 하룻밤을 산에서 뜬눈으로 새우자니 빙벽에 걸려 있던 빨간 자일이 자꾸만 눈앞에 어른거려 불길한 예감이 뇌리를 스치고 지나간다.

2월 16일

아침에 밖을 내다보니 눈은 더 퍼붓는다. 어제 나다녔던 눈의 발자국도 완전히 없어졌다. 오늘도 행동중지다. 이젠 방향을 바꾸어 우리의 탈출에 신경을 써 가장 안전히 그리고 빨리 신흥사로 내려가 이 사실을 알리는 것이다.

내일 아침이면 식량도 떨어질 것이다. 될 수록 빨리 이곳을 빠져나가 중간에서 1박하고 신흥사까지를 2일 잡았다. 내일의 탈출을 위해 식량 장비를 점검하고, 우리가 2일 동안 필요한 장비만 가지고 하산하기로 했다. 장비 점검을 끝내고 무전기를 열어 아무나 불러보았다. "여기는 한국산악회 설악산 등반대 감 잡았으면 응답하라 오버" 아무리 불러도 응답이 없다. 이러한 소리를 옆에서 듣는 우리 8명의 대원도 무어라 표현하지 못할 불안감과 비통함에 젖어 들었다. 이러다간 정말 큰일이 날 것만 같다. 대원 모두가 둘러앉아 캠프 송을 불렀다. 그러나 허사였다. 모두의 신경은 죽음의 계곡 100미터 폭에 묻혔을지도 모르는 동료 10명에게로 쏠렸다.

그러나 지금 우리로서는 어쩔 수가 없다. 이럴 때일수록 침착한 행동이 제2의 조난을 방지하는 것이다. 또 지루한 하루해가 저물어 자리에 누우니 산장 뒷면에 눈이 내려쳐서 문이 부서지고 야단이다. 꺼지지 않는 랜턴 촛불만이 기둥에 매달려 우리 8명의 대원을 위로하는 듯하고, 밖에는 계속 이곳 저곳에서 분설 내리는 소리만이 들릴 뿐이다

2월 17일

오늘은 탈출이다. 날짜를 따져 보니 오늘이 음력 설날인가 보다. 아침에 복숭아 통조림을 나누어 먹고 준비를 갖춘 후 나와 인모, 인정이가 설피를 신고 세 명이 앞으로 러셀을 시작했다. 설피를 신었는데도 신설이라 무릎 위까지 푹푹 빠져 들어간다. 양쪽 천불동의 연봉에서는 금방이라도 우리들을 덮어 버릴 듯이 크레바스가 아가리를 벌린다. 앞뒤에서는 설분이 흘러내려 계곡을 찔러 들어가는 우리에겐 굴곡을 분별할 수가 없어 스키 스톡으로 앞을 찔러 보고 경사진 면에서는 나무가 있는 쪽으로 트래버스를 하다 보면 방금 쏟아져 내린 눈사태 자리의 자갈밭이 나타나곤 하였다.

계속해서 폭설은 퍼붓고, 우리는 눈과 눈으로 서로의 안전을 기약하며 비선대에 닿았다. 비선산장도 이미 눈에 덮여 통로가 없었다. 긴신히 옆으로 들어가니 그곳에 있는 주인 아저씨가 찜찍 놀라면서 하는 말이 "전부들 무사히 돌아오십니까?" 이 말에 우리는 대답을 못하고, 우리보다 먼저 내려간 대원이 있느냐고 반문하였다.

그랬더니 지난 13일에 촬영기사 박채규 씨만 내려갔다는 말을 듣고 신흥사로 향했다. 와선대를 지나 정고평을 지날 때 10여일 전 이곳을 오를 때는 전대원이 무사한 등반을 약속하며 머루즙을 마시며 하산할 때 다시 한잔하자던 말들을 생각하니 눈시울이 저절로 뜨거워진다. 무거운 발걸음으로 신흥사를 지나 우리가 숙소를 정했던 설악여관, 떠날 때 들었던 그 방에 들어서니 15명이 득실거리며 등반준비를 하던 때와는 달리 8명만이 들어서니 눈물이 왈칵 쏟아진다. 즉시 설악동파출소와 서울에 이 사실을 알리고 백미폭포에 잠들고 있을 동료 10명을 위해 머리를 숙였다 <중략>.

1969년 3월5일 오진 11시 설악산 신흥사에서 거행된 합동 영결식 때 산사람들의 가슴에 파고 드는 노산 이은상 한국산악회 회장의 조시를 되새겨 본다.

설악산 조난 10동지 영전에

쓸어안으니 차가운 몸들
내 체온을 가르고 싶다
숨소리가 왜 없나
내 호흡을 불어넣었으며
그대를 흔들어 보다 못해
눈 쌓인 산만 바라본다

아까운 그대들이라
거치른 세상에 오래 안두고
깨끗한 그대들이라
흙먼지 속에 차마 못 묻어
하늘이 설악 명산을 골라
흰눈 속에 감추시던가

이 밤에 그대들을 그려
산 아래 홀로 섰노라니
천봉만학이
달도 희고 눈도 흰데
어디서 귀익은 목소리
들리는 것만 같다

못다 푼 그 의욕
다 못 태운 그 정열
젊은 동지들
'얏 호' 소리 들리거든

그 속에 같이 섞여서
마저 풀고 태우게

눈 속에 꿈을 묻은 채
깨지 못한 영혼이라
산에 들에 눈이 내리면
그 모습 떠올라 어이할꼬
이 산에 눈이 쌓일 제
비들고 눈 쓸어 돌아오마

우리는 그대들 잃고
통곡으로 목이 메어도
그대들은 이 산에서
산꽃처럼 산새처럼
즐거이 웃으며 노래하며
어깨 겼고 노나니

어제는 우리 동지
오늘은 설악 천사들
수많은 산악인들
이 산 뒤에 밟을 적에
발 앞을 이끌어 주는
수호신이 되소서

대한산악연맹 에베레스트 훈련대 조난

1976년 2월16일 오후 1시20분 하늘과 땅 온 천지가 하얗게 눈이 내리던 날이었다. 베이스 캠프에는 무거운 침묵만 감돌 뿐, 아무도 입을 열지 않았다. 간간이 정적을 깨뜨리는 흐느낌이 더욱더 분위기를 침울하게 만들었다.

대한산악연맹 에베레스트 제3차 훈련대는 2월10일부터 김영도 단장을 중심으로 대원 28명이 설악산 좌골에서 훈련중에 눈사태로 최수남, 송준송, 전재운 등 세 동지를 잃고 말았다.

세계의 지붕을 겨냥하던 뜨거운 젊음이 넘치던 그들의 피가 싸늘하게 식어버린 시신을 눈덩이 속에서 파내었을 때 모두 다 넋을 잃고 말았다.

설악산으로 떠나는 날 이른 새벽에 전송 나온 최수남 부인 안영남 씨의 품에 안겨 재롱떨던 아들 진혁이와 잠시나마 이별이 아쉬운 듯 턱 수염이 자란 얼굴로 뺨을 비벼주던 자상했던 그의 그 모습은 어디로 갔는가.

예쁜 부인을 대구로 데리고와 미스 부산에 출전했다고 슬쩍 자랑하면서 에베레스트에 갔다오면 바다의 배낭(렁)을 짊어지고 스쿠버 다이빙을 하자고 제안했던 그 말은 눈 속에다 파묻어 버렸단 말인가? 산과 바다를 동경했던 부산 사나이 송준송이여!

까까머리 군인으로 참가해 늘 해 맑은 웃음을 간직했던 막내둥이 전재운이여 !

설악의 눈 내리는 산이 그렇게 좋단 말인가? 그 높은 에베레스트도 마다하고 한 송이 채 피지 못한 에델바이스가 되어 눈발 따라 하늘로 올라가 버렸단 말인가?

베이스 캠프를 설악 좌골 입구에 구축한 바로 그 날밤이었다. 기나긴 겨울밤을 침낭에 드러누워 눈을 붙일 수는 없었다. 고참 대원들이 약속이나 한 듯 빠져 나왔다. 털보 유창서 형이 눈을 다져 만든 여인상 작품 앞에 모여들었다. "야 이렇게 유난히 밝은 달밤에 소주 한잔 없냐" 누군가 푸념을 하자 곽수웅 씨가 천막에 감춰두었던 술을 가지고 왔다.

이날은 마침 한국산악회 설악산 10동지 추모식이라 혼자서라도 참석하겠다고 나섰던 최수남 씨가 술에 취한 채, 우울한 표정으로 소주 몇 병을 사들고 올라왔다. 그 날 밤 따라 나뭇가지에 걸려있는 차가운 달을 응시하면서 술 한잔으로 내일의 산행을 기약하면서 잡담을 나눴던 것이 그와 마지막 밤이 될 줄이야－－－.

등반 첫날인 2월15일 B조와 C조는 함께 본부 캠프를 나서 설악 좌우골 갈림길에서 헤어졌다. B조인 최수남 조는 까치골을 통과하여 1275안부로 가고, C조에 편성된 한정수 씨와 함께 휘날리는 눈발 따라 1106고지에 올라섰다.

얼마나 많은 눈이 내리는지 코펠을 천막 밖에 내놓으면 순식간에 눈이 가득 차는 난생 처음 보는 폭설이었다. 천막에 갇혀 눈 내리는 하늘만 쳐다보면서 날씨만 원망할 뿐, 본부의 지시가 있을 때까지 아무런 대책을 세울 수가 없었다.

계속 퍼붓는 눈의 중력에 못 이겨, 천막의 폴대가 부러질 듯 안쪽이 점점 좁아지면서 취사에서부터 잠자리에 이르기까지 불편이 많았다.

밖으로 나가 눈삽으로 제설작업을 하였으나 그것도 잠시뿐 금방 쌓여버려 체력만 소모했다. 천막에 들어서자 달라붙은 눈을 손으로 두드려 흘러내리게 하고, 다시 등으로 밀어붙여 공간을 확보하다가 지친 나머지 모두 다 깊은 잠에 빠져 들고 말았다.

점점 조여오는 불편한 새우 잠자리임에도 불구하고, 말로는 표현 안될 무서운 꿈을 꾸었다. 동해 앞 바다에서 솟구쳐 오른 세 개의 황금빛 불덩어리가 긴 꼬리 내 뿜으며 어두운 밤하늘의 허공을 맴돌다가 방향을 바꾸어 공용능선의 B조 캠프(1275고지)에 떨어졌다. 눈가루는 캄캄한 밤하늘을 치솟아 오르다가 우리를 향해 덮쳐 버렸다. 놀라 깨어보니 꿈이었다. 온 전신에 식은땀이 흐르지 않는가! 무엇이라고 형용할 수 없는 무서운 꿈의 잔재가 되살아나 온몸에서 꿈틀거린다. 혼자 감당하기 어려워 옆에 곤히 잠들어 있는 동료들을 깨우고 싶은 마음 간절했다.

옆의 동료를 밀어붙이고, 침낭에서 빠져 나와 어렵게 버너 불을 피워 젖은 양말을 말리면서 무서움을 쫓아내려고 노력했다. 시련의 밤을 지새우고 좁은 천막을 빠져 나왔다. 주위에 보이는 나무, 바위할 것 없이 온통 하얗게 변해 있었으나 날씨는 맑게 개어 있었다.

김영도 대장으로부터 눈사태의 위험이 뒤따르니 훈련을 중지하고 본부 캠프로 철수하라는 명령이 떨어졌다. 폭설에 당황한 나머지 아침을 서둘러 먹고 짐을 챙겨 내려올 때는 신나는 하산길의 연속이었다. 한정수 대원이 글리세이딩 하다가 눈에 곤두박질치는 바람에 모두들 한바탕 웃으면서 설사면을 조심스럽게 내려 왔다.

이러한 위험을 감지하여 3개의 자일을 최대한 이용하여 안자일렌으로 30미터씩 충분한 간격을 유지하고 한사람씩 내려간다. 아래 계곡에 내려오니 B조 지원 차 올라가는 본부조 강호기 조장을 비롯하여 많은 대원들을 만나 동심으로 돌아가 눈싸움을 벌이는 등, 하룻밤 사이에 하얗게 변한 세상에 대한 즐거움을 만끽했다.

본부 캠프에 무사히 도착하자 게이터를 벗어 눈을 털고 어두운 군용 폴러 천막 안으로 들어서니 김영도 대장을 비롯하여 동국대학교 김장호 교수가 반갑게 맞아주었다. 따뜻한 커피 한잔으로 피로를 달래는 중이었다.

무전기에서 알아들을 수 없을 정도의 울부짖는 대원의 목소리가 들려 왔다. 감도가 떨어지고 잡음이 섞여 무슨 말인지 몰라도 마음 한 구석에는 무언가 불길한 예감이 사라지지 않았다.

곧이어 현장에 도착한 본부 조의 목소리가 터져 나왔다. "B조가 눈사태를 당하여 지금 구조작업을 벌이고 있습니다" 너무나 큰 충격을 받은 김 대장의 말 한 마디 "도대체 무슨 소리야?"

순식간에 무거운 침묵만 어두운 천막에 감돌 뿐, 누구하나 선 듯 말하는 사람이 없었다. 구조작업중이라는 말에 한 가닥의 희망을 걸 수밖에 없었다.

본부에 남은 잔류대원들과 함께 장비를 챙겨 설악 좌골 현장에 도착하니 언제 눈사태가 일어났느냐는 듯 눈 덮인 계곡에 싸늘한 바람만 지나갈 따름이다. 살아남은 세 대원은 정신 나간 사람 마냥 눈 위에 멍하게 앉아 있었다. 먼저 도착한 본부 조가 코펠로 눈을 정신 없이 파헤쳐 보기도 하고, 나뭇가지로 눈 속 여기 저기에 쑤셔가면서 감촉으로 느끼는 수색작업이 한창이었다.

한 사람의 생명이라도 구해야 되겠다는 일념으로 갖고 온 눈삽으로 파헤쳐 보았으나 너무나 깊고, 눈사태 지역이 너무 넓어 시간만 자꾸 흘러 마음만 조급할 뿐 몸이 마음대로 움직여 주지 않았다.

그 때였다. 누군가 "눈사태다!" 라는 외마디 소리에 놀라 고개를 쳐드니 표층 눈사태가 덮쳤다. 다행히 목격한 사람이 많아 한 사람이 파 묻혔으나 손쉽게 눈더미에서 꺼낼 수 있었다.

시간이 너무 많이 흘렀다. 발견한다 해도 시간이 많이 흘러 숨이 붙어 있을 리 만무했다. 또한 구조대원들도 너무나 지쳐 있어 동료를 잃었다는 슬픔을 앞세우는 것보다 이성을 되찾아 정확한 상황판단을 내리는 수밖에 없었다. 그리고 기온이 점점 올라가 계속적인 눈사태의 위험이 높아져 나머지 우리들은 눈물을 머금고 현장을 그대로 두고 철수해야만 했다.

구사일생으로 살아남은 박훈규 대원의 그 때 상황을 들어보자.

1976년 2월 14일 구름과 비
가랑비 속에 어제와 같은 일이 반복됐다. 아니 어제보다는 식량 박스가 3개에서 2개로 줄어 가벼워졌다. 저녁 5시50분 우린 베이스 캠프에서 젖은 옷을 말렸다. 팬티만 입고 양말을 말리는 사내 녀석들 그래도 누가 흉보는 이도 없으니----.
훈련 도중엔 금지되어 있는 술이 누구의 배낭에서 인지 새어 나왔다. 귀한 술! 찡하고 콧속을 자극하는 소주 맛의 그 짜릿함, 하기야 나도 소주 한 병을 배낭 속에 감춰 둔 것이 있지만 겨우 송준송 선배에게만 나중에 한잔씩 나누자고 눈짓으로 말을 보냈다. 내일부터는 우리조도 공격조가 된단다.

2월15일 흐림
5시30분 부스럭거리는 소리에 눈을 떴다. 우리조는 식량박스 2개씩을 캠프1에 운반하는 일을 맡았다. 점심으로 또 지겹게 빵이 지급된다. 밥 생각이 간절하다. 까치골에 올랐을 무렵엔 감각이 없어진 것처럼 추워지더니.
진눈깨비로 시야가 막힌다. 지겹게 달라붙는 진눈깨비, 그 눈보라를 뚫고 오후 4시 우린 캠프1에 섰다.
까치골 상단 안부 1275고지 남쪽을 향해 쳐진 두 개의 텐트엔 최수남 조장과 전재운, 김호진 아래 텐트에는 송준송, 이기용 내가 배정됐다. 물탕이 된 텐트 속에서 젖은 옷을 3시간 이상 말려도 양말은 아직 마를 기미가 없다. 내 배낭 속에 숨겨두었던 소주를 꺼냈다.

지나온 과거가 드라마처럼 펼쳐진다. 등산, 술, 여자, 사랑 밖에는 영하 15도의 찬바람과 함께 눈발이 계속 날린다.

2월 16일 눈 안개

최수남 조장이 이끄는 B조는 송준송, 박훈규, 이기용, 김호진, 전재운 등 여섯명의 대원을 데리고 까치골을 통과하여 1275봉 안부에 제1캠프로 떠난다. 눈은 폭설로 변하여 온 천지가 하얗게 변했다. 하룻밤 사이에 내린 눈은 1미터를 넘어 천막이 내려앉아 식량이며 장비를 찾느라 부산을 떨어야 했다. 천막 바로 위에는 2, 3미터쯤 되는 눈처마가 기분 나쁘게 우리를 덮칠 듯 잉잉거리고, 눈사면이 갈라지면서 여기저기서 산이 울부짖는 무서운 소리를 낸다.

기온은 영하6도 캠프1을 떠나기 전에 다소 의견 차가 있었다. 날씨가 나빠졌기 때문에 캠프2로 전진하느냐 베이스 캠프로 돌아가느냐는 것이었다. 우린 캠프2로 꺾어가는 길목에서 코스를 다시 의논하기로 하고 출발했다.

캠프1을 떠나 5분 정도 걸었을까? 표층 눈사태가 나더니 5, 6미터쯤 내려 오다가 멈췄다. 아름드리 나무가 울창하게 있었기에 우린 나무 숲사이로 급히 몸을 숨기긴 했지만 기분이 유쾌하진 않았다. 다시 10분을 걸었을까 계곡을 가르는 듯한 외침이 등 뒤에서 났다. 한 대원이 눈 속에 쳐박혀 아우성이다. 발목이 눈 속 나무등걸에 걸려 꼼짝하지 않는다. "수남이 형 이거 초장부터 대원들 사기를 죽이는데요?" "글쎄 말이다" 이 말이 최 대장과 내가 나눈 마지막 대화가 될 줄은 상상조차 하지 못했다.

우린 허리까지 차는 눈밭의 비탈을 내려오고 있었다. 설악 좌골 어제 우리보다 앞서간 A조가 쳐놓은 힉스 로프를 이용하여 폭포를 내려갔다. 그로부터 30분이 지난 1시20분쯤 우린 중간 폭포의 급비탈에 도착했다. 폭포는 눈이 많이 내린 탓으로 직벽이 아닌 40도의 설사면을 이루고 있었다. 좀 급경사이긴 하지만 피켈을 이용하여 글리세이딩으로 내려올 것도 같아서 출발하는 자세를 취했다.

최 조장이 무어라 외치는 소리를 듣는 순간 거대한 눈덩이가 눈가루를 내뿜으면서 내려오지 않는가! 그 순간, 나도 눈사태 속으로 휘말려 들고 말았다.

'그렇지 이런 게 눈사태구나!' 하고 생각하면서 어떻게 해서든지 '살아야 겠다' 는 생각이 머리 속을 스치는 순간 정신을 잃었다.

노곤한 졸음과 목구멍에 달착지근하게 배어오는 질식! 봄날 잔디밭에서 기분 좋게 잠들려는 순간의 나태와 같은 졸음---- 글쎄 내가 어떻게 눈사태 속에서 탈출을 했는지 나는 까맣게 모른다.

어떻게 눈을 뜨고 보니 머리통만 밖으로 나와 있고 나 혼자 뿐이었다. 불과 몇초 몇분 전 눈에 쓸려 내리던 생각이 떠오르는 순간 나는 살았다는 희열과 죽음의 공포가 나를 한없는 수렁 속으로 몰아가는 듯 했다.

두리번거리다 보니 7, 8미터 전방에 등산화 뒷축이 눈 속에 조금 나와 있었다. 허겁지겁 파내고 얼굴을 보니 김호진 대원이었다. '죽지는 않았겠지?' 또 다른 대원을 두리번거리며 찾아보니 바람을 타고, 설연만 날릴 뿐 언제 눈사태가 났느냐는 듯 주위는 너무나 조용했다.

10미터 쯤 떨어진 곳에 빨간 장갑 끝이 보였다. 엉금엉금 기다시 피하여 눈을 파헤치고 끌어 올려보니 이기용 대원이다. 이대원은 피를 한입 토하더니 당황해 하는 표정으로 주위를 살핀다. 먼저 구한 김호진 대원은 까무러친 채 그냥 눈 속에 드러누워 있었다. 눈 속에서 꺼내 뺨을 서너대 때렸더니 정신을 차리고 세사람은 부랴부랴 수색작업에 들어갔다.

20여분 동안 신들린 사람처럼 눈 속을 이리저리 파헤쳤다. '무언가 막대기 같은 게 있었으면 빨리 찾을 수 있을 터인데--' 문득

설악골 조난현장에서 조난자가 동료대원들에 의해 운구되고 있다(김운영 사진).

텐트폴이 떠올랐다. 미친놈처럼 폴로 눈 속을 쑤셔가면서 근처를 수
색했다. 오후 3시 30분 경 또 다시 눈사태가 일어났다. 와락 겁이 났
다.

　지금까지 눈사태가 나는 줄도 모르고 수색작업을 펴 왔으나 머
리 쪽에는 우리가 쓸린 후에도 서너 차례나 눈이 밀려온 모양이었다.
세 사람 모두 탈진 상태에 빠져 엉거주춤하고 서 있는 순간 기적 같은
게 일어났다. 계곡 아래쪽에서 두런두런 말소리가 들려 오지 않는가.
귀를 기울여보니 분명 지원조의 산행이었다. 셋은 있는 힘을 다해 구
조를 요청했다. 이윽고 저쪽에서 우리 구조 요청을 들었는지 행동이
빨라진 것 같다.

　그리 멀리 떨어진 곳도 아닌데 10명이 비탈길을 올라오는데 10
여분 이상 걸렸다. 본부지원조(조장 강호기)의 모습을 보는 순간, 갑

295

자기 피로감이 엄습해오고 온 몸에 힘이 쭉 빠져 버렸다. 주저앉아 눈 덮인 하얀 산을 쳐다보면서 울부짖기 시작했다. 우린 그 때서야 설움이 북받쳐 올랐다.

조난 경위를 대충 설명하고 조난 현장을 둘러보는 순간 아래쪽에서 "눈사태다" 하는 절박한 소리가 들려왔다. 그 무시무시한 눈사태가 흰 머릿발을 풀어 휘두르면서 계곡 아래로 한 무더기가 쏟아져 내렸다.

모두 다 산비탈로 뛰어올라가고 바위 틈으로 피신했으나 본부 대원 한사람이 파묻혔다. 그러나 목격한 사람이 많아 쉽게 구출할 수 있었다.

위험이 도사리고 있는 지옥과 같은 이 계곡을 한시라도 빨리 빠져 나와야만 했다. 시간이 너무 지체되어 발굴을 해도 이미 숨이 멈췄다는 판단이었다. 그리고 갖고 있는 장비로는 더 이상 손을 쓸 수가 없었다.

한 오라기의 밧줄에 생명을 나누며 서로를 의지했던 동료의 죽음을 눈 앞에서 보자니 애통스러움이 너무나 컸다.

한시간 정도의 수색 작업에도 다정한 벗들의 모습은 찾을 길이 없었다. 구조대는 오후 5시 현장 부근 천연굴에 구조전진 캠프를 설치했다.

강호기 조장 외 2명의 대원을 남기고, 동료를 잃은 슬픔을 삼키면서 떨어지지 않는 무거운 발걸음을 옮겨야만 했다.

1976년 2월17일 아침 베이스 캠프와 사고현장에 유선통신을 가설하였고, 구조대를 3개 조로 나눠 눈사태 실종자 수색에 나섰다. 엄청나게 쌓인 눈을 파헤치기는 역부족이었다. 나뭇가지로 눈 속을 찔러 보았으나 밑바닥까지는 닿지 않는다.

구조작업이 진전이 없자, 유창서 형이 설악동에 거주하는 사람을 시켜 도굴범이 무덤에서 유품을 끄집어 낼 때 사용하는 침봉을 구해왔다.

눈구덩이에 쑤셔 넣어 끝마디가 닿는 촉감에 의한 수색 끝에 오후 1시20분 최수남의 시신을 깊이 1.5미터의 눈 속에서 바로 선 채로 발견했다. 배낭의 멜빵이 눈사태의 위력 앞에 터져 나갔다.

움켜 쥔 피켈이 눈 속에 깊이 박혀, 슬링이 손목을 잡는 바람에 그를 꼼짝 못하게 만들었다. 피켈에서 벗어나려고 애쓴 흔적이 손목 부위에 역력하게 나타나 더욱 더 우리를 안타깝게 했다. 오후가 되자, 포근한 날씨로 눈이 내리기 시작하고, 깊은 안개마저 시야를 흐리게 했다. 5시경 철수했다.

2월18일 민군관 합동으로 깊이 5, 6미터 파고 들어가 수색작업을 하였으나 두 대원을 발견치 못했다. 안타까움이 말할 수 없다.

2월19일 아무리 뒤져도 나타나지 않자, 곽수웅과 함께 사고지점에서 150미터 아래 계곡으로 내려가 첫 삽질을 하니 배낭이 눈 속에서 삐죽 보였다. 오전 10시30분 경 송준송은 예상했던 지점을 많이 벗어나 약 30센티도 안 되는 눈 속에 배낭을 메고, 엎드린 자세로 발견되었다. 고등학교시절 수영선수로 활약한 그는 해일처럼 밀려오는 눈을 타고 내려왔으나 30킬로그램이 넘는 무거운 배낭이 그를 짓눌러 버렸다.

입술을 깨문 채 안간힘을 다해 눈 속에서 벗어나려고 발버둥친 흔적! 눈 표면과 옷 사이는 1센티미터의 공간이 생겨 있었다. 제일 먼저 여기부터 파 헤쳐 보았더라면 하는 안타까운 마음 금할 수 없다. 눈물이 수없이 눈 위에 떨어진다.

2월20일 오후 3시30분 죽음에 코앞에서까지 선배를 챙기려고 따라간 듯, 마지막으로 찾아낸 막내둥이 전재운의 시신이 2미터의 깊이에서 발굴되었다. 꽉 다문 입술 언저리에 붉은 피가 잉겨 있는가 하면 허공을 응시한 눈동자는 에베레스트를 염원하고 바라보는 듯했다.

눈썰매를 만들어 세 동지의 시신을 평소 잠들었던 침낭 속에 넣어 그 위에 태극기와 연맹기로 덮어 천불동 계곡을 따라 끌고 내려오면서 '설악산아 잘 있거라'는 평소 세 동지들이 즐겨 부르던 산노래를 목이 메이도록 불렀다.

함박 웃음 속에 머루즙을 나눠 마셨던 와선대를 지나쳤다. 낯익은 아줌마도 눈 쓸던 빗자루를 멈추고, 산이 좋아 산에 묻혀 설악산을 떠나가는 동지들에게 명복을 빌어 준다.

地球의 높이를 겨냥하던 사나이들아!

金 長 好

마등령 자작나무처럼 시원스럽던 崔秀男아!
가야동 골짜기 물처럼 부드럽던 宋準松아
12탕 머루 알처럼 생기 넘치던 全在雲아!
듣는가 설악골의 에베레스트로 이어 붙이던
의지의 사나이들아!
우리는 안다.
그날 2월하고도 16일 오후 1시20분
너희가 왜 거기를 뛰어 들었는지를 우리는 안다.
적설량 2백센티 경사도 80도.
상하단 석벽길이 2백미터의 그 눈 더미 심곡 속으로
너희가 왜 파고들었지를 우리는 안다.
거기를 통해서만 에베레스트가 있었기 때문이다.
그 속으로만 8,848미터의 세계의 지붕이 보였기 때문이다
우리는 안다
너희를 눈 더미 속에서 파내었을 때
왜 피켈을 움켜쥔 수남이의 주먹이 펴지지 않았던가를

298

왜 준송이의 그 어린 눈이 허공에 노리고 있었던가를
왜 재운이의 꽉 다문 입술에 피가 맺혔던가를
비바람 만나면
용숏골 반달곰보다 억세었던 사나이
키를 넘는 눈구멍에서 오히려
쌍폭 멧돼지보다 사나웠던 사나이

너희 친구들이 눈물 섞어 산 노래를 부르며
너희 시체를 어깨에 메고 내려오는 것을 보고
지붕에 눈을 치우던 설악동 사람들도
삽을 놓고 울었다
노루목 열 동지도 땅속에서 기어 나와 울었다
15일 아침 10시부터 그 시간까지
27시간의 그칠 새 없는 강설
빈 코펠을 천막 밖에 내어두면
삽시간에 가득 차는 눈발 속
하늘에 눈 땅에 눈
바라보는 집선봉 화채릉의 바위 벼랑도
뿌옇게 서리는 어둠을 뚫고
강호기 조도 내려왔다
김인섭 조도 내려왔다
문성길 조원길 조는 시간마다
교신이 되는 캠프2에 건재한 데
기스링 양끝이 벼랑에 가 닿는 까치골로 치올라서
금새 쏟아질 듯 3백밀리 두께의 눈 저마를 머리에 이고
유독 1,275고지에 낙도같이 고립된 캠프 1
눈발같이 쌓이는 시름 속에

베이스 캠프의 등불마저 가물거리던 그 날 밤
천막을 깔고 뭉개는 눈더미를 치우고 들어오면
괜찮을까요?
슬리핑 백 속에 몸을 뒤척이며
최수남이 끄는 B조요 안심하고 잠이나 듭시다
아무도 자지 않았다
눈을 감은 채 김영도 총대장도 잠들지 못했다
설악골 유창서도 잠들지 않았다
듣는가 수남아, 준송아, 재운아!
지구의 높이를 겨냥하던 사나이들아!
지리산 갈가마귀에게 물어보라, 너희 이름을
한라산 실구름더러 물어보라, 너희 이름을
설악산 골짜기마다 너희 피가 어려있다
공용릉 바위 금마다 너희 살점이 묻어 있다!
이른봄 설악을 졸업하고 그 길로 배낭을 멘채
에베레스트로 가는구나
봄볕이 내려 쬐는 태평로에 모여서

너희를 보내는 설령의 하켄의 대륙의 청봉의
엑셀시오의 거리회의 아일랜드 피크의
훈련대의 산 친구들의
이 목메이는 부름소리를 등에 하고
셰르파 쌍게를 만나 자일을 매어주고
히히거리고 또 그렇게 웃을 테지 최수남아!
강풍에 휘청거리며 제 키를 탓하며
그렇게 사우드 콜을 오르고 있을 테지 송준송아 !
한발을 들고 깡충거리며 그렇게

아이스 폴의 크레바스를 건너뛰고 있을 테지 전재운아!
살아서 동료들을 이끌던 사나이들아
죽어서 너희 동료들을 밀어 올려다오
그 입을 앙 다문 8,848미터로
수남아, 준송아, 재운아!

눈사태에서 살아남은 불사조 박훈규의 뒷 이야기

죽음을 부르는 눈사태에서 두 동지의 목숨을 구하고 살아남은 박훈규는 에베레스트 등반대에서 모습을 나타내지 않았다. 외동 아들이라는 그의 연이 만년설의 퇴적보다 상했기 때문이다. 그래서 '나는 어머님을 위하여 겁쟁이가 되어도 좋다' 라고 스스로 물러섰는지 모른다. 그후 성공의 결과를 예상치 못했다. 초등학교 교과서에 에베레스트 등반내용이 실리는 등 국민들의 호응을 받게되자 정상의 사나이! 고상돈이라는 이름이 널리 알려졌다. 그럴 즈음 고 대장은 고향인 제주도로 박훈규 씨를 만나러 찾아갔다. 에베레스트에 못 간 괴로운 심정을 알고있다는 듯 북미의 최고봉 맥킨리 등반에 같이 나서자고 제안했다. 귀가 솔깃했다.

1979년 그는 큰산을 향했던 고민에서 벗어날 기회가 찾아 왔다. 한국일보가 지원하는 맥킨리 등반에 고상돈 대장과 이일교 대원, 김운영 기자와 함께 나섰으나 불운을 맞이하고 말았다.

미국대가 베이스 캠프에서 저녁을 먹으면서 정상 아래 웨스트 버트레스의 서벽에서 세 개의 검은 반점이 떨어지는 깃을 목격할 수 있었다. 너무나 거리가 멀어 잘 식별 할 수 없었으나, 사람이라는 생각이 들자 급히 썰매를 끌고 현장에 도착해 보니 안자일렌한 세 사람이 처참한 모습으로 떨어져 있었다.

아직 숨이 붙어있는 박훈규 씨와 고상돈 대장을 함께 싣고 갈 수 없는 작은 썰매여서 할 수 없이 복합 골절로 피를 많이 흘리는 박훈규 대원을 먼저 싣고 내려와 응급처치 한 후, 다시 올라가 보니 고 대장은 이미 숨을 거둔 후였다.

정상을 마치고 탈진상태에서 하산도중 세 사람이 추락하여 고상돈, 이일교 두 사람은 불행하게도 목숨을 잃고 말았다. 그러나 박훈규 대원은 설악산 눈사태에 이어 두 번이나 조난사고라는 비운을 맞이했으나 불사조처럼 끈질긴 생명력을 이어왔다.

그는 알래스카 앵커러지 미군부대에 이송되어 몇 달간 동상을 치료 받았다. 한국으로 후송되어 와서는 서울대학병원에 몇 달간 입원하여 치료받아 왔으나 끝내 심한 동상으로 손가락과 발가락을 잘라내야만 했다.

그 후, 퇴원하여 제주도 고향에 내려가 있는 그를 찾아보았다. 발가락이 하나도 없어 평형을 잡지 못하자 보행에 불편을 덜기 위해 밑창이 두꺼운 등산화를 늘 신고 다녔다. 서툰 아기 걸음마로 저 만치 나타난 그 모습을 쳐다보니 갑자기 가슴이 뭉클해졌다.

부둣가의 맥주 집 문을 밀치고 같이 들어섰다. 술잔이 넘치도록 술을 가득 따르자 손가락이 잘려나간 손 뭉치로 잔을 받으면서 그가 한 마디 내 뱉는다. "상열이 형! 하느님도 내가 술을 좋아한다고 내 열 손가락 중 술잔을 받칠 수 있는 오른쪽 엄지와 중지는 남겨 놓았군요" 하면서 주고받은 술잔은 마시는 것이 아니라 막무가내로 퍼붓는 것이었다.

한라산 갔다하면 박훈규를 만나 보아야 했다. 술 한잔 걸치고 헤어져야만 속성이 풀리는 그 이름 석자를 기억하기까지는 25년이라는 세월이 흘렸다.

그는 손가락과 발가락이 없는 장애인이 된 것을 그렇게 심한 불운으로 생각하지 않고, 산을 사랑한 죄 값으로 오히려 자랑스럽게 생각하고 있었다.

배낭에 짐을 챙겨 한라산을 오르기 시작하자 차츰 그의 걸음은 익숙해지기 시작하여 마침내 백록담에 올라서니 새로운 감회는 옛날의 정상때보다 훨씬 진했다. 그 때부터 박훈규는 한 장의 사진을 담기 위해 절룩거리는 발걸음으로 험난한 산기슭을 기어올랐다. 이제는 쳐다보면서 느끼는 아름다움을 죄다 사진속으로 모아 놓으려고 애쓰고 있었다.

이제는 옛날처럼 술잔을 받기 위해 하느님이 남겨준 엄지와 약지가 아니라 작품의 세계를 향한 카메라 셔터를 누르기 위한 손가락이었다.

어느 날 엽서 한 장과 '하얀 사슴의 노래' 라는 사진집이 내 직장으로 배달되어 왔다. 기쁜 마음으로 책을 펼쳐 보았다. 수족을 못쓰는 몸으로 고향의 한라산을 시작으로 백두산과 히말라야의 전경을 담은 작품세계를 보니 감탄하지 않을 수 없다. 그가 걸어온 역경의 발자취는 잃어버린 손과 발가락에 새살이 돋아나는 듯했다.

1999년 4월3～12일, 제주시 갤러리에서 열린 박훈규 출판기념 사진전은 많은 산악인들이 참석한 가운데 성황리에 이루어졌다. 이것이야말로 박훈규의 불행한 과거를 딛고 일어선 고귀한 인간승리의 대 드라마였다.

책머리에 작가 박인식 씨가 쓴 '어머니, 그 산의 이름으로' 란 서문은 너무나 감명이 깊어 한번 더 남겨주고 싶다.

둘이서 먹다가 하나가 죽어도 모를 맛 그 무아지경이 '박훈규의 산' 에 있었다. 이것은 '불사조' 라든가 기저이라는 그 낡고 상투적인 수사로 꾸며지기를 거부하는 박훈규의 산.

인생에 대한 나의 헌사다. 그는 우리 시대 최고의 산사나이들이 하얀 산에서 순교하는 비운의 현장을 두 차례나 체험했고, 그 두 번의 조난사고에서 다섯 명의 산 친구를 잃었으며 자신은 열 개의 발가락과 일곱 개의 손가락을 잃었다. 그리고 6년에 걸친 재기의 몸부림 끝에 한라산을 다시 오르는데 성공하여 지금은 제주도 산악계 최초로 히말라야 6천미터 급을 원정하려는 거사의 깃발을 스스로 올리고 있다.

그가 우리나라 사람으로는 최초의 해발 8천미터를 넘어선 최수남을 잃은 것은 겨울 설악의 온 산능선이 눈보라로 빛나던 1976년의 어느 날이었고, 제주의 동향 출신으로 한국 최초의 에베레스트 등정자가 된 최고의 사나이 고상돈을 잃은 것은 북미 최고봉 맥킨리의 빙벽이 하늘 마저 지쳐서 거친 숨을 몰아쉬던 1979년의 그 어느 날이었다.

한국 에베레스트 원정대의 선봉장이었던 최수남 대장은 박훈규의 새로운 사부였다. 최 대장은 제주 대표로 훈련대에 참가한 박훈규 대원의 기백과 힘과 손재주를 사랑하여 자신이 겪고 닦은 산 기량을 아낌없이 전수했다.

1976년 2월13일 에베레스트 원정을 위한 제3차 설악산 동계 훈련대에서 최 대장이 자신이 조장을 맡은 B조에 박대원을 배치시킨 것은 그에 대한 각별한 애정 때문이었다. 최수남 조는 설악산에 150센티미터 가량의 폭설이 내린 공룡능선의 범봉 안부에 설치된 베이스 캠프로 이동중이었다. 텐트의 입구가 눈으로 막힐 만큼 많은 눈이 내렸다. 하얀 눈으로 반짝이는 온 산이 쩍쩍하며 얼음 갈라지는 소리를 냈다. 최수남 대장이 앞장을 서고 전재운, 송준송, 이기용, 박훈규 그리고 김호진 대원이 차례로 열을 지어 1275봉 안부의 중간 지점을 내려오고 있는 중이었다. 주변 설사면에서는 얼음 갈라지는 소리가 연이어 들려 왔다.

그 곳에 오래 머물면 위험하다고 판단한 최 대장은 전원을 눈 위를 미끄럼 타게하여 빠져 나오게 했다. 안부를 거의 빠져 나와 휴식하고 있을 때, 최 대장이 등산복 안주머니에서 담배를 꺼냈다.

최 대장이 박훈규 대원을 보고 겸연쩍게 웃으며 말했다. 그 때였다. "눈사태다" 벽력같은 소리가 울렸다. 그 소리를 듣고 탈출하려는 자세를 취하려는 박 대원의 눈에 하얀눈 안개가 서렸다. 아무 것도 의식할 수 없는 찰나의 시간에 그의 몸은, 눈과 동료들을 뒤범벅으로 만든 눈사태와 함께 흘러 내렸다.

얼마간 눈 속에서 흘러내렸을까. 어느 순간 박훈규는 정신이 번쩍 들었다. 배낭을 멘 채 눈구덩이에 박혀 있었지만 머리는 바깥으로 나와 있었다. "초인간적이라는 표현을 흔히 쓰지 않습니까, 늘 그런 것은 아니지만 살다보면 그런 힘이 발휘되는 순간이 있는 것 같아요" 그 때가 그랬다. 타고난 장사라는 소리를 듣지만 그런 힘만으로는 설명되지 않는 어떤 힘에 감전된 듯 그 눈구멍에서 단숨에 뛰쳐나왔다.

눈사태가 새롭게 만들어낸 눈벌판에는 아무도 없었다. 그는 동료의 이름을 부르며 짐승처럼 울부짖었다. 뭔가 한 점의 사람 흔적을 찾는 그의 눈에 거꾸로 박힌 등산화 한쪽이 드러났다. 그는 정신없이 그 주변을 파냈다. 김호진 대원이었다. 그리고 그 위쪽에서 꼬물거리는 빨간 점 하나가 그의 시야에 빨려 들어왔다. 그 쪽으로 달려가 숨쉴 틈 없이 눈을 파냈다. 그 빨간 장갑의 주인은 이기용 대원이었다.

얼굴 주변의 눈을 파 내주자 이대원은 큰 날숨과 함께 한 웅큼의 선지피를 뿜어냈다. 눈을 파낼 여유도 없어 그의 머리를 잡고 끌어올리자 이 대원은 무처럼 눈 속에서 뽑혀 나왔다. 박대원에게 하얀 산을 가르쳐준 스승 최수님은 그렇게 하여 박 대원을 떠났다. 최수남의 마지막 시야에서도 그가 박훈규에게 전한 그 하얀산이 눈가루 속에서 반짝거렸을까. 그 하얀 색은 젊은 열정의 피빛과 스스로의 뜻

305

같은 푸르름마저 지우고 영원히 돌아올 수 없는 8,000미터의 하얀색으로 그의 눈을 가득 채웠을까. 겨우 지나칠 정도로 좁은 산길을 따라 걸었다. 왜 이 길을 가고 있는지조차 잊고 있었다.

발길이 닿은 곳은 설악골의 베이스 캠프였다. 군데군데 세워진 야전텐트 옆에는 말없이 돌아온 임자 잃은 배낭. 한 눈에 알아볼 수 있었다. 하얀 눈, 하얀 산으로 말없이 돌아와 차디찬 눈 위에 눈 성(城)을 쌓고 누운 그토록 고집스러웠던 산사나이 최수남은 너무도 외롭고 쓸쓸해 보였다. 설악동에서 운구하던 날 그를 사랑하던 산사나이들의 손에 의해 그는 즐겨 찾던 하얀 산을 내려오고 있었다.

미망인에게 그런 아픔을 안긴 최수남 대장의 시신이 눈사태가 난 이튿날인 2월 17일에, 송준송 대원은 19일에 그리고 전재운 대원이 20일에 싸늘하게 식은 몸으로 발굴되었다. 당시 제주신문이 낸 첫 기사에는 박훈규도 함께 사망한 것으로 보도되었다. 그 기사는 박훈규의 어머니에게 박훈규가 고등학교 시절부터 빠져든 산의 정체를 제대로 알려주는 계기가 되었다.

박훈규와 에베레스트 사이에는 어머니라고 하는 또 다른 산이 하나 가로 놓여 있었다. 그 산은 지구 최고봉인 에베레스트보다 높고 태평양의 심해보다 더 깊었다. 사고가 난 이듬해 결성된 에베레스트 원정대에 박훈규가 제주도 대표로 선발되었다. 원정대장을 맡은 김영도 회장은 배낭을 멘 채로 눈사태가 난 구덩이 속에서 자력으로 기어나온 괴력의 사나이가 한국 최초 정상의 사나이로 다시 태어나기를 은근히 기대하고 있었다.

"에베레스트에 가려면 용두암 바다에 나를 먹돌로 매달아 빠뜨리고 난 후 가거라" 원정대에 참가하기를 허락해 달라는 아들 앞에 어머니가 던진 이 모진 한마디는 최수남 대장이 그의 심중에 전수시킨 하얀 산을 여지없이 무너뜨렸다. 그 간 어머니가 이토록 단호하게 말한 적은 없었다. 그와 어머니 사이는 어느 모자 사이와는 조금 다르다. 그 다름은 산과 박훈규의 인연보다 훨씬 더 본질적이다. 그리고 시간이 상당히 흐른 후에야 그 어머니의 진실이 자신의 산을 막거나 무너뜨리는 것이 아니라 은밀히 가꿔온 하얀 산이라는 꿈나무를 키워 가는 대지라는 것을 알게 되었다. 다만 그 인과 관계의 본질을 깨달을 때까지는 얼마간의 세월이 필요했던 것이다.

아버지는 자신의 씨만 남겨둔 채, 제주도 4·3사건에 희생되었다. 그 바람에 21살에 박씨 집안에 시집온 어머니는 외동 유복자인 아들 하나만 바라보고 청상의 한 많은 삶을 버텨왔다. 아들을 지구 최고봉으로 보낸다는 것은 곧 아들을 잃는다는 의미로 받아 들여졌다. 설악산 눈사태로 그의 동료들이 숨진 조난사고 탓이었다. 어머니는 또 다시 잃을 수는 없었다. 남편은 자신의 씨라도 남겼다 하지만 스물아홉이 된 아들은 아직 결혼도 하지 않았다. 그러니 후사가 있을 수 없었디. 그런 아들을 죽음의 지대로 내보낸다는 것은 어머니 스스로 자신의 삶을 부정하는 것이 되었다.

박훈규는 어머니라는 산 앞에 무릎을 꿇었다. 최수남이라는 그 혼과 박훈규라는 피끓은 열정을 이 땅에 남겨두고 히말라야 현지로 날아간 에베레스트 원정대는 최수남이나 박훈규 또는 박상열이라는 이름이 아닌 고상돈이라는 정상의 사나이를 배출했다.

한국 최초로 지구 최고점을 밟은 이 산사나이는 범국민적 환영을 받았다. 동향 친구이며 설악산에서 두 차례나 함께 훈련한 적이 있는 고상돈은 카 퍼레이드하는 지프의 옆자리에 박훈규를 태우고 싶어했다.

박훈규는 별 생각 없이 친구의 권유를 받아들였다. 고상돈의 카 퍼레이드를 벌이는 차의 옆자리에 박훈규가 올라탄 이 자그마한 사건은 신의 손짓으로 부를 만한 상징성을 지닌다.

그 바람에 어머니와 산 그리고 박훈규 자신으로 연결된 삼각형이 전혀 엉뚱하게 풀어지고 또 묶어졌기 때문이었다. 결과적으로 볼 때 모든 것이 다 예정된 일이었다고 단정하기에는 그 우연은 너무나 깊은 뜻을 지닌다. 삶은 이토록 깊은 것이다. 어머니는 분명히 보았다. 열광하는 환영 인파에 답례하기에 바쁜 고상돈 옆에 꿔다 놓은 보릿자루처럼 우두커니 앉아있는 아들의 고독과 소외를!

"훈규야 네가 왜 거기 그렇게 앉아 있어야 한단 말인가. 그렇게 만든 게 누군가 바로 내 자신의 망부한의 서러움이 너를 희생시킨다는 게 아닌가".

그 순간 어머니라는 산은 흔들리기 시작했다. 흔들리는 산은 스스로 걸음을 떼 박훈규의 삶이 하얀 산으로 나가는 길을 내주었다. 그 길의 끝에 우뚝 솟은 산이 북미 최고봉 맥킨리였다. 그리고 이번에 그가 동행한 산행 파트너는 정상의 사나이가 된 고상돈이었다. 맥킨리 원정은 그 일을 일찍부터 준비해 온 한국일보 측과 고상돈에 의해 박훈규에게 동참의 제의가 들어왔다.

경우에 따라서는 맥킨리가 에베레스트 보다 못지 않게 위험한 산일 수 있다. 그 사실을 잘 몰라서인지 어머니는 반대하지 않았다. 그는 어머니에게 알래스카에 있는 자그마한 산을 한 번 오른 후, 미국 관광여행을 다녀올 것이라고 말한 후, 결혼한지 3개월이 지난 1979년 5월에 맥킨리로 떠났다. 고상돈, 이일교 대원과 정상 등반에 나선 그는 1979년 5월 29일에 두 동료와 함께 북미 최고봉의 정점을 밟았다. 그러나 그로부터 몇 시간 지나지 않아 최종 캠프에서 정상조의 귀한 소식을 애타게 기다리고 있던 김운영 대원은 청천벽력 같은 무선통화를 접했다.

"한국 정상조 세 명이 웨스턴 립과 웨스트 버트레스로 갈라진 서벽의 윈디 코너에서 일천 미터 가량 추락하였다. 세 명 모두 절명한 것 같다"

김 대원과 주영 대원은 오후 11시경 사고 지점에 도착했다. 먼저 구조작업에 나섰던 미국등반대가 조난자를 이미 수습해 놓은 상태였다.

자일 하나로 서로의 몸을 묶고 있었지만 고상돈 대원과 이일교 대원은 이미 절명했고, 아직 숨을 쉬고있는 박훈규 대원도 소생 가능성이 없어 보였다.

최수남이 남긴 배턴을 이어받아 박훈규에게 넘겨주었던 고상돈마저 에베레스트를 다녀온지 만 2년을 채우지 못하고 산에서 영원한 불귀의 객이 되고 만 것이다. 고상돈과 이일교 대원의 유해는 본국으로 귀국하고 만신창이가 된 박훈규는 앵커리지의 병원으로 이송되었다. 박훈규의 상태도 절망적이었다. 의사들은 운이 좋아 목숨은 건진다해도 대소변을 자신이 가릴 수 있을 정도만 치유되어도 대성공이라고 말했다. 너무나 절망적인 상황이었다.

의식을 회복한 그는 제주 집에 써놓고 온 유서를 맨 먼저 떠올렸나. 맥킨리로 떠나올 때 공항에서 환송 나온 어느 선배에게 자신이 만약 돌아오지 못하면 아내에게 어느 책의 갈피를 살펴보라고 말해달라고 부탁해 두었다. 그 책갈피에는 결혼 6개월이었던 아내에게 쓴 유서가 들어 있었다.

"어머니처럼 살지 마소, 빨리 나를 잊고 미련 없이 떠나 좋은 사람 만나 부디 부디 잘 사시오. 이건 내가 목숨을 걸고 부탁하는 마지막 당부요" 그러나 목숨은 모질었다. 그는 끝내 죽지 않았다. 손가락과 발가락이 까마귀 발처럼 새카맣게 타 들어간 몸으로 그는 1979년 7월에 서울대학병원으로 옮겨 왔다. 그 곳에서 1980년 8월말까지 입원치료를 받았다. 고교시절에 이미 제주에서 주먹으로 성장했을 만큼 건강함을 자랑했던 그의 몸은 날로 사그라져 어느새 50킬로그램으로 줄어 버렸다. 그 사이 절단수술로 발가락과 손가락 마저 잘려 나가 걸을 수도 없게 되었을 때, 그는 끊임없이 자살을 꿈꿨다.

투신도 생각해 보고, 혀를 깨물 궁리도 했고, 어느 영화에서 본 것처럼 동맥을 자르기 위해 면도칼을 찾기도 했다. 그러나 그에게는 자

고상돈 10주기에 참가한 에베레스트 대원과 수많은 눈사태 속에 살아남은 불사조 박훈규 (앞줄 왼쪽 두번째), 뒷줄 좌로부터 김명수, 전창호, 김병준, 이태영, 고상돈 누나, 고상돈 부인, 장문삼, 이희재, 김영도, 김영한, 오도광, 전명찬, 현충남, 양하선, 앞줄 김용구, 박훈규, 이상윤, 한정수, 곽수웅, 박상열, 정덕환, 조대행.

살할 힘마저 남아 있지 않았다. 창가로 걸어갈 수도 없었고 피가 날 만큼 혀를 깨물 수도 없었다. 손가락이 없으니 면도칼을 구해볼 엄두 조차 나지 않았다. 생을 포기하고자 했던 어느 날 그는 어머니로부터 아내가 아들을 낳았다는 소식을 전해 들었다.

　순간 그는 이를 악물고 속으로 외쳤다. "살아야겠다. 무슨 일이 있어도 살아야만 한다. 이대로 죽을 수 없다." 아들을 자신과 같은 유복자로 만들지 않겠다는 결심이 선 것은 아니었다. 그것은 어머니 때문이었다. 어머니를 위해서 어머니의 이름으로 그 상태로는 죽을 수가 없었다.

　아들이 태어난 상황에서 자신이 죽으면 어머니에게 무슨 잘못이 있다고 그 천형 같은 업보를 또 뒤집어 씌우겠는가.

남편을 이데올로기의 비극에 희생시키고, 그 유복자로 태어난 아들과 한평생을 살아왔는데, 그 아들마저 산에 희생되어 손자 또한 유복자가 되는 삼중의 비극을 어머니에게 떠 안길 수는 없는 노릇이었다. 마음을 고쳐먹으며 그의 몸은 무서운 속도로 되살아나기 시작했다. 의사들도 깜짝 놀랄 정도였다.

일 년 이상의 시간이 걸려 손발가락을 잃은 불구가 되었지만 스스로 먹고 배설할 정도의 건강을 되찾아 퇴원하게 되었다. 하지만 세상은 정상적인 몸을 가졌을 때와는 아주 달라져 있었다. 그것은 이전과는 전혀 낯설고 다른 세계였다.

발가락은 아예 없고, 손가락이라고는 오른쪽 손의 엄지와 중지 그리고 무명지 세 손가락만 남은 인생, 그것은 제대로 걸음마도 못할 뿐 아니라 무엇을 집을 수도 없는 상실의 세상이었다. 그의 것은 아무 것도 남아 있지 않았다. 신도 없었으며 직장은 물론 소일거리도 취미도 친구도 없었다.

그는 못 견디게 허전했다. 그 깊고 깊은 상실감과 소외감은 쥐꼬리만큼 남아있는 자의식을 마구 파먹었다. 월남전에서 상인군인이 된 친구와 "살아봐야 얼마나 살겠나" 하며 제주도 여기저기를 떠돌며 매일 밤 정신을 잃을 만큼 술을 마셔댔다.

그의 위장은 그런 유랑생활 40여일을 견디지 못하고 하혈을 시작했다. 다시 병원신세를 지고 퇴원한 그는 새 안목으로 어머니를 다시 보았다. 어머니는 당시 에베레스트에 아들을 보내지 않은 것을 후회하고 있었다. 그것을 안 박훈규는 큰 충격을 받았다.

어머니는 아들이 자학하며 스스로의 삶을 망치고 있는 병신이 되기보다는 차라리 그 때 죽었다 하더라도 에베레스트에 보냈어야 옳았다는 생각으로 피로워하고 있었던 것이다.

과연 그런가? 그렇다 하더라도 그것은 이미 돌이킬 수 없는 지난 일이 아닌가, 그렇다면? 박훈규로서는 어머니에게서 이어 받은 영혼의 횃불이 그 정도 시련으로서는 결코 꺼지지 않는다는 것을 보여주는 수밖에 없었다.

그 길만이 어머니의 선택이 잘못되지 않았다는 것을 입증할 수 있었다. 박훈규의 산행과 인생은 여기서 진정한 출발을 선언한다. 과연 6년의 노력 끝에 그는 약간 뒤뚱거리긴 해도 정상인 못지 않게 걷게 되었다. 그 재기의 상징으로 그는 네 번째의 도전으로 한라산 정상에 다시 우뚝 섰다. 그 정상에서 그는 자신의 시야에 다가오는 또다른 한라산을 분명히 보았다. 그것은 어머니가 자신의 심중에 씨를 뿌려 키워 온 어머니의 산이었다. 이어도 같기도 한 그 산은 최수남 대장이 가르쳐주고 산 친구였던 고상돈 대원이 사라진 하얀 산과도 통하는 바 있었다.

그는 유난히 손재주가 좋았다. 못을 구부려서 곰국 끓일 솥을 나무에 매달 사슬을 만든 일, 텐트 팩과 철사를 이용하여 고기를 구울 수 있는 석쇠를 만든 일화 등은 이미 산의 전설이 되어 있다.

손가락을 잃고 나서 그의 손재주는 퇴색되거나 약화되기는 커녕 오히려 빛나기 시작했다. 미끼를 못 끼우던 사람이 바다낚시의 도사가 되었고, 누구보다 빨리 낚시 바늘을 묶을 수 있었으며, 책을 손등 아래로 잘려 나간 왼쪽 팔에 끼고 그 위에 화투장을 꽂아 고스톱을 치기도 한다. 그 뿐 아니라 일년여 훈련 끝에 곡예사처럼 오토바이를 타게 되었으며 그 후 자동차 운전면허를 취득하여 귤과 유자 농장에 필요한 트럭을 몰고 다녔다. 손가락 없는 손으로 그런 장난감을 가지고 노는 것을 보면 '신의 재주' 라는 말이 떠오른다. 멀쩡한 사지를 가지고서도 그 만한 손재주를 못 부리는 내가 "비결은?" 하고 물었다. "비결이 있을 게 뭐요, 내가 손재주와 더불어 살아갈 자신을 되찾는 것은 간단한데 그 이유가 있소, 불구를 불구로 받아들이는 것 바로 그 것이었소, 그 간단한 결론에 도달하기까지는 꽤 어렵고 시간 또한 많이 걸리긴 했지만".

312

그의 손재주는 그러한 불구의 인생관이 덤으로 안긴 선물에 불과했다. 체력과 손재주를 되찾은 그는 집안에서 물려받은 땅을 귤 밭으로 일궈나가며 생업을 꾸려 나갔다. 한때 그는 귤밭에서 유자 농사를 지은 적이 있다. 유자값이 천정부지로 치솟던 1990년 여름이다. 자신의 고유브랜드를 만들기 위해 유자 사진을 찾았다. 그러나 어느 사진가도 사진 대여업체도 유자 사진을 갖고 있지 않았다.

　　그는 직접 유자 사진을 찍기로 마음먹었다. 그는 제2의 고산자로 불리는 이우형 선배의 소개로 알게 된 산악사진가 안승일 씨에게 연락하여 펜탁스 6×4.5 카메라의 125밀리 마이크로 렌즈와 표준렌즈를 갖췄다. 그 카메라로 유자를 찍었다.

　　〈중 략〉

　　박훈규 씨는 아무리 어려운 곳에 처빅아 놓이도 오뚜기처럼 일어서는 산사나이의 기질이 몸에 배어 있었다. 제주도 산악연맹에서 최초의 '99 초 오유 원정대'의 선봉장이 되어 발대식을 가졌다.

　　어느 산 보다 눈이 많은 한라산이라 전국에서 모여들어 훈련하다 보니 박 대장한테 소주 한 잔 신세를 졌던 육지의 낯익은 얼굴들이 눈에 많이 띄었다.

　　원한이 맺힌 8,000미터의 봉우리를 오를 수 있는 기회가 찾아왔다는 듯, 그 눈동자에는 하얀 산이 비춰지는 것 같았다. 맥킨리에서 수족을 잃은 어둔한 몸이지만 김영훈 회장으로부터 연맹기를 건네받은 순간, 그 모습은 너무나 당당했다. 30년 동안 사무쳤던 히말라야에 맺힌 한을 풀겠다는 의지가 역력했다.

　　1999년 8월21일 제주도산악연맹 초 오유원정대는 박훈규 대장을 비롯 대원 8명을 거느리고, 어느 팀보다도 조촐하게 제주를 떠나 장도에 올랐다. 네팔을 거쳐 티베트에 도착해 베이스 캠프를 구축하여 본격적인 등반을 시도했다. ABC 캠프(해발 5,100미터) 캠프1

(해발6,300m), 캠프2(해발6,990m), 캠프3(해발7,400m)를 순조롭게 구축하여 커다란 문제점 없이 등반이 이루어졌다.

초 오유여신도 불운했던 박훈규를 버리지 못해 구름 한 점 없는 따뜻한 미소로 그를 맞이하였다. 1999년도 가을시즌에는 많은 외국 원정대가 13년만에 닥친 폭설로 다 실패했으나 제주도 산악연맹 초 오유 원정대가 9월28일 오후3시 대원 4명(김상조, 강성규, 문봉수, 오희준)이 유일하게 정상에 올랐다.

그는 대원을 정상에 올려보내 놓고 피가 마르는 긴장감! 온몸에 조여오는 기분으로 정상의 소식을 기다렸을 것이다. 자신이 선두에 나서 직접 지휘하지 못하고 베이스 캠프의 노장이 된 자신을 원망했으리라.

경북대학교 산악부 설악산 훈련대 조난

1998년 1월14일 늦은 저녁을 먹다가 MBC 저녁뉴스에 설악산 조난소식을 접하게 되었다.

'설악산 토왕성 폭포 빙벽 훈련중이던 경북대학교 산악회원 6명 조난' 순간적으로 머리에 떠오르는 사람은 당시 경북대학교 OB 산악회 이대웅 회장이었다.

"개교 50주년 기념행사의 일환으로 남미의 최고봉 아콩카구아 등반을 계획 중이었는데, 불행하게도 IMF 한파가 닥쳐 해외원정을 포기 할 수밖에 없었다" 는 괴로운 심정을 토로했다. 이 회장으로부터 후배들을 설악산에 훈련이라도 보내야겠다는 말을 들은 것이 엊그제 같은데, 이런 조난사고라니 놀랬다.

그 날 밤늦게 설악산 마운락 구조대장에게 전화를 걸어 현지상황을 알아보았다. "영동지방의 폭설주의보와 함께 설악산에는 계속 눈이 내리고 있다. 그래서 눈사태의 위험 때문에 사고현장에 접근을 못하고 있다. 며칠간 더 기다렸다가 적설이 안정된 후, 1월18일 쯤이라야 수색이 가능할 것 같다" 는 절망적인 이야기뿐이었다.

다음날 대구산악연맹의 구조대가 긴급 소집되어 승용차 편으로 사고현장으로 떠났다. 한시라도 빨리 현장에 가야만 된다는 의무감 같은 것이 가슴을 짓눌렀다. 시수용 안전대책위원과 함께 장비를 챙겨 대구공항으로 나섰다. 서울을 경유 속초로 가는 기내 창문을 통해 내려다 본 눈 덮인 설악산은 온통 하얗게 변해 있었다.

"왜! 하필이면 이렇게 폭설이 내릴 때, 호랑이 굴 앞과 다름없는 토왕성 Y계곡에 천막을 쳤단 말인가?" 안타까움에서 오는 원망도 해 보았다.

한국등산학교 수료식에 참석하기 위해 나선 서울시연맹 김인식 회장, 대한산악연맹 강태선 부회장을 김포공항에서 우연히 만나 설악산까지 동행하게 되었다.

속초공항에서 설악동까지 들어가는 길목에서 구름에 가린 토왕폭을 멀리서 쳐다보아야만 했다. 국내 최대 높이를 자랑하는 환상의 얼음 기둥 토왕폭은 내설악의 10동지가 묻혀있는 노루목의 산모퉁이를 돌아서면 빤히 바라보이는 곳에 있다.

토왕폭은 상중하로 나눠진다. 하단의 길이는 120미터, 중단이 60미터, 상단이 140미터로 전체 모두의 길이는 320미터 정도로 설악동 가까이 있다는 것이 산악인들에게는 더 할 수 없는 행운의 폭포였다.

1970년 초까지만 해도 토왕빙폭 완등은 장비와 기술 부족으로 거의 불가능했다. 그러다가 1977년 1월12일 크로니 산악회 박영배, 송병민에 의해 우여곡절 끝에 초등의 영광을 이뤘다. 그러나 해마다 찬바람과 함께 겨울이 오면, 전국의 클라이머들이 토왕성 폭포에 모여들어 차가운 빙폭에 자일을 걸고, 젊음을 불사르다 보면 추락 또는 눈사태로 희생되기도 했다.

그 많은 사고 중에 대표적인 눈사태는 이러했다.

1985년 마산의 무학산악회 소속(이태식, 김상덕, 장영배, 박래경) 4명이 토왕성 폭포 Y계곡에 도착한 것은 자정 쯤이었다. 먼저 들어온 팀들이 막영하여 잠자리에 들어 있었다. 강한 바람 때문에 천막을 치는데 애를 먹었다.

평소 이곳을 자주 드나들어 단독 초등정을 한 이 대장은 눈사태를 염려하여 Y계곡 우측의 비스듬한 설면에 천막 한 동을 쳤다. 밤

316

늦게 저녁을 마친 다음 피곤한 나머지 짐을 대충 정리하고 잠자리에 들어갔다.

새벽 2시쯤 설사면 바깥쪽에 누워 있던 박래경 대원은 가슴이 짓눌리는 고통에 잠을 깨어 보니 눈의 중력으로 천막이 주저앉아 움직일 수 없었다. 대원들이 "눈사태다"라고 부르짖은 비명소리가 동시에 터져 나왔다. 칼로 천막을 찢고, 탈출을 시도했으나 꼼짝할 수 없었다. 박 대원은 천막을 찢고 그 사이로 정신없이 눈을 파냈다. 이러한 행동을 취할 수 있었다는 것은 텐트가 붕괴되었으나 다행히 눈을 파헤칠 공간이라도 남아 있었기 때문에 바깥쪽에 잠자던 박 대원의 탈출이 용이했다고 볼 수 있다. 바깥에서 휘몰아치는 바람소리가 들리자, 이제 눈 표면이 가까워졌다는 생각에 정신없이 눈을 파기 시작했다. 손가락이 허공에 솟자 뚫린 구멍사이로 설면을 스치는 눈가루가 얼굴에 달라붙였다. 구멍 사이로 실려 달라고 외쳤으나 매서운 찬바람이 삼켜 버린다.

이튿날 아침 사고현장에서 좀 떨어진 설면 하단부에 천막을 쳤던 부산 솔뫼산악회 팀은 심상치 않는 강한 바람에 잠을 못 이뤘다. 아침 일찍 천막을 철수하기 위해 밖에 나왔다가 어디선가 "사람 살려"라는 울부짖음에 놀라 당황하다가 눈 속에 묻힌 천막을 발견하였다.

전대원들이 달려들어 구조작업에 들어갔으나 박대원외 나머지 대원은 숨이 끊어진 상태였다. 이러한 무학산악회의 조난사고를 두고 "눈사태가 아닌 강한 바람이 함지덕쪽에 쌓여 있던 굳은 눈을 흘러내리게 한 겁니다" 즉 폭포 주위에 쌓여있던 눈이 강한 곡풍에 의한 Wind Slab이었다.

즉 습기있는 바람에 날려 쌓인 눈이 천막을 덮쳤다는 추측도 나왔다. 이러한 영향도 있었지만 더욱더 중요한 것은 구조 당시 더욱 세심하게 관찰했으면 알 수 있었던 것은 눈에 보이지 않게 조금씩 움

직이는 '눈의 중력 이동이었다' 라고 말하고 싶다. 설사면에 다량
의 눈이 쌓였을 때, 기온이 올라가면 눈의 입자가 파괴되어 적설층이
안정된다. 그렇지만 중력에 의한 평형의 파괴가 시작된다. 즉 눈의
압력이 밑층의 마찰 저항보다 클 때, 눈에 띄지 않을 정도로 경사
진 쪽으로 서서히 이동한다는 것을 알아야 한다. 그래서 요철이 없
는 설사면은 눈의 중력 이동이 숲이 있는 설사면보다 빠르게 진행된
다는 사실을 항상 염려해야 한다.

　　이러한 것들이 만년설의 산에서 크래바스가 형성되는 과정이라
고 본다. 경사가 급한 설사면에서 바람을 막기 위해 눈을 깊게 파내
어 텐트를 쳤을 경우 더욱 더 심화된다는 것을 알아야 한다.

　　　　산이 생명이라고 웃던 그 친구,
　　　　산을 제일로 알고 사랑했던 그 친구,
　　　　눈 덮인 설악산아 대답해 주려마,
　　　　나에게 한 마디만 가르쳐 다오,
　　　　어이해 눈보라 속으로 사라졌나 그 친구--.

　　　　은빛 피켈로 빙벽 타던 그 친구,
　　　　우리들은 저기 저 산을 원망은 않는 다만,
　　　　그렇게도 좋던 놈을 찾을 길이 없구나,
　　　　어이해 눈보라 속으로 사라졌나 그 친구--.

　　토왕폭 사나이가 스스로의 운명을 노래하다가 그 노래 따라갔어
도 그의 산 노래는 겨울이면 그의 뒤를 잇는 토왕폭은 마산의 산사나
이들에 의해 폭포 같은 소리로 언제나 살아 있을 것이다.

　　다음날 아침, 경북대학교 조난사고 현장 출발에 앞서 한국등산
학교 동계반 수료식에 대구산악연맹 임문현 회장과 함께 참가했다.

318

수많은 산악인을 유혹하는 토왕폭 조난현장

권효섭 교장을 비롯하여 낯익은 등산학교 관계자와 인사를 나눴다. 이제 수료식이 끝나면 실기강사와 더불어 수강생들이 사고현장에 투입, 구조작업을 도와 줄 것이라는 기대감을 갖고 사고현장의 토왕폭으로 향했다.

그곳에는 관민군경이 합심하여 수색작업을 벌이고 있었으나 등산학교측 사람들은 눈에 띄지 않았다. 눈사태의 구조작업은 수강생들에게 절호의 기회로, 바로 산 교육의 현장과 다름없는데, 교육중이라도 투입하지 못한 이유가 무엇인지 사뭇 궁금했다.

경북대학교 산악회원들은 20여일 일정으로 설악산을 찾아왔다. 죽음의 계곡에서 설상훈련, 천와대에서 릿지등반, 토막골 잦은 바위골에서 빙폭 훈련으로 아콩카쿠아 등반이 무산된 설움을 이곳 설악산에 찾아와 아이스 바일로 얼음을 내리치면서, 그 언젠가는 만년설이 쌓여 있는 큰산을 꼭 한 번 오르겠다는 생각을 저 나름 대로 그리면서 죽음의 그림자가 있는 토왕성 폭포 하단부에 도착하여 천막을 쳤다.

1998년 1월14일 오후4시30분 온 천지가 하얗게 눈이 내리는 날, 조난사고는 이렇게 시작되었다. 눈이 내린지 얼마 안 되는 분설(Powder Snow)에 의한 1차 점발생 표층 건설 눈사태가 마치 급류가 흘러가듯 계곡을 휩쓸면서 지나갔다. 천막이 반쯤 파묻혔다. 잠시 후 두번째의 눈사태는 두 동의 천막을 찌그려 버렸다.

처음 당하는 눈사태라 생각할 겨를도 없이 도인환 대원이 황급히 탈출지시를 내렸다. 찌그러진 천막으로 기어 들어가 장비를 챙겨 나왔을 무렵이었다. "눈사태다!", "뛰어" 라는 소리와 함께 세번째의 눈사태가 일어났다. 엉겁결에 모두 다 설사면 쪽으로 뛰어갔으나 무릎까지 빠지는 눈에 발목이 잡혀 두 대원은 눈에 묻혀 보이지 않았다. 여대원 윤지영은 허리까지 눈에 파묻혀 허우적거리며 고함을 치니 정경수가 내려와서 꺼내 주었다.

320

구조작업은 눈과의 싸움이었다.

　이준과 인환이가 보이지 않아 울부짖으면서 여기저기 기어다니면서 엄청난 눈을 맨손으로 파냈지만 역부족이었다. 온몸에 힘이 빠지고, 죽음의 공포가 엄습 해 왔다. 뒤이어 신반동설(New Firn Snow)에 의한 4차 건설 표층 눈사태는 설연을 날리면서 덮쳐왔다. "지영이 피해" 외마디 고함을 친 후 살아남은 두 사람은 설사면 바위 쪽으로 몸을 피했다.

　엄청난 눈이 계곡을 메우다시피 지나갔다. 아! 모든 것이 끝장이다. 빨리 내려가서 구조요청을 해야 된다는 생각이 뇌리를 스쳤다. 눈발이 점점 거칠어지는 가운데 두 사람은 아이젠이 벗겨져 떨어져 나가는 줄도 모르고 계곡 아래로 뛰어 내려갔다.

　15분쯤 내려가자 울산대 팀 4명이 철수준비를 서두르고 있었다. 눈사태의 조난사실을 알리고 도움을 요청하자 한 사람이 나서 정경수와 함께 구조 요청하러 뛰어 내려갔다.

　윤 대원은 남아있던 울산대 팀 세명과 함께 내려가다가 산 능선을 돌아서는 지점에서 구조차 올라오는 정경수와 전주산악연맹소속 김덕기(35세) 씨와 박은규(34세) 씨를 만났다.

"지영아 내 꼭 구해 올께 울지마"라는 말을 남기고 올라갔다. 이 한마디가 마지막 말이 되었을 줄이야.

이러한 조난사실도 모른 채 토왕성 상단의 빙폭을 등반하기 위해 정창진, 권영재, 황일호, 노준재 등 4명은 중단을 트레버스하여 상단 출발지점에 도착해보니 10시30분이다. 이때부터 시야가 흐려지면서 눈보라가 쳤다. 절벽에 쌓여 있던 눈이 바람에 날려 폭포를 타고 내려와 얼굴에 달라붙는 바람에 아이스 바일을 휘둘기가 어려웠다.

3시30분경 눈보라와 함께 휘몰아치는 바람이 너무나 심해 도중에서 빙벽등반을 중단하고 탈출하기로 마음먹었다. 스나그 2개와 슬링을 이용하여 하강 자일을 설치하는 순간 정창진으로부터 무전이 왔다. 폭 25미터나 되는 중단을 트레버스하던 중에 눈사태로 하단으로 쓸릴 뻔했다며 위험하니 위쪽으로 붙어서 이동하라는 내용이었다.

바로 그 눈사태가 아래에 있던 베이스 캠프를 덮쳐 동료 2명의 생명을 빼앗은 눈이었다. 최대한 중단 위 부분으로 두 사람은 교대로 러셀하며 휙스 로프가 있는 나무를 목표지점으로 조심스럽게 이동했다. 순간 진행 방향 바로 앞에서 30센티 두께의 건설 표층 눈사태가 주위의 눈을 휩쓸면서 무서운 기세로 하단으로 떨어졌다. 겨울산을 수없이 다녀 보았지만 난생 처음 겪는 눈사태라 긴장하여 걸음을 멈출 수밖에 없었다. 오후7시30분 4명의 대원이 하단 우측 벽으로 하강했을 때는 미래를 암시하듯 헤드 램프의 불빛도 추위와 눈보라 속에 서서히 꺼져 갔다. 이제 다 내려왔다는 안도감으로 "야! 되질 뻔했다. 마지막 날이 제일 빡시다. 내려가서 술이나 실컷 마시자"라는 말을 뇌까리면서 비상식량으로 허기진 배를 채웠다.

322

베이스 캠프가 가까워지자 뭔가 이상한 느낌이 들었다. 이렇게 많이 내려와 천막을 치지 않았는데 베이스 캠프가 보이지 않았다. 눈사태가 천막을 덮쳐 도인환, 정이준이 그들의 발 밑에 묻혀 있을 거라는 생각은 아무도 못했던 것이다.

"모두 내려간 것 같으니 우리도 철수한다." 정 대장의 한 마디였다. 그러나 황일호가 뭔가 이상하다는 듯 눈삽으로 눈을 파헤치자 정 대장이 화를 낸다. "뭐 하느냐?" "그래도 혹시 몰라서" "야! 재수 없는 소리하지마. 전부 빨리 내려간다".

주변 지형이 변했다는 것을 느낀 황 대원은 혹시나 하는 불안감을 느꼈으나 모두 다 입을 다물고 있었다. 헤드 램프의 불빛을 따라 10분쯤 내려왔다. 오후 8시경이었다. 정경수 대원이 전북연맹팀 2명을 데리고 구조하러 올라오다가 마주쳤다. "어떻게 된 거야?" 다급히 물어보았다. "눈사태로 인환이외 이준이가 묻혔다." "무엇이라고! 빨리 올라가서 파내야 해".

토왕폭의 사고소식을 처음 듣는 순간이었다. 치밀어 오르는 슬픔에 정경수 대원은 오열하지 않을 수 없었다. "야, 이 새끼야 지금 울지 마라. 나중에 실컷 울어라." 정신을 차려 수습해야 된다는 생각으로 정 대장은 나약함을 꾸짖었다. 다시 베이스 캠프가 있던 곳으로 올라가 보니 언제 눈사태가 났느냐는 듯 사위는 조용한 가운데 눈발만 날릴 따름이었다.

대원들이 1시간30분 동안 1미터쯤 파 내려갔을까 천막 귀퉁이가 나왔다. 곧 이어 인환이, 이준이가 두 눈을 부릅뜬 채 나타날 것만 같다. 구조 요청하러 내려가다 물에 빠진 정경수의 발이 동상의 염려가 있었다. 침낭을 꺼내 발을 집어넣도록 하고, 전북연맹 김덕기 씨가 돌봐주도록 부탁했다. 눈사태의 방향이 어디일까? 상황판단하기가 무척 어려웠다.

한편 정 대장과 김덕기 씨는 위쪽에 두 대원이 묻혀 있을 만한 곳을 찾아내려 애쓰면서 한편으로는 언제 덮칠 줄 모르는 눈사태에 신경을 곤두 세웠다. 자정에는 안타깝지만 모두 철수해야 한다 마음 먹고 눈을 파헤치고 있을 때였다.

밤 10시경이었다. 어디선가 "휘-익" 하는 어둠의 장막을 깨뜨리는 기분 나쁜 바람소리와 함께 '스르륵' 하는 눈이 밀려오는 소리가 들렸다. 누군가 "눈사태다" 하는 외마디와 함께 순식간에 작업하던 대원들이 시야에서 사라져 버렸다. 밀려오는 눈이 온몸을 덮쳤는지 갑자기 앞이 캄캄해지며 숨이 가빠왔다.

눈에 파 묻혀 엎드린 채 '아 – 여기서 죽는구나' 아주 짧은 순간 삶과 죽음이 엇갈리면서 많은 생각이 뇌리를 스쳤다. 숨은 점점 가빠지고 몸은 눈의 중력으로 움직일 수 없었다.

그러나 이대로 포기할 수 없었다. 온 힘을 다해 움직였다. 순간 머리 위에서 희미한 빛이 보인다는 것을 느꼈다. 숨구멍이 트인 것이었다. 한시라도 빨리 여기서 나가야 한다. 순간 누군가 울부짖는 소리가 들리는 것 같았다. 환청인가 싶어 소리를 질러 보았다. "창진아, 일호야, 준재야" 아무도 대답이 없다. 잘못 들은 것은 아닌 데. 분명 누군가 울부짖고 있었다. 권 대원은 단념하고 아쉬운 대로 상체를 움직여 보니 조금씩 공간이 생기는 것 같았다. 그러나 너무나 지쳐 빠져 나올 수가 없었다. 깜박 잠이 들었다가 눈이 번쩍 뜨였다. 잠시 잠이 든 것일까? 시계는 새벽3시를 가르친다. 다리가 꼬여 미칠 것 같았지만 하체는 움직일 수 없었다. 추위와 졸음을 이겨내기 위해 노래를 불렀다.

우리는 잘 웃지도 속삭이지도 않지만
자일에 맺은 정은 레몬의 향기에 비기리요
깎아지른 수직의 암벽도 무서운 눈보라도
우리의 앞길을 가로막진 못한다오

눈사태로 조난당한 경북대학교 산악부 대원 구조작업을 하는 군경산악구조대원

그러나 권 대원은 다리가 저려오고 손과 발끝도 점점 감각이 마비되기 시작하는 것을 느꼈다. 동상보다 더 두려운 것은 언제 닥칠 줄 모르는 눈사태였다.

이 상황에서 눈사태가 또 덮치면 탈출할 수 있는 희망은 영원히 사라진다는 현실을 의식하자 눈을 한 움큼씩 밀어냈다. 드디어 허리에서 무릎까지 움직일 수 있게 됐다. 밖에는 눈보라가 휘날리고 바람소리가 매섭지만 눈 속이 오히려 견딜 만큼 따뜻해 밖으로 빠져나가면 추위와 바람을 견디어 내지 못하고 쓰러질 것 같았다. 그렇다고 눈구멍에 묻혀 지체할 수 없는 상황이라 새벽 6시 드디어 악몽의 무덤에서 빠져 나오니 폭설이 미친 듯 내렸다.

주위를 둘러보았지만 엄청나게 내린 눈 탓으로 지형은 딴판으로 변해 있어서 대원들의 매몰지점을 추측하기도 힘들었다. 직감적으로 모두 죽은 것이라 판단했지만 도저히 믿을 수 없는 현실이었다.

권 대원은 혼자서라도 눈을 파헤쳐 동료들을 꺼내고 싶었다. 그러나 너무나 지친 나머지 엄두가 나지 않았다. 다시 구조대를 데리고 와야 한다는 생각에 매몰 지점을 표시하기 위해 끼고 있던 장갑을 근처 나뭇가지에 걸어 두고는 내려가기 시작했다. 몇 번이나 오르내리던 길이었지만 추위와 굶주림으로 사경을 헤매다가 허리까지 육박하는 엄청난 눈을 아이젠을 신고 눈 속을 헤쳐가기는 여간 불편한 게 아니었다.

목에 달고 다니던 나이프로 밴드를 끊고 스패츠도 벗어 던져 버렸다. 다리에 힘이 빠져 허공에서 놀다가 눈 속에 곤두박질하여 다시 일어나 떨어지지 않는 무거운 발걸음 옮겼다. 계곡에 빠져 손, 발이 젖어도 그다지 시린 느낌도 들지 않고 오로지 죽음의 계곡을 빠져나가야 한다는 생각뿐이다.

드디어 비룡폭포가 나타났다. 이제는 안심이다 조금만 가면 사람이 있을 거라는 생각에 온 몸에 힘이 솟았다. 이쁜이 집 가게에 도착하자 설움이 북받쳐 울부짖었다. 한편 권영재 대원이 구조대에 도착하기 이전 1차 눈사태의 정경수 대원의 신고로 14일 21시30분에 비룡폭포 마지막 상가에 집결한 구조대는 사고 현장으로 출발했으나 계곡 사면에서 계속 분설이 쏟아져 내려와 전진하는데 애를 먹었다.

구조대원들이 최종적으로 도달한 곳은 사고 현장에서 1백미터 아래였는데 주변의 작은 폭포 왼쪽 계곡에서 눈사태의 조짐인 눈이 갈라지는 현상을 목격하고 철수를 결정했다. 3차 조난을 예방하기 위한 설악산 적십자 구조대 마운락 대장의 지시는 옳았다.

1월15일 11시 권영재 대원이 천신만고 끝에 사고현장을 탈출하여 비룡폭포 마지막 상가에 도착 구조대원을 만났다. 그때부터 초속 8미터 이상의 북동풍이 불면서 눈은 엄청난 기세로 쏟아지기 시작했다. 12시에 69센티미터였딘 직설량이 불과 세 시간만인 15시에는 100센티미터를 넘어서기에 이르렀다. 이러한 상황 속에서 구조대는 권 대원이 자력으로 탈출한 이후 한 차례 사고현장 접근을 시도했으나 육담폭포 이상은 전진하지 못하고 돌아서야 했다.

더 이상의 생존자가 있으리라는 기대는 불가능하게 되었다. 구조작업이 아닌 시신 발굴작업이 이루어진 것은 16일 비보를 접하고 달려온 경북대학교 OB산악회원들과 경북산악회 김특희 씨의 지휘 아래 위험을 무릅쓴 발 빠른 행동으로 눈길이 트이면서 사고현장까지 진출하게 되었다.

1월17일부터는 119 소방대 헬기로 장비와 식량을 공수하는 등 본격적인 구조활동이 펼쳐졌다.설악산 적십자 산악구조대를 위시하여 속초 소방대, 경찰서, 육군102여단 군인들까지 3백여명이 동원되어 삽으로 눈을 파헤치고 침봉으로 눈을 쑤셔 기면서 수색작업이 마운락 대장의 지휘 아래 시작됐다.

심지어는 삼풍백화점 붕괴 사고 때 동원되었던 삼성 119 구조견 3마리를 데리고 올라왔다. 수색견은 사람들이 너무 많아 냄새를 사실 잘 구분하기 어려운지 눈 위에 코를 대고 냄새를 맡으면서 여기저기로 뛰어다닐 뿐 결국 한 구도 찾지 못했다. 오후 2시쯤 "사람이다" 하는 소리가 들리자 제설 작업하던 손이 멈추고 주위가 술렁대기 시작했다. 도인환의 시신이 깊이 15미터 지점에서 제일 먼저 군인들에 의해 발견되었다. 토왕골을 등지고 옆으로 누운 자세로 그 때의 상황을 반영하듯 장갑 낀 손을 꼭 쥔채 등산화 끈도 묶여 있지 않았다. 뒤이어 바로 근처에서 이를 지켜보던 살아 돌아왔던 권영재는 죽음의 현실로 나타나자 짐승의 울음처럼 소리를 내어 울부짖었다.

119구조대의 헬기로 속초병원으로 운구되자 오후4시에 일단 철수했다.

다음날 아침, 현장에 도착하니 매서운 찬바람이 불어 닥쳐 헬기에 날리는 눈가루가 작업을 방해했으나 누구하나 마다하지 않고 민관군들이 합심하여 얼굴도 모르는 시신 찾기에 삽질은 멈출 줄 몰랐다. 오후 2시였다.

어제 2구의 시신이 발견된 곳 20미터 계곡 아래 나무 사이에서 한사람이 선 자세로 발견되었다. 전주팀으로 설악산에 왔다가 경대의 조난소식을 듣고 구조차 올라 왔다가 참변을 당한 김덕기였다. 그 주위에서 박은규(전주팀), 정경수, 노준재 순으로 발견되었다. 그 일대를 다 파헤쳤으나 황일호와 정창진은 찾지 못했다. 사고현장에서 좀 떨어진 계곡 아래쪽에서 속초시 적십자 봉사대가 끓여주는 라면을 먹으면서 지휘계통에 이런 말을 했다. "엄청나게 쏟아지는 눈더미에 밀리다 보면 사고지점에서 예상밖으로 많이 벗어나 묻힐 가능성이 있다" 면서 ------.

1976년 설악산 좌골에서 일어난 눈사태 조난사고 때 동료의 마지막 시신을 사고현장에서 150미터 떨어진 지점에서 찾은 경험

328

동료의 곁으로 돌아오는 말없는 약속

담을 들려주면서 "지금이라도 우리가 서 있는 이 지점에서 파고
들어 가면 좋겠다" 라는 안타까운 심정의 말을 남기고 사고현장을
떠나야만 했다.

　1월24일 11시 창진이와 일호의 두 시신은 내가 생각한대로 결
국 적십자기가 서있던 계곡 아래에서 발견되어 수색작업은 모두
끝을 맺었다.

　1998년 1월26일 오전10시 경북대학교 교정에서 박찬석 총장
을 비롯 유기족 산악인들이 참가한 가운데 오열 속에서 합동 영결
식이 거행되었다.

설악산 조난사고 희생 악우를 추모하면서

멀리 안데스 산맥의 '흰 파수꾼'
아콩카쿠아봉을 기어코 멀리 하더니---
마침내 저 설악의 칠성봉, 화채봉 신령님의
흰 부르심으로 하여, 우리의 악우 8명은,
하늘이 찢어지고 땅덩어리가 꺼지던 그날!
폭음과 더불어 신(神)의 영역(領域)으로
저 흰 눈길 따라 떠나 보냈습니다.
그때 비룡도 울고, 토왕성 폭포도 울고 육담도 울었지만
하늘은 너무나 무심하십니다.
억장이 무너지고 오부가 뒤틀리는 비통함은
남아계신 유가족보다 어찌 더 하겠습니까 마는,
저희 산악(山岳) 동지들은 더욱 더한 슬픔과
죄책감에 삼가 용서를 빕니다.
폭풍설이 휘몰아치는 극한의 상황에서도
사고발생 후 11일간 구조 작업에 참가한 전국 11개 단체,
연인원 2천7백여명의 노고는 더욱 큰 힘이 되었습니다.
그처럼 산을 좋아했던 우리의 악우(岳友)들이여!
이제는 설악의 작은 새가 되어
뭉게 구름 둥실거리는 저 산 너머로
날아가 버렸습니다.
한 번 죽으면 그뿐이라는
너무나 뚜렷한, 천리(千里)인 줄을 알면서도,
그러나 가족과 모교와 산(山)과의 인연이
단지 아까운 청춘으로 마감 하다니,
너무도 짧지 않습니까?

330

이제 깊고 긴 겨울밤에 내리꽂히는 찬 폭풍설이 우리의 귓전을
휘몰아칠 때면,
천년만년 울어봐도 못다 울,
찢어지는 가슴을 어찌 하겠습니까?
특히 산악인(山岳人)의 의리와 희생 정신으로
처음 매몰된 선배, 아우를 찾아
자기의 목숨 따위는 여의치 않고,
山岳人의 투철한 책임감으로 모두 함께 한
숭고한 정신은 길이 우리 산악사(山岳史)에
귀감이 될 것입니다.
목놓아 불러 봅니다.
누구보다도 자상했던 인환아!
히말라야리스드 에천의 칭진아!
밤하늘의 별을 세며 우주를 생각하던 일호야!
유난히 묵묵하고 말없던 준재야!
세계의 클라이머 경수야!
설악의 제비꽃이 된 이준아!
오빠들 곁에서 재롱이라도 부려보렴?
부디 그 님이 계시는 곳에서 편안히 잠드소서!
팔공산 능선에서 설악을 따라,
이제 산에서 우는 적은 새가 되었지만,
남아있는 우리 악우(岳友)들은 항상 우리들 가슴 속에
경대인(慶大人)의 혼(魂)으로
꼭꼭 간직하겠습니다.
천봉(天峯) 익백수(億百水) 억공(億空)이
스스로의 모습으로
우리의 눈언저리로 가슴 팍으로 스며드는데,

애정은 뉘 것이며, 제약은 누구의 심술입니까?
한참을 내리는 하산 길은 인간된 설음에 무거운 발길이지만
그 설움의 울음소리는 경대정신(慶大精神)과 명예,
신의를 앞세운 산악정신으로 동심원이 되어
널리 널리 퍼져 나아갈 것입니 다.
폭풍설에 젊음을 불태우고서
다시 한 마음이 되어
그 산정(山頂)을 오래 오래 지켜 나아가겠습니다.

1998. 1. 26.
경북대학교 OB 산악회 회장 이 대 웅

얼룩진 초 오유

정상은 그곳에 있었는가?

초 오유 Cho- Oyu(8,201m)는 세계에서 여덟번째로 높은 산으로 에베레스트의 서쪽에 우뚝 솟아 있다. '초 오유' 라는 이름이 밝혀진 것도 1921년 영국대가 에베레스트에 처음 도전할 때였다. 티베트말로 '초' 는 신성하다는 뜻이고 '유' 는 터키 옥(玉)을 말한다. '초 오유' 는 '보석같이 고귀한 여신이 사는 산' 이란 말일 게다.

이 산이 인간으로 부터 첫 도전을 받은 것은 1952년의 일이다. 십튼(Shipton)이 이끄는 영국대가 에베레스트 제10차 도전을 준비하는 훈련과정에서 6,800미터까지 진출했다가 단념했다. 그 후 1954년 10월19일 초 오유는 뜻밖에도 쉽게 인간에게 발길을 허락했다. 단 세 명의 오스트리아 사람들에 의해 두 번째의 도전만에 등정되었던 것이다. 행운의 주인공은 그 때 마흔 두 살이던 티히와 요힐라, 호이베르거, 셰르파 파상이었다. 그 뒤 1959년 여자 여덟 명이 초 오유에 도전했지만 두 대원과 셰르파 두 사람의 소식이 끊겼고, 1964년 독일 원정대가 성공은 했지만 두 사람이 고산병으로 죽고 말았다.

대구산악연맹의 '89 한국 초 오유원정대('89KOREA CHO OYU EXPEDITION)는 한국 최초로 정상에 올랐으나 어처구니없게도 '등정의 의혹' 에서 '양심선언' 으로 얼룩진 산이 되고 말았다.

1987년 1월 대구경북산악연맹 대의원 총회에서 이치호 회장

334

은 두 가지 공약 사업을 내세웠다. 첫 번째는 산악연맹회관 건립이고, 두 번째는 히말라야에 원정을 보낸다는 것이었다. 그 해 총회가 끝난 여름 최상복 정찰대장을 현지에 보내는 등 히말라야의 등반 열기에 고조되어 있었다.

그 때 나는 누구보다도 오래 동안 몸담아 일해왔던 산악연맹 임원에서 물러서야 될 입장이었다. 대구등산학교를 만들었기에 후진 양성을 위해 뜻 있는 사람과 중심이 되어 등산교육과 더불어 로체 샬(8,383m) 원정계획을 세웠다.

이 산은 경북산악회가 오랫동안 염원해 왔던 산이었다. 그 당시 로체 샬의 기록은 8,383미터이었다. 얼마 안 되는 세월 속에 지각의 변동을 일으켰는지 몰라도 지금은 8,400미터로 표기되고 있다. 먼 옛날 아프리카 대륙에서 떨어져 나온 땅덩어리가 아시아 대륙과 부닥지면서 솟아오른 땅이 바로 히말라야 산맥이다. 지금도 바다 동물의 화석이 히말라야 곳곳에서 발견되어 옛날에는 바다였음을 증명하고 있다.

1989년 총회가 끝나자 초 오유 여신의 따뜻한 미소는 나를 유혹하기에 충분했다. 그 해 봄부터 본격적인 등반계획을 세웠다. 연맹 산하 160개 단체에서 젊은 대원을 추천 받아 훈련에 돌입했다. 대구의 두류산길을 새벽마다 10킬로미터 씩 구보했고, 두류 수영장에 들어가 땀에 젖은 몸을 식히며 심폐기능의 강화훈련도 했다.

주말이면 낙동 강변의 모래사장에 찾아가 20킬로그램의 배낭을 메고, 한 여름의 무더위 속에서도 등산화에 아이젠까지 부착시켜, 모래밭을 걷고 또 걸었다.   대원 구성의 대다수가 해외등반이 처음이었으나 히말라야로 간다는 마음을 앞세워 고된 훈련을 마쳤으나 아깝게도 예산 부족으로 달락된 대원도 상당수 있어 아쉬었다.

그후 최종대원을 선발했다. 박상열(46·대장), 곽규열(36·부대장), 이동로(37·등반대장), 이중길(35·운행), 이동연(31·운행), 김종길(29·장비), 홍경표(27·통신·산소), 엽상욱(26·식량), 김병현(24·기록·재무), 여훈동(23·수송), 우순식(21·식량) 등 11명이었다.

대원이 구성되자 사다 옹겔을 한국으로 초청하여 대원들과 같이 호흡을 마춰 팀웍을 다지기로 했다.

대구역에 첫발을 내딛는 셰르파 옹겔의 모습에 실망하지 않을 수 없었다. 셰르파족답지 않은 왜소한 체구에 얌전한 얼굴 모습을 하고 있었다. 어릴 때 소아마비에 걸린 탓인지 한쪽 다리를 약간 절고 있었다.

히말라야 등반에서는 등정의 성패를 판가름 할 만큼 셰르파들의 영향력은 결정적이다. 더욱이 셰르파의 대장인 사다는 셰르파의 통솔은 물론 포터들에게까지 영향력을 미치기 때문에 걱정이 앞설 수밖에 없었다.

만약에 통솔력이 부족하면 현지에서 바꾸어 버리겠다는 생각으로 막상 산에 가서 훈련을 같이 해보니 체력이 강하면서도 영리한 일면을 보여 주어 마음이 놓였다.

나이 34세의 노총각으로 이번 등반을 마치고 나면, 돈을 벌어 예쁜 처녀를 아내로 맞이하겠다는 솔직한 일면도 보여 주었다. '늙어서 이빨이 다 빠져도 돈만 있으면, 얼마든지 아내를 거느릴 수 있다' 는 네팔의 일부다처의 풍속을 이해할 것 같다.

초 오유 등반을 마친 사다 옹겔은 이후 결혼도 못한 채 다음해에 독일의 다울라기리 등반에서 아깝게도 눈사태로 실종되었다. 정부에서 발표한 해외여행의 자유화 조치 이후 이번 가을 시즌에는 유난히도 많은 8개 한국팀이 히말라야 원정으로 네팔의 수도 카트만두 거리에 모여들었다.

대구 경북연맹의 초 오유 등반대를 위시하여 대구등산학교의 로

336

체 샬(대장 한광걸), 영남대 산악회의 안나푸르나 2봉(대장 이동명), 계명대학교 산악회의 히말츄리 원정대(대장 정재홍)등으로 대구 중심의 등반대가 절반을 이루었다.

히말라야등반에 나선다니까 주위 사람들은 "에베레스트에서 못 다 푼 한을 이번에 초 오유에 가서 풀어라" 라는 위로의 말과 "왜? 에베레스트 정상에 다 올라가 놓고, 내려 왔나"라는 한 동안 귀가 따갑게 듣던 말이 또 다시 되살아나 곤욕을 치러야 했다.

험난한 산이 주는 등산의 진정한 의미를 모르는 사람들로부터 자존심이 무시되는 것 같은 기분을 느꼈다. 등반기술은 날이 갈수록 발전하여도 산이 인간에게 주는 메시지는 영원하다는 사실을 우리는 잊어서는 안 된다.

그래서 한국 고산등반의 올바른 방향의 전환점을 논의할 필요성을 느낀다. 해외 원정등반은 기술직인 측면에서는 등산의 극치라고 말 할 수 있으나 산악운동 본질에 대한 전부는 아니다.

1977년 대한산악연맹 에베레스트 등반에 이어 두 번째로 '86 K-2(8,621m)원정대' 계획을 세웠다. 3년간에 걸친 국내 훈련과 더불어 1983년에는 정찰까지 다녀온바 있다. 한국일보(1983. 9. 13)의 인터뷰와 월간 <산> (박인식 기자의 산 이야기. 85. 3)에서의 내용처럼 '산에 너무 오래 다녀 길을 열어 주지 않는다고 후배들로부터 욕도 먹습니다. 하지만 나 아니면 K2가 안 된다는 생각은 전혀 없습니다. 경험자들 중에 누군가 K2대를 이끌어야 함은 당연하고 그 여러 후보 중에 내가 포함 되어 있을 따름입니다. 저는 스스로 8,000미터 이상을 올라갈 수 있다는 자신이 생기지 않으면 K2등반에 참여하지 않을 겁니다' 라고 밝힌 바 있다. 즉 베이스 캠프를 지키는 노장은 되기 싫었기 때문이다.

1989년 7월22일 초 오유 원정대는 카트만두로 출발했다. 장도를 비는 환송객 가운데 아내의 근심스러워하는 눈빛을 의식하며 서둘러 출국장으로 빠져나갔다. 낯익은 카트만두의 트리부반공항은 많이 변해 있었다. 세관통관에 있어 이동연 대원의 상냥한 미소와 뇌물작전(국산담배 5갑) 덕분에 그 많던 식량 및 장비 통관을 손쉽게 일찍 마쳐 공항을 빠져 나올 수 있었다. 그 바람에 홍콩에서 구입한 무전기 신고를 깜박 잊어버려 등반을 마치고 내려와서 미신고죄에 걸려 곤욕을 치렀다.

선발대로 먼저 도착한 이중길 대원이 까까머리에 반바지 차림으로 '환영 초 오 유원정대' 라는 서툰 한글의 플래카드를 들고 셰르파 몇 사람과 함께 마중을 나와 있었다. 현지에서 숙박업을 하는 정광식의 안내로 에베레스트 빌라에 여장을 풀었다. 정원 주변에는 아열대 식물들이 자라고 있어 이국의 정취를 한껏 북돋아 주었다.

선발대로 먼저 도착한 대원이 이웃 집 개가 낯선 이방인을 보고 매일 밤 짖어대자, 잠을 설치는 바람에 화가 잔뜩 난 나머지 새벽에 주인 몰래 개를 돌로 쳐죽인 일이 벌어졌다. 국민 대다수가 힌두교도인 이 나라는 소가 죽으면 '인도환생'으로 사람으로 태어난다고 하여 소를 신성시하고 있었다. 사람이 죽으면 '축생' 즉 가축으로 환생, 대부분은 개로 태어난다 하여 개를 사람처럼 여기는 나라이다. 만약 이러한 사실이 알려 진다면 사람을 죽인 거와 다를 바 없이 엄벌이 내려진다.

이러한 이 나라의 법규와 풍속을 잘 알고 있는 에베레스트 빌라의 정광식 씨는 이 사실을 숨기느라 불안한 나날을 보내다가 내가 도착한 그 날 저녁에 귀띔해 줬을 때 원정대의 책임자로서 심정은 이루 말할 수 없이 착잡했다.

'성모의 산에 오른다' 면서 이러한 살생을 범한 자와 같이 등반하는 그 자체가 온몸을 뒤틀리게 할 정도로 거부반응을 일으키게 했다. 주위에서 말리는 바람에 한국으로 되돌려 보내겠다는 마음을 참을 수밖에 없었다.

338

캐러밴 준비가 거의 끝 날 무렵이었다. 내가 묵고 있는 이 곳을 어떻게 소식을 전해듣고 왔는지 ' 77에베레스트 등반에 생사고락을 같이한 셰르파 펨버 라마가 불쑥 찾아 왔다. 죽음의 문턱까지 다달은 내 육신을 ABC캠프까지 내려다준 생명의 은인과 다름없는 친구였다. 너무나 반가움이 앞서 "오!-- 펨버 라마 나마스테(안녕하십니까)" 하고 그를 껴안고 한참동안 할 말을 잃고 있었다.

그 날 저녁 두 사람은 사람이 끄는 릭샤(인력거)를 타고 사원들이 즐비한 구 왕궁 앞을 돌아 다녔다. '10년이면 강산도 변한다' 는 말처럼 카트만두의 거리는 무척 변해 있었다. 소가 유유히 다니던 듀버 광장에는 자동차의 경적소리가 발걸음을 재촉케 한다. 커다란 두 눈이 그려져 있는 스투파 사원 앞 허술한 술집에 들어섰다. 탁자에 마주 앉아 흘러간 옛 일을 생각하면서, 잊고 있었던 셰르파들의 안부를 묻다 보니 새로운 감회에 짖어 들었다. "창(막걸리) 갓고 와", "치토 치토(빨리 빨리)" 라고 외치면서 오래 만에 잊었던 네팔 말을 사용해 가면서 밤늦게까지 술을 마셨다.

1988년에 정찰대가 네팔 관광성에 입산 신청서를 낸 코스는 초오유 남서릉으로 이때까지 이 루트로 등정한바 없다. 대부분 급경사의 설사면으로 이루어져 있어 전진 캠프마다 눈사태의 부담감을 안고 등반해야만 되는 험난한 코스였다. 대원 중에 이동연, 홍경표를 제외하고는 히말라야 등반이 처음이라는 점을 감안할 때 정상에 대한 승산의 확률이 떨어진다는 것을 염두에 두지 않을 수 없었다. 몇 번이나 지도를 놓고 허가된 등반 루트와 메스너 루트를 비교하면서 셰르파에게 "어떤 루트가 성공 가능 하냐" 라고 넌지시 물어 보았다. 대부분의 셰르파들은 안정성과 성공률이 높은 메스너 루트로 오르자고 제안했다.

그러나 네팔정부 연락관만은 무슨 핑게를 대더라도 베이스 캠프로 올려 보내지 말고 남체의 롯지에 남겨 두고 싶었다.

나는 이번 등반의 성격을 규정짓는 중대한 단안을 내려야만 했다. 즉 등정주의냐, 아니면 등로주의냐 두 방향의 등반 가치성을 놓고 고심했다. 결국은 안전하게 오르는 등정주의로 선택함에 따라 '낭파라(Nangpa-la·5,716m) 국경을 넘는다'는 쪽으로 마음이 기울어졌다.

머메리가 주창한 배리에이션 루트에 동화되지 못한 이유는 험난한 산이 주는 희생의 대가에 불안감을 느꼈기 때문이다. 티베트 국경을 넘어 들어가는 이 루트는 네팔쪽의 남서릉에 비해 경사가 완만한 대신에 아프로치가 긴 북서편 루트였다. 1983년 라인홀트 메스너에 의해 등정된 일명 '메스너 루트'였다.

이러한 모험적인 결정을 내리기까지 며칠동안 나 혼자만이 고심한 것은 당연한 일이다. 결국 마지막 결정은 카트만두를 떠나 루크라로 향하는 비행기 속이었다. 창문을 통해 만년설로 뒤덮여 있는 산들을 내다보면서 12년 전 죽음의 세계를 넘나들었던 순간들이 기억에서 살아났다. 나의 체험을 통해 산소가 희박한 세계의 무서움은 어느 누구보다도 잘 알고 있었기 때문이었다. '산에서 생명을 잃어서는 안 된다. 그것은 인생의 패배를 말한다.' 어느 등산가의 남긴 말을 나는 마음 속으로 중얼거려 보았다.

8월2일 캐러밴을 시작한지 이틀만에 남체에 도착했다. 이곳에서 며칠간 머물면서 고도순응을 하기로 했다. 대원들과 함께 매일 아침마다 남체의 뒷산을 오르면서 훈련을 해보니 고도적응이 되지 않는 대원들이 수두룩했다.

생각컨대 카트만두에서 전세 비행기로 바로 루크라로 날아 와 이틀만에 이곳에 도착하였기에 대원들은 고산병에 시달리는 듯했다.

남체에서 일주일에 한 번씩 열리는 장날(바잘)이 찾아 왔다. 히말라야의 산 속 깊숙한 곳에서부터 저 멀리 티베트에 이르기까지 수백리의 험난한 산길을 물건을 사고 팔기 위해 야크를 몰고 많은 부락민들이 모여들었다. 남녀 구별할 것 없이 누더기 같은 헌옷을 걸치고, 가죽으로 된 머리띠를 이용하여 짐을 운반하는 보따리 장사꾼이다.

산골부락에서 재배한 곡류이랑 보잘 것 없는 생활 필수품을 팔고 있는 모습은 어렵게 살아가는 인간의 삶의 모습을 보여 주는 것 같았다. 그것은 그 옛날 한국의 시골 장날을 연상케 한다.

남체를 떠나 타메를 향해 야크에 짐을 싣고 가는 도중이었다. 야크 중 한 마리가 험난한 비탈길을 오르다 그만 실족하여 계곡 아래로 굴러 떨어졌다. 다행히 급류가 흐르는 계곡 아래까지 추락은 면했으나 바위에 부딪쳐 다리가 부러져 더 이상 움직일 수 없게 되자, 통증에 못 이겨 하늘을 쳐다보며 울부짖는 모습이 안쓰럽기 짝이 없었다.

그 날 저녁 민가의 방을 빌려 휴식을 취하고 있는데, 셰르파들이 몰려와 변남을 요구해왔다. 야크 다리가 부러져 쓸모 없게 되었으니 4천루피(약 7만원)를 변상해 달라는 것이었다. 만약에 변상을 거절하면 셰르파들이 등반을 포기하고 철수하겠다는 으름장까지 놓았다. 이것을 지켜본 정부연락관인 바트라이 씨가 심각함을 눈치채고 자기 주머니에서 1천루피를 꺼내 자기도 보태겠다고 맞장구까지 쳤다.

야크 몰이의 실수로 사고가 났는데도 불구하고 '고용된 동물이 등반 도중 피해를 보았을 때는 보상한다' 라는 등반 규정을 내세워 우기는 바람에 하는 수 없이 변상할 수밖에 없었다.

쿡이란 놈은 한술 더 떠 내 앞에 슬그머니 나타나 부상당한 "야크를 잡아먹자" 면서 도살 비용까지 달라고 했다. 나는 화가 잔뜩 치밀어 "재수 없는 자식 꺼져 버려" 라고 우리말로 고함을 질렀다. 내 표정을 알아차린 쿡은 슬그머니 꽁무니를 빼 버린다. 계곡 벼랑에서 고통을 호소하면서 울부짖던 커다란 야크의 눈망울이 아직도 어른거린다.

다음날 아침이었다. 야크등에 짐을 올려 싣던 셰르파들이 하던 일을 멈추고 또 웅성거리기 시작했다. 까닭인즉 등반도 마치지 않았는데 3개월 분의 임금을 한꺼번에 내 놓지 않으면 돌아가겠다는 것이었다. 사다 옹겔은 입장이 곤란하여 몸을 피했는지 모습을 찾아볼 수 없었다.

대부분의 셰르파들은 사다 중심의 한 마을 사람들로 구성되는데, 이번에는 어떻게 된 영문인지 사다가 셰르파의 눈치를 살피는 형편이었다. 아마도 네팔 관광성의 입김이 셰르파의 고용에까지 작용했는지 대부분이 타메의 부락민 중심으로 구성되어 조금이라도 못마땅하면 자주 소동을 일으켰다.

그 옛날 타이거라는 칭호를 받아 용맹을 떨치던 셰르파들은 모두 사라져 버리고, 요즘은 눈치를 살피면서 일자리를 구하기 위해 네팔 관광성이나 트레킹 사무실 주위를 맴돌고 있었다.

대부분의 셰르파들은 고산에서 태어나 남체 부락을 중심으로 히말라야 산록에서 생활하고 있다 그래서 그런지 보통사람보다 심폐 기능이 뛰어날 뿐 아니라, 고용된 주인에게는 절대 복종하는 온순한 성격의 고산족이다.

그러나 지금의 셰르파 대부분은 외국 등반대에 고용되기 위해 카트만두에 내려와 도시 생활을 하다보니 고산적응이 떨어질 뿐 아니라 체력도 약해졌다. 등반 자체의 흥미보다 돈의 노예가 되어 높이 올라가는 것을 싫어하는 습성으로 변했다. 캠프를 전진하여 8천미터를 넘어서면 많은 보너스를 요구하다가 거절하면 고산병을 내세워 꼼짝하지 않는다.

8월17일 낭파라 빙하의 5,200미터 지점에 베이스 캠프를 구축했다. 셰르파들도 위험부담이 적은 북서릉을 원했기 때문에 모두 입을 다물고 있었다.

네팔 정부연락관 바트라이 씨는 우리가 네팔국경을 넘어 캠프2

342

지점에서부터는 티베트 쪽으로 이동하여 등반을 하고 있다는 사실을 모른 채, 베이스 캠프에 도착 하자 고산병인 두통에 시달리다가 자진해서 남체에 있는 쿰부롯지로 내려가 버렸다.

대원들이 모두 베이스 캠프를 떠난 후 혼자 천막을 지키고 있을 때였다. 요란한 방울소리가 들려 천막에서 뛰쳐나와, 낭파라쪽을 쳐다보니 수십 마리의 야크가 떼를 지어 내려오고 있었다. 야크 등에 소금을 가득 싣고, 국경을 넘어 남체 바잘로 장사하러 가는 티베트계의 상인들의 무리였다.

새까맣게 그을른 얼굴에 누더기 같은 옷을 걸치고, 옆구리에는 쿠크리라는 칼을 차고, 유난히도 반짝이는 눈동자로 우리들을 힐끔 쳐다보면서 우리 천막 옆에 노숙할 준비를 서두르는 모습은 마치 산적의 무리들을 연상케 했다. 혹시나 밤사이 쿠크리 칼을 뽑아들고 나를 위협하고, 금품이나 식량이라도 털이 갈까 염려했으나 아침에 눈을 떠보니 남체로 다 내려가 한 사람도 눈에 띄지 않았다.

8월20일부터 루트 공작을 시작하여 돌과 얼음이 뒤범벅된 채석장 같은 갸르락빙하를 거슬러 올라가 빙하가 한 눈에 내려다보이는 지점에 제1캠프(5,950m)를 설치했다. 맑은 날씨가 계속되어 물자 수송이 원만하게 이루어져 8월22일에 티베트의 국경인 낭파라(6,300m)능선에다 캠프2를 설치했다.

평탄한 주위에는 국경 표시라고는 쇠말뚝뿐인데 거기에다 각국 등반대가 달아놓은 시그널이 퇴색된 채, 바람에 휘날리고 있었다. 천막을 치기 위해 짐을 정리하는 중 작은 쥐처럼 생긴 동물이 박스에서 뛰쳐나왔다. 빨간 눈에 온몸에 하얀 털이 덮여 있는 아주 귀여운 동물이었다.

생물체라고는 찾아볼 수 없는 삭막한 지대에 동반자가 나타났다는 생각에 동물을 좋아하는 나로서는 그대로 내버려 둘 수 없었다. 행운의 여신이 내려 준 마스코트라고 생각하고 등반을 마칠 때까지

키워 보기로 하고 천막 안에 보금자리를 만들어 주고 먹을 것을 주었으나 결국 헛수고로 그치고 말았다. 밤사이에 우리 속에서 뛰쳐나가 어디론가 사라져 버려 몹시 서운했다.

제3캠프로 가는 길은 네팔의 국경을 넘어 티베트땅으로 들어가는 메스너 루트를 따르게 되었다. 8월29일 또 하나의 빙하를 거쳐서 6,446미터 봉우리를 넘어 캠프3(6,700m)을 능선에 설치했다. 이런 날씨가 계속된다면, 2, 3일 후 정상이 빤히 바라보이는 북서릉에 제4캠프(7,500m)를 설치한 후 정상공격을 하기로 했다.

8월의 몬순 시즌임에도 불구하고, 행운의 날씨는 우리를 따라 주었다. 이러한 기회를 놓칠 수는 없어 캠프를 계속 전진시키다 보니 물자수송이 뒤따르지 못했다. 나는 캠프2에서 식량을 지원하기 위해 베이스 캠프로 내려오니 곽규열 부대장이 반갑게 맞이해 주었다.

다음날 아침 두 사람은 식량 박스를 챙겨, 베이스에 남아있는 셰르파를 불러 짐을 지고 같이 올라갈 것을 요구하니 "머리가 아프다" 라며 또 다시 고산병을 호소했다. 화가 치밀어 올라 해고시키겠다고 윽박 지르니 그제서야 내가 알아듣지도 못하는 네팔말로 푸념을 늘어놓으며 짐을 지고 일어선다.

수 없이 오르내리던 빙하를 거슬러 올라가 오후11시45분 경에 캠프1에 도착했다. 더 이상 올라갈 이유를 못 느껴 곽 부대장과 함께 여기에 남아 있기로 했다. 두 사람이 올라가 봤자 식량만 축낼 뿐, 등반에는 아무런 도움을 주지 못한다는 사실을 체험했기에 스스로 눌러 앉아 버렸다.

9월1일 베이스를 설치한지 15일 만에 정상공격 명령이 떨어졌다. 히말라야 경험이 수차례 있고, 누구보다도 고소 순응이 잘되어 있는 캠프4에 진출한 세 사람을 선정할 수밖에 없었다. 사실상 아래 캠프에 내려와 충분한 휴식을 취한 후 정상을 공격하는 것이 고소등반의 상례였다. 그러나 이렇게 좋은 날씨를 두고 물러설 수가 없다는 유혹에 빠져들고 말았다.

9월1일부터 공식적인 가을등반의 시즌이 시작된다. 이 때쯤이면 베이스 캠프에 도착하여 휴식을 취하면서 고도순응을 할 시기인데 우리들은 어떻게 된 영문인지 정상 공격을 시도하고 말았다.

"1차 공격조는 이동연, 홍경표 대원과 셰르파 옹겔이다", "나머지 대원들은 지시가 있을 때까지 각 캠프에서 대기하라"는 내용의 메시지가 전달되었다. 만약 1차 공격이 실패할 경우 제2차 공격을 시도하기 위해서다.

세 사람은 새벽 3시에 일어나 가스 버너를 피워 수프를 끓여먹고 초 오유 정상을 향했다. 헤드 램프의 불빛 따라 걸어가면서 숨가쁜 호흡을 의식했으나 얼마나 걸어 어디쯤 도착했는지 모른다. 머리 위에서 반짝이던 별들이 하나 둘 사라지고 동녘의 하늘이 밝아 오면서 온 천지가 시야 속으로 나타난다. 초 오유 정상의 모습이 설면 위에 나타난다.

시간이 흐르자 이른 아침 태양빛이 발 아래에서 솟구쳐 오르고 있다. 대기의 맑은 공기 탓인지 모든 물체는 너무나 가깝게 보여 5시간이면 정상에 도달할 것 같은 짜릿한 흥분이 가슴에 자리잡기 시작했을 것이다.

캠프1에서 무전기를 통해 그들을 불러 보았으나 아무런 응답이 없다. 나의 경험을 통해 느껴 본 것은 공기가 희박한 지대에서 무산소의 발걸음은 천근같이 무겁다.

마치 심장이 터질 것 같은 고통 속에 걷다보면, 무전기에서 호출이 떨어져도 대답하기가 그리 쉽지 않다. 목에 걸고 다니던 무전기도 거추장스러워 팽개쳐 버리고 싶은 충동이 일어나는데, 가쁜 호흡을 가다듬고 대답하는 것이 귀찮아 아예 배낭 안에 넣어 버린다. 상대편의 말소리만 엿들을 뿐, 응답을 거부하는 것은 즉, 고산지역에서 부리는 심술로 충분히 이해가 간다.

시간이 지날수록 무전기에서 들리는 것은 정상의 소식이 아닌 "세--"하는 바람소리 같은 잡음만이 이어질 뿐 아무 소식이 없을 때는 입술이 탈 지경으로 답답해진다. 그래서 몇 번이나 침을 삼켰는지 모른다. 히말라야의 특유의 몬순이 초 오유 정상에 부닥쳐 밑에서 감돌고 있는 시즌이었다. 티베트의 국경 낭파라를 넘어 서북릉으로 등반을 시도했다. 셰르파 한 사람과 두 대원은 파도처럼 밀려오는 눈 더미에 밀려 한 차례의 정상공격에서 밀려나는 비운을 맞았다. 누른 띠를 두른 록 밴드(Rock Band) 30미터를 오르는데 1시간 이상이 걸렸다. 실로 상상을 초월하는 난 코스였다.

눈과 얼음이 뒤덮인 수직바위에 매달린 채, 흐릿한 정신을 가다듬으면서 바위에 눈과 얼음으로 덮여있는 마의 지대를 넘어서기까지 처절한 사투를 벌인 그 시간은 너무나 길었다.

홍경표 대원의 입에서는 연신 욕설이 터져 나왔다. "내가 미쳤지 XX" 숨은 서너 발자국에 한번씩 헐떡거리지 않을 수 없었다. 정상 공격 조로 선발되었을 때는 그리도 기뻐했지만 이제는 밑에서 두 사람의 성공을 기다리고 있는 대원들이 오히려 부러웠다.

"그놈의 산소가 늑장을 부려 이런 고생을 한다" 심장이 터질 것 같은 고통 속에 "자식들 내려가거든 두고보자"라고 중얼거려 보지만 가쁜 숨에는 아무런 도움을 주지 못했다.

세 사람은 8천미터의 문턱을 무산소로 넘어 정상을 코앞에 두고 허리까지 빠지는 눈구멍을 헤쳐 나가기에는 역부족이었다. 목표물인 정상이라도 보였으면 한 걸음이라도 더 옮길 기분이라도 날 것 같은데 눈에 보이는 것이라곤 지척을 분간할 수 없는 깊은 가스에 내리는 싸락눈 뿐이다.

"여기는 캠프1 정상공격조의 위치를 알려 달라. 오버"라는 소리가 고요한 적막을 깨드린다. 아래 캠프에서 정상의 소식을 초조히 기다리는 대장이 미워지기 시작했다.

346

너무나 지친 나머지 목에 걸고 다니던 무전기도 거추장스러워 눈에다 내팽개쳐 버리고 싶은 심정이었다. 제1차 정상공격대 이동연, 홍경표, 옹겔 세 사람은 구름과 하늘을 사이에 두고 눈보라 속을 헤매면서 자연과의 처절한 싸움을 벌였다. 그러나 정상을 향하는 불타는 의지도 가슴팍까지 육박하는 엄청난 눈 더미에 두 손을 들 수밖에 없었다.

"쐐아 − −"하는 바람소리와 함께 밀려오는 안개는 하늘로 치솟아 오른다.

그 사이로 정상의 언덕이 손에 잡힐 듯 가까이 보였다가 이내 안개 속으로 사라져 버린다. 그 순간 눈구멍에서 헤매고 있는 확인된 위치는 정상 바로 밑에 있는 거대한 바위로 허리 두른 두번째의 엘로밴드 하단부에 도착했음을 확인했다.

새벽3시에 출발한 이래 영상갱과 초콜릿 한 개 외에는 아무 것도 먹질 못했다. 목이 타는 듯한 갈증 때문에 눈 속에 풀썩 주저앉아 눈을 뭉쳐 입 속에 넣어보았으나 갈증의 해소는커녕 산소 부족과 함께 목이 점점 더 조여올 따름이다.

8월의 마지막 계절풍인 몬순이 지나가는 문턱에서 아래 캠프에서는 정상과는 달리 너무나 좋은 날씨의 연속이었다. 이 기회를 놓칠 수 없어, 전진캠프를 설치하다 보니 등반속도에 비해 물자수송이 뒤따라 주지 않아 어려움을 겪고 있었다.

우리는 눈 위를 기다시피 하여 제2 록밴드 상단부에 도착하자마자 눈 속에 풀썩 주저앉았다. 세 사람은 더 이상 움직일 수 없는 체력의 한계에 도달했다. 더 이상 정상에 대한 미련은 사라져 버린 채, 바위 틈바구니에 기대앉아 가쁜 호흡을 가다듬었다.

이러한 상황이었으나 누구하나 "내려가자"라고 선 듯 나서는 사람은 없었다. 스쳐 지나가는 바람소리와 함께 짙은 안개로 눈앞의 정상 모습은 몇 번이나 새롭게 바뀐다. 그 순간에 세 사람의 발걸음은 마치 약속을 한 듯 아래로 향하고 있었다. 지척을 분간할 수 없는 깊은 가스를 뚫고 내려오면서 다리에 힘이 풀려 몇 번이나 눈구멍에 곤두박질쳤다.

결국 제1차 초 오유의 정상공격은 실패로 돌아갔다. 한편 캠프 1에 설치된 본부에서는 오후 1시50분 제1 록밴드 상단에서 엄청나게 밀려오는 눈 때문에 정상에 도달할 시간적인 여유가 없다는 판단 아래 일단 후퇴한다는 교신이 있고 난 후 불안의 연속이었다. 왜냐하면 공기가 희박한 지대에서 오는 혼미한 정신은 사고를 유발할 수 있는 요인이 된다는 사실을 경험에 비춰 잘 알고 있기 때문이다.

오후 6시20분 제4캠프에 무사히 귀환했다는 두 번째 교신을 받고 그제야 침낭으로 들어가 무수히 달려드는 상념에 시달려야만 했다. 1차 공격조를 다시 올려 보내느냐 아니면 캠프3에서 제2차 공격을 위해 대기 중이던 이중길, 여훈동 대원을 보내느냐는 문제로 머리는 극도로 혼란스러웠다. 무산소로 8천미터의 턱을 넘어선 세 사람은 지금쯤 많이 지쳐 있다는 생각이 들어 무전기를 집어들었다. "여기는 본부 공격조 감 잡았으면 즉시 응답하라, 오버"라고 그들을 불러보았다. "내일 정상공격을 위해 일찍 잠자리에 들었다"는 응답의 목소리는 카랑카랑하게 힘이 넘쳐 있었다. "역시 히말라야에 경험이 있는 자가 틀린다"고 중얼거려 보았다.

제2차 공격이 시작되는 날이었다. 한국대가 공동으로 발주한 영국제 산소가 이제서야 카트만두를 거쳐 이틀이면 베이스 캠프에 도착한다는 메시지가 왔다. 결국 비싸게 구입한 산소는 쓸모 없는 고철이 되어 버렸다. 얼음 위에 돌무더기로 둘러싸인 캠프1은 생물체라고는 찾아볼 수 없는 삭막한 빙하지대라 더욱 더 외로움을 느끼게 한다. 회색빛 하늘에서 내리는 싸락눈과 함께 "쏴 – 아"하는 바람이 지나가는 소리뿐이라 왼종일 무료한 고독을 되씹어야 한다.

한낮이면 머리 위에서 태양의 이글거리는 뜨거운 열기와 더불어 천막 속은 복사열로 마치 한증탕처럼 무덥다. 정오가 되면서 기온이 상승하자 여기 저기서 "쿵 쿵--"하는 눈사태소리가 또 한 번의 고요한 모레인의 적막을 깨뜨리면서 울려 퍼져 나간다. 곽 부대장과 무전기를 사이에 두고 침묵으로 일관하면서 정상의 소식에 촉각을 곤두세웠다.

이따금씩 '삐익' 거리는 잡음에 후딱 놀라 무전기를 잡곤 했으나 아무런 말이 없다. 시간이 흐를 수록 정상의 소식이 없자 "도대체 어떻게 되었나? 이때까지 아무런 연락이 없나" 한마디 내 뱉어 보았으나 불길한 생각만 머리를 쳐들었다.

내가 마지막 캠프까지 올라갔어야 했는데 라는 부질없는 생각도 들었다.

'77 에베레스트의 정상을 내가 오르던 날 ABC캠프에서 초조한 마음으로 밤을 새워가면서 정상의 소식을 기다렸던 김영도 대장의 입장이 되어 버렸다. 대장이라는 영광의 뒤에는 숨막히는 고뇌가 뒤따른다는 것을 그토록 적실히 느끼지 않을 수 없었다.

9월2일 오후3시23분 갑자기 "삐익" 하는 소리가 터지면서 "여기는 정상, 지금 정상에 도착했습니다" 라는 소리가 무전기에서 터져 나왔다.

너무나 긴장한 탓인지 온 몸에 힘이 빠지고 머리 속은 텅 빈 듯했다. "여기는 캠프1 정상 감 잡아라 오버" 라고 수 없이 호출하였으나 더 이상의 대답이 없다. "아! 이제는 모든 것이 끝났다." 이제 남은 것은 정상의 용자들이 무사히 내려오기를 바랄 따름이다.

지금부터 대장으로서 할 일이 많았다. 제일 먼저 등정날짜를 속여 발표하는 것이다. 왜냐하면 9월1일부터 포스트 몬순 시즌으로 등반이 시작되는데 이틀만에 정상을 올랐다는 사실은 누구나 이해되지 않는 부분이 많을 것 같았다. 그래서 네팔 관광성에 사흘을 넘겨 9월5일로 등정 날짜를 속여 발표해야 되는 얄궂은 운명에 놓여 있었다. 또 하나의 고민에 빠졌다. 티베트쪽 서릉으로 미국팀을 위시한 4개 팀이 등반을 시작하고 있는데 한국대가 국경을 침범하여 먼저 정상에 올랐다는 사실을 알고, 티베트나 네팔 관광성에 항의라도 하는 날이면 문제가 더욱 복잡해 질 것 같았다.

그래서 하는 수 없이 1차 공격만 끝내고 흔적 없이 철수하라는 지시를 내렸다.

오늘부터는 서둘러야 될 일이 많았다. 고소적응을 못해 아래 쿰부롯지에 묵고 있는 정부연락관 바트라이 씨를 만나 정상에 올랐다는 사실을 알리고 인정을 받아야만 했다. 그리고 대구경북산악연맹 회원들에게 하루속히 기쁜 소식을 전하기 위해 셰르파 한사람을 데리고 먼저 남체로 내려가기로 마음먹었다. 그래서인지 몰라도 내려가는 발걸음은 무척 가볍고 마음도 흥겨웠다.

오후가 되자 자욱한 안개가 산허리를 감돈 후 싸락눈이 되었다. 저지대로 내려오니 가랑비로 변해 버렸다.

어둠이 깃들 무렵 나무 울타리에 야크를 가두어 키우는 농가가 눈에 띄었다. 여기서 하룻밤을 보내기로 마음 먹었다. 야크의 배설물이 여기저기에 깔려 있는 풀밭 한가운데에 천막을 치고 일찍 침낭에 파고들어 잠을 청해 보았으나 좀처럼 잠은 오지 않았다.

더욱더 잠을 설치게 만드는 것은 야크의 목에 단 방울 소리였다. 낯 설은 이방인이 자기 영역에 침범하자 고개를 쳐들어 울부짖는 소리까지 요란스럽게 냈다.

간혹 못된 놈은 긴 뿔로 천막을 휘 젖고는 달아난다. 도저히 불안해서 눈을 붙일 수 없어 배낭을 챙겨 나왔다.

허름한 목장 주인집 문을 밀치고 들어서니 어둠 컴컴한 공간에는 연기가 자욱하여 물체를 분간할 수 없다. 자세히 살펴보니 기름때가 덕지덕지 묻은 옷을 입은 아낙네가 어린애를 업고 야크의 배설물을 말린 땔감으로 화덕불을 피워 감자를 삶는지 김이 오르고, 그 옆에는 누런 개 한 마리가 연기에 취한 듯 졸고 있었다.

야크털로 짠 모자를 눌러쓰고 우리를 쳐다보는 남자의 눈빛에는 깊은 산골이라 문명의 혜택이라고는 찾아볼 수 없는 주위의 환경 탓 때문인지 척박함과 빈곤이 가져온 삶의 고단함이 짙게 담겨있는 듯했다.

그러나 그들의 마음은 따듯했다. 하룻밤 묵을 이방인의 여정을 풀어주기 위해 감자로 만드는 창(막걸리)을 담기 위해 손등의 때가 더덕더덕 붙은 손으로 술을 빚는다. 역겨움이 온몸을 뒤틀리게 했다. 그것도 잠시다.

모처럼 보는 술이라 그들의 살아가는 삶에 내 호흡을 불어넣어 취하고 싶었다, 배낭을 뒤져 오징어를 끄집어내어 야크 똥이 타오르는 불에 올려놓으니 "타-닥" 불꽃이 튄다.

해골에다 술을 따라 마셨던 영국의 시인 바이론처럼, 남체 장날에서 사 갖고 온 해골바가지에다 창을 가득 부어 마시고 또 마셨다. 술에 취하고 연기에 취한 내 마음은 히말라야의 깊은 산골을 달구어 놓았다.

베이스 캠프를 떠나 사흘만에 올라올 때 머물었던 쿰부 롯지에 도착하니 혼자 무료한 나날을 보내고 있던 바트라이 씨가 나를 반갑게 맞이해 줬다. 이 집의 주인 파상 까미 셰르파는 정상에 세사람이 올랐다고 말 하니 그렇게 빨리 올라갈 수 있느냐고 의아스러워 했다. 그는 1970년 영국 안나푸르나 남 벽을 초등한 셰르파로 정상에 올라갈 시기를 보름을 택해 이른 새벽에 올라가면 성공 확률이 높다고 올라올 때 내게 귀띔해준 셰르파다. 특히 이 집에 전직 미국 대통령 지미 카터가 하룻밤을 묵고 간 곳이라 더욱더 유명하다. 그때 카터와 함께 찍은 사신을 이층 식당 홀에 자랑스럽게 걸어놓고 있다.

모처럼 즐거운 휴식을 가졌다. 야크털로 짠 양탄자의 나무침대에 누워 아내한테 온 편지를 읽어보았다. 내가 출국하던 날 밤 꿈을 꾸니 내가 독수리의 날개를 잡고 떨어질 듯, 하늘로 올라가는 꿈을 꾸어 불안한 나날을 기도로 보냈다는 내용이었다.

창밖에는 어둠이 밀려오는 등잔불 아래에서 아내의 편지를 읽노라면 나를 감싸주는 듯한 평온함을 되찾았다. 그날저녁 바트라이 씨와 나는 화덕불 연기에 오래 동안 그을려서 만든 야크의 훈제고기로 초라한 등정의 기쁨을 나눴다.

그 후 초 오유 등반을 무산소로 마치고, 카트만두로 내려와 산악 전문지 <사람과 산> 현지특파원 정광식 씨와 등정자 홍경표 대원과 인터뷰한 내용 중 '다시 정상으로' 라는 부분을 발췌하여 그 당시 상황을 알아본다.

2차공격에 대한 간략한 논의 후 가쁜 호흡 속에서 3명은 잠을 청했다. 9월1일 아침 7시15분 출발, 전날 도착한 최고 지점 부근이었던 8,100미터에 텐트 한 동을 설치했다. 침낭도 없이 우모복 상의만 입은 채, 버너 하나를 켜고 앉아 조는 반(半)비박이었다. 그래서 우리는 이곳을 제5 캠프라기 보다 비박지라고 불렀다. 다시 정상 공격의 날이 밝았다.

9월2일 아침 6시50분, 납덩어리 같은 몸을 일으켜 힘들여 끓인 북어 국물을 마시고 출발했다. 지겨운 눈, 목을 조여오는 호흡… 제2 록밴드를 눈이 많은 쪽을 골라서 비스듬히 돌아 올라서니 오후1시경 한쪽 끝에 가스가 자욱한 봉우리에 섰다, 오후 3시23분 "여기는 정상이다. 여기는 정상이다."

아래의 전 캠프는 일순 환호성에 휩싸였다. 모두의 머리 속에는 고된 훈련의 나날들이 스치고 지나갔으리라. 그러나 나의 머리 속은 그냥 말갛게 비어있기만 했다. 마치 갑자기 백치가 된 양----. 그러나 잠시 후 가스가 걷혔을 때 "어렵쇼!" 우리는 저 뒤로 좀 더 높은 진짜 정상을 발견했다. 웃기는 일이었다. 우리들은 모든 대원들이

352

미리 기뻐하고 있는 그 동안에 진짜 정상을 향해 서서히 걷기 시작했다. 그로부터 한 시간 뒤, "여기는 정상보다 더 높은 데다. 이번이 진짜 정상이다. 오버" 하고 무전을 다시 보냈다. 정말 더 높은 데는 보이지 않았다. 우리는 8천 미터 위에서 조그마한 희극을 만들고 있었다.

모든 것이 끝났다. 셋은 서로 얼싸 안았다. 저 멀리 티베트 평원이 장대하게 펼쳐져 있었다. 며칠 뒤 우리는 티베트와 네팔 쪽에서 우리의 뒤를 따라 오르고 있는 대 여섯 팀에게 우리의 티베트 침범과 시즌보다 이른 등반을 들키지 않으려고 2, 3차 공격의 기회도 노려보지 못한 채 "흔적을 남기지 말라"는 대장의 명령에 따라 재빨리 베이스 캠프로 철수했다. 아주 깨끗했다.

'정상으로 가는 길은 멀고 험했나.' 어렵게 둥빈을 미치고 카트만두에 타메 부근에 있는 에베레스트 빌라에 들어서니 무언가 심상치 않은 분위기를 느꼈다. 정광식 씨가 우리를 맞이하는 표정이 어두웠기 때문이다. "정형 무슨 일이 있어요?" 하고 물어보았다.

"계명대학교 히말츄리 원정대장 정재홍 박사가 고산병으로 베이스 캠프에서 운명하셨다"는 말을 조심스럽게 끄집어내었다. 아니 이럴 수가 있나! 한국을 떠나 네팔로 오기 며칠 전 대구에서 모처럼 구성된 세 개의 원정팀이라 각 대장(박상열, 한광걸, 이동명)을 자기 집으로 초청하여 저녁을 함께 나누면서 고산등반에 대해 서로의 견해를 나눈 것이 엊그제 같은데 ---- 도무지 믿어지지 않는 현실이 꿈같이 믿어지지 않았다. 물끄러미 먼 산을 바라보다가 고개를 숙이며 물었다. "지금 어떻게 처리하고 있습니까?", "네팔주재 한국대사관을 통해 헬기를 현지로 보내 시신을 운구 하려는데 그곳 날씨가 좋지 않아 기다리고 있는 중이다"라고 말했다. 더 큰 문제는 베이 캠프 주위의 지형이 좋지 않아 헬기가 착륙이 어려워 시신을 공중으로 달아 올려야만 하는 어려움이 뒤따른다는 말을 덧붙였다.

정 박사는 대구 동산병원 의사로서 산악인들한테 지대한 관심과 온정을 베풀었다. 특히 내게는 1977년 에베레스트 등반을 마치고 동상 걸린 발로 귀국했을 때 격려의 편지와 함께 자신이 근무하는 계명대학교 동산병원에서 치료(이식수술 등)를 해 주겠다는 내용과 함께 격려의 편지를 기억도 할 수 없을 만큼 보낸 적이 있는 분이었다. 그런 자상했던 분이라 더욱 나를 슬프게 했다.

그분은 임상 병리학 의사로서 누구보다도 고산병에 관심이 높았고 그 방면에 공부를 많이 했다. 일본 고소학자를 두 번이나 초청하여 학술강연회를 가졌다. 그 강연회 중에 내가 1973년 일본 에베레스트 등반의 예를 들어 이런 질문을 한 기억이 난다. 그 내용은 이렇다.

"7, 8천 미터의 고소에서 등반중인 대원들에게 고소순응을 측정하기 위해 혈액 내 헤모글로빈 증가 수치와 맥박 수 또는 심전도를 조사해본 결과 의학적으로는 대부분의 대원들은 중 환자실에 입원해 있어야만 했다. 그런데 대원들은 아무런 고소 증세를 느끼지 못하고 등반을 하고 있는데 대해 의학적으로 어떻게 생각합니까?" 하면서 예를 들어 물어보았다. 그 대답은 "정상에 올라 갈려고 욕심을 부리다보면 본인은 고소증세를 느끼면서 애써 감추는 사람이 더러 있다. 그러다가 뇌수종이나 뇌부종으로 더 위험한 결과를 초래할 수 있는 것이 고산병이다" 라고 그분이 답했다.

정 박사는 이번 히말츄리등반을 통해 고소의학의 이론과 실제를 몸소 체험하기 위해 고령인데도 불구하고 이 산을 선택하였을 줄 모른다.

귀국하여 나중에 안일이지만 긴 캐러밴을 마치고 베이스캠프에 도착하였을 때는 체력이 떨어진 상태에서 천막에서 잠만 잤다는것은 무엇을 의미하는가 심한 고산병에 시달리고 있었다는 것이다.

354

대장이라는 무거운 책임 때문에 몸이 불편해도 베이스 캠프를 떠나기를 완강히 거부했다 하지만 강제라도 하산시켜야 했을 것이다. 대다수의 대원들이 고산병에 대한 경험부족으로 무리하게 방치를 했고 자연쇠퇴라는 잠행성을 가져와 움직일 수 없다는 사실을 자신이 알고 계셨을 것이다. 대장으로서 그분은 천막에서 운명하시고 말았다.

그날 저녁이었다. 지금은 한국대사관에 근무하는 정용관 씨를 만나 정 박사의 사후수습에 대해 논의하고 숙소에 들어서니 AP특파원 올드미스 홀리가 찾아와 인터뷰를 요청했다. "미스터, 박"이라 부르면서 한국 초 오유 원정대가 가을 시즌에 제일 먼저 등정했다는 축하의 말도 잊지 않았다.

지도를 꺼내며 올라간 등반루트에 대해 설명해 달라는 것이다. 산악전문 기자로써 오래 동안 네팔에 미물면서 히말라야등반을 취재해온 터라 누구보다 등반에 대해 빠삭하게 알고 있다는 눈치였다. 그 눈빛에는 내 마음을 궤 뚫는 듯, 긴 턱을 어루만지는 그 모습은 마치 내가 늙은 여우한테 토끼사냥을 당하는 기분이 들었다.

티베트의 국경 낭파라를 침범하여 서릉(W. Ridge 일명·메스너 루트)으로 올랐다는 것을 감추고, 서남릉으로 올랐다고 주장하니 못마땅한 듯, 세계 초등이라고 말하고는 자리를 떴다. 정상이 무엇이길래? 홀가분하지 못한 마음이었다.

네팔 히말라야는 몬순 시즌에는 계절풍에 의한 우기철이라 "등반이 불가능하다"는 전례를 깨고, 베이스 캠프를 설치한지 보름만에 어느 팀 보다 먼저 속공으로 초 오유 한국 초등정 기쁨의 금자탑을 남겼다.

한국에 돌아오자 등반보고회 및 사진전시회를 갖는 등 바쁜 한해가 후딱 지나가고, 1990년 한여름 무더위가 한 풀 꺾인 8월 중순이 되었다.

등정 의혹이라는 회오리바람

〈사람과 산〉 (90년 9월호) 사설에 '등정의혹 14개 팀을 밝힌다'라는 내용이 실렸다. 대산련의 K이사가 대산련의〈산악인〉과 월간지〈사람과 산〉을 통해 등정이 불확실한 원정대가 14개 팀이 된다고 폭탄선언을 하여 산악계의 파문을 던졌다. 책장을 넘기면서 "도대체 정상이 아니라고 무슨 뚱단지 같은 소리냐?"하면서, 흥분된 마음을 애써 가라앉히면서 책을 읽자 산악인의 고질적인 불신풍조에 대한 환멸이 느껴지기 시작했다.

그 다음날 홍경표 대원을 불러 혹시나 하는 조심스러운 마음에서 등정여부를 조심스럽게 물어보았다. 그는 비교적 담담한 표정으로 등반 상황을 털어놓았다. "짙은 안개 때문에 정상을 분간 할 수 없어 헤맸지만 정상은 틀림없습니다"라고 분명히 말했다.

그 때부터 큰산을 추구했던, 신앙고백의 차원에서 무분별한 홍 대원의 말을 믿고 14개팀 가운데 유일하게 나만 "초 오유 등정에 이상 없다"는 반박기사를 실어 산악계에 큰 파문을 던져 〈사람과 산〉 판매 부수가 불어날 정도로 산악인들이 지대한 관심을 모았다.

'뒤쫓아온 6개국 원정대가 등정 인정했다'

산악인들의 고질적인 불신풍조

내 책상 위에는 1989년 〈사람과 산〉 창간호와 마운틴 저널 '흔적 없이 철수하라' 등 5권의 책이 어지럽게 널려 있어 착잡한 심정을 대변해 주는 듯하다.

한국산악운동의 초창기에 우리 선배 산악인들은 어려운 조건에서도 고전적인 등반방식이나마 등산의 본질인 순수성을 잃지 않고 산악운동의 선구자로서 후진 양성에 노력해왔다. 언제부터인지 몰라도 이 땅에 히말라야 원정등반의 바람이 급속도로 불어오더니 큰 산에 올라간 자신의 명예를 자랑스럽게 생각하고 상대편을 불신하는 풍조가 우리 산악계에 서서히 싹 트고 있음을 부인할 수 없다.

등산은 다른 스포츠와 달라 일정한 규칙이 없다. 자신이 심판이 되고 선수가 되는 관중 없는 스포츠다. 규칙이 확고한 경기종목은 선후배를 떠나 숙명적이고 상대적인 적은 될 수 있으나, 등산은 영원히 선후배간에 승자와 패자가 없는 경기이다.

더 높은 곳을 오르는 해외등반은 산악인이면 누구나 다 갈망한다. 산을 자기 인생의 목표로 삼아 젊음을 산에 바치는 사람들이 많이 늘고 있다. 그러나 원정등반을 통한 정상의 영광은 보석과 같지만 그보다도 몇 년간에 걸친 준비과정 및 피 눈물나는 훈련은 등정 이전에 높이 평가해야 된다는 점을 인식해야 한다.

높은 산을 지향하는 행위는 자기 자신과의 처절한 싸움이다. 정상을 속인다는 것은 바로 자신을 속이는 것과 마찬가지다.

신들이 거처하는 하얀 정상은 아무나 마음 대로 갈 수 없는 신성한 땅이다. 하느님이 선택한 사람, 하늘이 내려준 좋은 기후조건 오르는 그날의 인체생리(바이오리듬)에 나타나는 등반 능력과 기술 등 삼위일체가 되어야 목표에 도달할 수 있다.

대산련이 발간한 〈산악인〉 1990년 봄호에 실린 해외원정 10년사를 읽고 나는 글쓴이에게 전화를 걸어 "상대편이 북극 탐험 중인데 어떻게 그런 글을 쓸 수 있느냐 귀국하면 논란의 대상이 될 것이다"라고 말한 적이 있다.

아니나 다를까, 〈사람과 산〉 7-9월호에 '허영호 등정 이상 없다

357

'로체 등정 믿을 수 없다'에서 '등정의혹 14개 팀 공개' 등으로 점점 확산되고 있지 않는가.

물론 해외 원정등반을 재조명한다는 발전적인 측면도 있지만 그 전에 의혹을 제기할 만한 자료를 충분히 확보하여 공개함이 옳지 않았을까? 한 번 씌어진 글은 허공에 사라지는 말과 달라 영원히 남게 된다는 사실을 명심해야 할 것이다.

<산악인> 1990년 봄호에 실린 '1980년대에 히말라야 원정 중 특기할 만한 것은'라는 내용을 보면 1982년 경북산악회 얄룽캉(8, 506m)팀 등12개 팀이 나열되어 있다. 그 얼마나 자랑스러운 기사인가. 그런데 왜 <사람과 산> 9월호에 등정 의혹 팀 중 지봉산악회의 동계 얄룽캉이 특이할 만한 등반에서 미 등정의 화살로 되돌아 왔는지 궁금하다. 경북과 지봉산악회는 같은 대장과 대원으로 구성되었고 산악회 이름만 바꾸어 출발한 팀이다. 좀 더 구체적으로 말하자면 경북합동대로 준비하다가 대원선발 후 지봉산악회로 출국하여 1명의 희생자를 내가며 등정한 팀이다.

등정기념 사진으론 식별 어려워

<산악인> 1990년 봄호에 '80년대 히말라야 등정 팀 중 의문점을 남긴 팀은?'라는 내용을 보면 14개 팀의 정상 사진과 관계 자료를 요청한 적이 있는가? 그리고 정상 사진과 뒤 배경의 파노라마 사진 등을 보고 식별할 수 있는 식견이 있는지?

'기후조건이 나빠 정상사진을 못 찍으면 정상으로 인정해 줄 수 없다'는 말은 '기후조건이 나쁜 정상은 정상이 아니다'라는 말과 같다. 사진을 보고 정상 여부를 식별할 수 있는 것은 이 지구상에는 오직 신들만이 할 수 있다.

카메라 앵글에 따라 정상이 높아질 수도 있고 낮아질수도 있으며 렌즈 종류에 따라 거리감이 조성된다는 것은 카메라를 만져 본 사람이면 다 아는 사실이다. 이번 일이 앞으로 해외 원정등반을 계획하는데 좋은 경종이 될 수 있을 것이다.

<사람과 산> 1990년 8월호에는 "처음 나는 등정에 의문점을 남긴 14개 팀을 나열하여 발표하려고 했었다. 그런 후에 지적 받은 팀이 납득할 만한 자료를 제출 받고 항변하면 그때 가서 내가 정중히 사과 드리면 그 뿐이다" 라고 내뱉은 말 한마디에 아연실색하지 않을 수 없다. 히말라야 원정대가 어떻게 꾸려지는지 너무나 잘 아는 사람이 그처럼 무책임한 말을 할 수 있다니 놀랄 일이다.

여러 원정대에 많은 도움을 준 사람들이 그 기사를 읽고 그 원정대에 대하여 얼마나 실망을 하겠으며 차후 원정대에 도움을 줄 이들이 예전 같겠는가. 1983년 허영호 씨가 마나슬루 북동릉을 단독 등반 후 1980년 동국대학교 마나슬루 원정대의 등정 여부가 논란 대상이 되었다.

그것은 이렇다. 대구 왕골산악회 차재우 씨가 1984년 피크29 정찰 차 한국산악인들에게 잘 알려진 셰르파 앙 도루찌와 함께 캐러밴 도중 마나슬루 베이스 캠프 아래 마을인 라제스쿨에서 동계 마나슬루 북벽을 성공리에 마치고 하산하는 폴란드 등반대장 베르데카를 만났다.

등반에 대한 이야기를 나누는 중 한국에서 왔다니까 차재우 씨에게 낡은 동국대학교 산악기를 배낭에서 꺼내 보여주면서 "정상에서 주웠다" 라고 말했다. 그들은 그것을 자기 원정대의 정상 증거물로 내밀었다. 그것을 본 차씨는 마나슬루 등정 여부에 대한 논란을 알고 있었기 때문에 "정상에서 주웠는가!" 라고 물어 보았다.

폴란드 대장은 "정상 주위에서" 라고 말했다. "그럼 그곳이 정상이라고 인정할 수 있냐" 라고 재차 물으니 "정상과 다를 바 없다 상황에 따라 그 밑을 정상이라 해도 상관 않겠다" 라면서 동국대학교 원정기를 들고 기념 촬영 후 한국대장에게 전해 달라면서 자기의 명함과 함께 건네 주었다.

차재우 씨는 소중히 보관하여 귀국 후 정상기와 그들과 함께 찍은 기념사진을 나에게 넘겨주었다. 그 후 상경하여 당시 대장이던 한국대학산악연맹 이인정 회장을 만나 최고의 선물이라며 그에게 돌려주었다.

외국인도 등정을 인정하는데 아직까지 미등정이라는 낙인이 찍혀 〈사람과 산〉 9월호에 보도되는 이 땅 산악인들의 불신 풍조에 환멸을 느낀다.

국경 넘고 등반시즌을 어긴 것은 인정

〈사람과 산〉 1989년 11월(창간호)처럼 20년만에 밝히는 츄렌히말의 초등 내막에는 남선우 씨가 밝히는 '착각인가 조작인가'라는 것처럼 수십 년을 두고 등반자료를 정리하여 등정여부의 베일을 벗겨야 한다고 본다. 우리 초 오유 원정대는 귀국 즉시 마운틴 저널을 통해 정상 사진을 공개하였고, 사진전시회를 통해 녹음테이프와 비디오를 대구에서 공개한 바 있다.〈중략〉

홍경표 대원 발언이 화근

나는 이번 등반을 마치고 반성과 더불어 초 오유 등반에 회의를 느꼈다.

대원들의 등반능력을 고려하여 등로 위주가 아닌 등정 위주를 모색하다 보니 티베트 국경을 넘었다. 베이스 캠프에 도착할 때까지 초 오유 남서벽에는 몬순이 끝나지 않고 짙은 가스가 정상을 넘어서지 못하고 중턱에서 감돌고 있었다.

9월이 오기 전에 정상에 올라 기피해 왔던 몬순기간에 등반 가능성을 입증하고 싶었다. 또한 티베트 국경 침범이라는 불안감과 뒤따라 올라오고 있는 6개 국의 외국 팀을 의식했기 때문에 제 2, 3차 정상을 시도하지 못하고, 철수 명령을 내리게 되었다.

그 후 홍경표 등정자는 귀국 후 또 다른 해외등반을 계획하고 있던 중에 대산련의 낭가 파르바트 훈련에 참가하게 되어 서울 및 지방 산악인들과 접촉 기회가 많아졌다. "어디 정상 이야기 한번 해봐, 정말 정상에 갔나" 라는 등 의혹에 찬 질문을 받았다. 그는 있는 그대로 순수하게 말했다. "저는 정상에 올라갔다고 생각합니다. 엄밀하게 따지면 좀 더 걸어봐야만 확인됩니다." 이 말 한마디에 바로 꼬리가 잡히는 신세가 되고 말았다. 말은 남에게 건너질 때마다 눈덩이처럼 불어 정상에서 아래로 굴러 떨어지기 시작했다.

히말라야 산맥의 지역 주민들은 하얀 선을 너무나 신성시하여 정상 최고점에 인간의 흔적인 발걸음을 남기지 않은 채, 내려오는 셰르파도 있다. 또 커니스로 이루어진 정상에 위험성이 내포됐을 때 정점에 올라가지 않는 것은 당연하다.

세계적인 산악전문지 마운틴 131호에 카트만두에 거주하는 미스 홀리는 이렇게 쓰여져 있다. "한국대의 6번째 등정이 서벽을 통해 이루어 졌다. 등반대는 등정 직후 남서릉 새 루트를 올랐다고 주장했으나 서릉으로 오른 다른 팀은 '한국대가 자신들 바로 앞에서 등반했다고 보고하였다. 한국대의 걱정은 중국 측의 허가없이 티베트 영토를 통해 등반활동을 했기 때문인 듯하다. 한국대가 거짓 주장을 한다면 그 결과에 상처를 받게 된다. 이태리, 스위스, 스페인 여성대가 이 초 오유 등반에 성공했다' 는 내용이었다.

한국 초 오유 원정대가 네팔 가을시즌 38개 국 중 가장 빨리 등정 소식을 전했다. 그리고 우리를 뒤쫓고 있던 미국을 비롯한 6개 국 등반대는 한국원정대에 대하여 아무런 등정 의문을 표시하지 않았다.

네팔 관광성 발표에 의한 우리의 등정 날짜는 9월5일이지만 실제로는 9월2일이었다. 날짜를 늦춰 발표한 이유는 관광성의 등정 인정 때문이다.

9월1일부터 공식적인 가을 등반이 시작되는 시점에서 2일 등정은 그 타당성을 인정받기가 어렵기 때문이다.

이번 원정중에 대원들과 셰르파들 사이에 갈등이 심했다. 사다 옹겔의 통솔력 부족으로 셰르파들의 무리한 등정보너스 요구에 환멸을 느꼈다. 등반을 마치고 남은 장비 및 식량을 우리들에게 잘 따랐던 쿡, 키친보이에게만 편중적으로 주었다. 이것이 화근이 되어 셰르파들이 카트만두에 내려오자 관광성에 찾아가 등반 루트 변경과 세관 통과할 때 잊어먹은 무전기의 미신고, 등정일자 조작 등을 고자질하여 네팔 정부연락관을 비롯하여 우리 대를 곤경에 빠뜨렸다. 만약에 초 오유 등정을 못했으면 약삭빠른 셰르파들은 제일 먼저 그 사실을 관광성에 고자질했을 것이다.

가슴 아프게 생각하는 것은 등정자 세 사람 중 등정사실을 증언해 줄 수 있는 옹겔이 올해 4월29일 독일의 다울라기리 원정대에서 눈사태로 이 세상을 떠나고 말았다.

1990년 등정 의혹설을 <사람과 산>의 지면을 통해 마무리지었으나 산을 보는 영역이 서로 달라 그리 마음이 홀가분하지는 못했다. 그 후 홍경표를 데리고 1992년 남미의 최고봉 아콩카쿠아도 다녀오기도 하면서, 높은 산이 주는 가치관보다 낮은 산이라 할망정 주어진 여건에 따라 나름대로의 산을 즐겼다.

누가 누구의 양심선언을 했는지?

등정의혹의 파문이 7년이란 세월이 지난 어느 날이었다. 대한산악연맹 곽규열 사무국장(당시 초 오유 원정대 부대장)한테서 전화가 왔다. 내용인 즉 <사람과 산> 편집실에 홍경표가 혼자 찾아가서 초 오유 등정에 있어 "내가 오른 곳은 정상이 아니었다" 라는 양심선언을 했다는 것이다. 이 말 한마디에 너무나 기가 막혀 말도 나오지 않아 수화기만 움켜잡고 있었다.

'사람을 죽여도 한 번으로 끝나야지 이렇게 두 번이나 죽일 수 있나?' 하면서 교내서점으로 뛰어가 책을 샀다. 홍경표의 커다랗게 실린 얼굴이 대장이었던 나를 비웃는 듯했다. "미친 자식, 매스컴에 눈이 뒤집힌 놈" 이라고 뇌까리면서 기사를 읽어 가는 순간 나도 모르게 흥분된 손이 부르르 떨렸다.

"내가 오른 곳은 정상이 아니었다'
1989년 9월2일 17시35분 대구. 경북연맹 초 오유 원정대 홍경표, 이동연, 셀파 옹겔은 노멀 루트인 북서릉으로 초 오유 정상에 섰다. 초등이며 무산소 등정이었다. 하지만 원정대가 귀국 후 제시한 정상사진에는 명확한 증거가 되는 동남쪽의 에베레스트가 없어 등정의혹에 시달렸다. 그리고 6년이 지난 1995년 12월13일 홍 대원은 '산악인의 양심' 으로 당시의 상황과 심경을 밝혔다. "안개가 잔뜩 끼어 있어 정상은 보이지 않았습니다. 아마 100미터쯤 더 올라가야 했을 겁니다. 저는 정점에는 오르지 않았습니다."

1989년 대한산악연맹 대구. 경북연맹 초 오유원정대(대장 박상열) 홍경표대원(35세·대구 산암산악회)은 자신이 정상에 오르지 못했음을 이렇게 고백했다.

"이제 홀가분합니다."

홍씨는 비교적 담담하게 등반 당시의 상황을 털어 놓았다.

〈중략〉

9월2일 아침 여명에 대원들은 눈을 떴다. 북어국을 몇 모금 나눠 마시고 마지막이라는 각오를 하고 정상으로 향했다. 간밤 추위에 온몸이 얼어붙었고 고소에서 장시간 산소 없이 지체하다보니 체력이 많이 떨어져 있었다.

오후 3시30분쯤 가스가 덮인 정상에 도달, 무전기로 "여기가 정상"이란 소식을 캠프로 전하였습니다. 하지만 잠시 후 가스가 걷히고 보니 그곳은 정상이 아니었습니다. 정상의 위치가 뾰족하게 생겼더라면 확실히 알 수가 있었을텐데 비스듬히 생긴 정상 부분에는 가스가 기어 분별하기가 어려웠습니다. 조금 시간이 지나자 "아 저 곳이 정상이구나. 하는 생각이 들더군요." 홍대원은 본능적으로 정상에 올라야만 한다는 생각으로 다시 무거운 발걸음을 움직였다.자자꾸만 움직여도 정상은 비스듬히 보였고 에베레스트를 보려고 해도 가스가 많아 보이지 않았다. .

'전체적으로 정상이란 자체를 파악하기 시작했습니다. 정상은 결코 피크같이 생기지 않았는데, 어디쯤인가 꼭대기는 있을 텐데' 하는 생각을 하며 옹겔 셰르파에게 물어보았죠." 어느 곳이 정상이냐"고 물었습니다. "이 넓은 곳 전부가 정상이다"라고 하더군요 내 생각에는 정상이란 넓은 골프장 같은 곳이었죠. 시간만 허락했더라면 사력을 다해 단 1센티미터라도 더 높은 곳으로 가려고 했지만 시간도 그렇고 정상의 형태도 그렇고 여러 가지 좋지 못했지요. 그

곳에서 사진촬영을 하고 "여기가 정상입니다" 라는 무전을 보냈습니다. 그리고는 뭐라고 말할 수 없는 수많은 고통과 약간의 기쁨을 함께 나누고 서둘러 하산을 했습니다. 가지고 갔던 깃발도 그곳에 묻었습니다.

"떳떳한 아빠가 되고 싶습니다"

"분명히 저는 정상에는 도달하지 못했습니다. 그걸 공식적으로 명확히 하고 싶었습니다. 정상을 얼마쯤 남겨 놓았는데도 감히 "정상"이라고 말한 게 너무나 부끄럽습니다. 박대장님과 고생한 다른 대원들에게도 죄송합니다."

<중략>

그리고 당시 귀국후 본 첫딸의 이름을 "초 오유" 라고 지었는데 딸아이를 볼 때마다 왠지 부끄러웠습니다. 떳떳한 아빠가 되고 싶습니다".

너무나 어처구니없는 자기 본위의 발상이라 망연자실할 수밖에 없다. "정상에 올라갔다" 해놓고 7년이라는 세월이 지난 후에 "못올라갔다" 라는 정신 착란적의 무분별한 행위는 끝내 조직(초 오유 원정대)을 짓밟아 버리고 말았다. "이제 떳떳한 아빠가 되고 싶다"고 양심 선언을 했다는 그와 함께 초 오유에 갔다는 사실은 후회를 넘어 내 자신이 너무나 비참하게 느껴 갖고 간 장비까지 불태우고 싶은 심정이었다.

초 오유 정상에 올랐다고 딸을 '홍초유' 라고 이름지어 부르면서 늘 자랑스럽게 이야기하다가, 딸이 초등학교에 다니는 지금에 와서 정상이 아니라고 하면 앞으로 자기 딸 이름조차 떳떳하게 부를 수 있을지 안타깝기 그지없다. 얼룩진 과거를 되돌릴 수 있다면 대장인 내가 생명을 걸고라도 정상에 올라가고 싶은 심정일 뿐이다

이 기사를 읽은 대원들의 마음 또한 어떠했을까, 정상이 어떻게

생겼는지 모르고 오직 두 사람을 올려 보내기 위해 지원해 준 전 대원을 또 한 번 짓밟아야만 되는가? 등정의 영광은 혼자 힘으로 되는 것은 결코 아니다.

여러 대원들의 피눈물나는 노력의 뒷바침 없이는 불가능하다는 사실을 알아야 한다. 정상이 아닌 것 같다는 느낌이 들었더라면, 차라리 "날씨가 나빠 정상부근을 헤매고 돌아왔다"라고 솔직한 고백을 했더라면 제2차 정상공격의 준비를 서둘러 누군가를 올려 보냈을 것이다. 앞에서 밝힌 바와 같이 미 등정 의혹(14개 팀) 가운데 유일하게 초 오유 원정대만 반박기사를 실었다. 원고를 쓰기 전에 몇 번이나 물어 보았다. "올라간 지점이 정상이냐?"라고 그는 분명히 "틀림없습니다"라고 대답했다.

그 후 그는 초 오유 등정자의 능력을 인정받아 대산련의 시샤팡마와 초 오유등반에 참가했고 그리고 남미의 최고봉 아콩카쿠아를 같이 등반하면서 큰산을 즐겨왔다.

왜? 그는 7년 동안이나 고소증세가 남아있었는지? 아니면 몽유병 환자가 되었는지 궁금하다. 책임을 맡은 대장인 나한테 한 마디 상의도 없이 혼자 <사람과 산>이라는 잡지사에 찾아가 양심선언 했다는 사실에 분노와 경악을 금치 못했다.당시 등정 논란을 일으킨 대한산악연맹 K이사가 새로운 사실의 기사를 읽고 난 후, 어떻게 보았을까? 초 오유 대장은 '정상에 눈이 뒤집힌 사람'이라고 보았을 것이다. 그 때 서로 서운했던 마음을 이 책자를 통해 사과를 거듭한다. 한국산악운동은 해외원정등반이 마치 등산의 전부인양 생각하고 많은 산악인들이 큰산을 오르고 있다.

마치 히말라야에 다녀오지 않으면 산악인 행세를 못한다는 듯 러시아워를 이루고 있는 실정이다.

등반 행위는 정상에 올라선 것만이 아니다. 성패에 관계없이 어떻게 올랐느냐는 그 과정 자체가 가치성을 지니고 있다. 그럼에도 불구하고 몇몇 사람들은 등반의 본질보다 정상의 정점에만 초점을 맞추다 보니 조난사고와 더불어 어렵게 등반을 마치고 '정상의 의혹'이라는 논란 속에 곤욕을 치러야만 했다.

'신들이 거처하는 곳'이라는 토착민들의 말처럼 하얀 산을 신성시하는 종교적인 차원은 무엇 때문인가? 거짓이 없는 자연 그대로의 순수함이 숨쉬고 있기 때문이라 생각한다.

등산은 궁극적인 하나의 목적만으로 산을 오르는 것은 결코 아니다. 산을 통해 인생을 배우고 삶의 가치를 깨닫는 것이 더욱 중요하다는 것을 초 오유를 다녀온 후 한번 더 느꼈다. 아무튼 '89 초 오유 원정대는 온갖 악성 루머에서 오는 양심선언으로 돌이킬 수 없는 얼룩진 산이 되고 말았다. 이것으로 큰산을 향했던 무거운 배낭을 내려놓아야 되겠다는 생각이 든다.

또 하나의 산을 넘어야 하나

내가 걸어온 아득한 옛 산을 회상하면서 한 권의 책을 만들기 위해 원고를 정리하는 중이었다. 대구등산학교 동창회에서 발간한 <大登> 제13호(1999) 회보에 J 학감이 쓴 '우리를 슬프게 하는 것들'이라는 여덟 번째 내용 가운데 여섯 번째의 도마에 오른 P선배라는 글이 또한 나를 슬프게 한다. 그 내용은 이러했다.

대구 산악계의 거성이면서 그 성품이 과묵하고 실천위주의 화려한 등산 편력을 가지고 있고 또 훌륭한 후배 양성에도 업적이 지대하여 평소 내가 높이 존경해 왔던 P선배 한 분에 대해 이 지면을 빌어 간곡한 부탁 겸 유감의 뜻을 전한다면 꺼림칙한 마음 한 구석이 정리될 듯하다. 그 동안 이 선배님을 가끔씩 볼 때마나 말씀 진하지 않은 것은 아니지만 관철 기미가 없는 듯하여 다시금 간언 드리는 것이다.

남들은 알량한 해외원정 하나 마쳐도 보고서니 단행본 저서니 하고 그 실력을 알리고 인정을 받기에 안달인데, 왜 우리의 P선배님은 그저 몸으로만 때운 뒤 아무 일 없다는 듯 도무지 제대로 된 보고서 하나 만들지 않았으니 이해가 안 된다.

수 많은 술자리에서의 정리 안된 말들은 제대로 기억될 리 없고 설령 기억된다 하여도 세월이 흐르면 왜곡되고 전설처럼 꾸며져 허황해 질 우려가 있고 그 얘기를 전해들은 후배들 또한 허황해 질 수도 있으니 이것은 오히려 폐해가 아닌가? 그러하기에 힘이 드시겠지만 세월이 더 가기 전에 글이라도 남겨야 하지 않는가? 그렇게나 일찍 1970년대 초 로체 샬 원정으로 불모의 한국 원정사에 큰 족적을 남기기 시작하면서 이후 에베레스트, K2, 초 오유 원정 이것만 해도 그 얼마나 대단한가?

그런데도 대구에 이런 선배 한 분이 계심을 최근의 젊은 후배들이 기억 못하고 있다면 무언가 잘못된 듯하여 안타깝다. 남아도 길이 길이 올바르게 남을 것이다. 이후 계속 선배께서 후배들을 위한 배려를 도외시한다면 이 후배는 그를 슬퍼하지 않을 수 없다' 라는 내용이었다.

초 오유의 글을 마무리 할 즈음이라 그냥 책장을 덮어두려고 하니 마음이 개운치 않았고 내 자신이 초라해 보였다. 하나에서 여덟까지 '나를 슬프게 한다' 라는 나열된 문구는 나조차 구역질나는 데 그 속에 존경한다는 P선배라는 이름으로 도매값으로 싸잡아 나를 저울질하는 것 같아 나를 슬프게 했다. 글쓴이는 '맞아 죽을 각오로 이 글을 쓴다' 하지만 선배로서 이 글은 잘 써야 본전이다 라는 입장으로 몇 자 적어 본다.

'큰 족적의 원정사에 단행본이나 보고서가 없다' 라고 말하면 곤란하지 않는가?

내가 1971년 로체 샬 등반, 1977년 에베레스트 등반, 1983년 K-2정찰은 모두 대한산악연맹이 주최한 행사에 참가했다. 그후 한국일보 기자 이태영 씨의 「정상에 서다」 1978년 9월15일, 김영도 대장의 「나의 에베레스트」 1980년 5월15일, 「에베레스트 77 우리가 오른 이야기」가 1997년 7월25일에 벌써 발간되었다.

「정상에 서다」라는 책자는 나온지 20년이라는 세월이 넘었다. 내 단독으로 쓴 기록은 매일신문(1977년 10월 8일 -10월 20일)과 영남일보(1977년 10월 10일-10월 20일)를 통해 연재한 바 있다. K2는 1983년에 정찰을 다녀와 보고서를 대한산악연맹에 제출하였다. 그후 1986년 김병준 대장이 다녀와 「K2 죽음을 부르는 산」 1987년 8월 3일에 발간되어 다른 산 서적과 함께 내 책장에 자리를 차지하고 있다.

때가 되면 이때까지 수집한 산악자료와 함께 산 서적을 한평생 몸담아 일해왔던 대구산악연맹에 물려줄 생각이다.

그리고 해외원정의 첫 발걸음, 로체 샬은 실패로 끝난지 30년이라는 세월이 지났다. 그 당시 해외원정의 초창기라 시대적인 입장도 고려해 줬으면 하는 생각이 조심스럽게 든다. 뒤늦게나마 이 책자를 통에 '팔공산에서 히말라야로' 에 로체 샬이 실렸으니 늦더라도 이해를 구한다.

대구산악연맹의 '89 초 오유 원정대' 는 누가 말해도 나는 입을 다물어야만 했다. 왜냐하면 등정의혹에서 양심선언으로 '얼룩진 산' 으로 희비가 엇갈린 산이다.

앞장에 밝힌바 같이 등반보고서는 물론 생각조차 하기 싫다. 솔직히 말해 대장의 탁월하지 못한 통솔력으로 대원구성에 문제점을 남겼다는 것이 내 솔직한 심정이고 답변이다.

1990년 '등정의혹 14개 팀' 이라는 소용돌이 속에 다른 팀은 침묵을 지키고 있는데 유별나게 나만 〈사람과 산〉이라는 책자를 통해 왜 외로운 싸움을 벌려야만 하는가? 이것은 무엇을 의미하는가? 14개 팀 모두 정상에 올랐다고 주장하는 것은 결코 아니다.

정상에만 집착하는 이 땅 산악운동의 현실을 개탄했을 따름이다. 만약에 초 오유의 보고서가 나왔더라면 한사람의 '양심선언'으로 보고서는 쓰레기통에 쳐박혀 버렸을 것이다. 그래서 게으름뱅이도 앞을 내다보는 일면도 있다면서 스스로 위로하는 심정이다.

그렇다고 도마에 오른 내 입장을 정당화 시켜보자는 것은 결코 아니다. 내가 걸어온 험난한 길을 함부로 다룰 수 없어 다만 늦었을 따름이다.

한국등산학교 이인정 교장이 내가 책을 쓴다 하니 "야- 건방져 환갑을 넘어 산을 깨닫고 난 후 책을 써야만 돼" 라는 말이 다시 새삼스럽게 내 뒤덜미를 잡는 것 같다. 곧 원고가 정리되는 대로 보잘 것없는 책이 완성되면 제일 먼저 J학감 한데 찾아가 모든 보고서를 대신 할 테니 나를 새로운 모습으로 봐 주기 바란다.

후배들은 곧장 '앞에서 길을 열어 주지 않는다' 라는 등 스스로의 길을 헤쳐 나아가야만 되는데 푸념의 말을 던지는 사람도 없지 않다. 물론 농담으로 흘러 버렸으나 이 말은 자기의 희생이나 노력의 대가없이 영광의 대가를 누리겠다는 것과 다름없다.

1962년 대한산악연맹이 창립하여 40년 가까운 작금에 이르기까지 나는 구성체의 일원으로써 시간을 빼앗겨 가면서 희생정신으로 일해왔다. 그 도중에 어느 산꾼은 설악산에서 훈련도중 눈사태로 숨지고, 살아 돌아온 자는 돈 벌러 미국으로 가버렸다. 결코 '먹고 살기 위해 시간이 없다' 라고 할 때는 누구나 할 말이 없다. 속칭 말로 '산에 오래 다닌 사람치고는 돈 번 사람 없고 돈 번 사람치고는 산에 안 다니는 사람이 없다' 는 이 말은 한국산악운동의 현실을 대변하는 듯 하다.

이러한 지나간 일들을 돌이켜 생각하면 그간 보람도 많았지만 또한 갈등도 컸다. 산악사업 한답시고 서울에 나들이를 누구보다 오랫동안 해왔다. 회의를 마치면 산 벗이 좋아 그냥 헤어질 수 없었다.

소주 한잔 걸치다 보면 야간 열차를 놓쳐 후배의 신혼방에 끼여들기도 했다. 때로는 서울역 근방의 허름한 여관방에 신세가 아니면 야간 열차 침대 칸에 들어 누워 눈감으면 "덜컹 덜컹" 하는 레일에 바퀴가 굴러가는 소음을 들으면서 '내가 왜 이런 미친 짓을 한평생 해야만 되는가?' 하고 스스로 자신의 행위를 돌이켜 보기도 했다. 그렇다고 내가 걸어온 발자취를 후회하는 것은 결코 아니다. 산과 사람을 두고 잠시 갈등을 느꼈을 따름이다.

근대 스포츠 등산의 비조 머메리, 머메리즘

알피니스트란 언제나 새로운 등반을 찾는 사람을 말한다.
또한 그 성공은 여하간에 그 산들과의 험한 싸움 속에
다시없는 즐거움을 느끼는 사람이어야 한다.

영국의 위대한 등산가 알버트 머메리(A. F. Mummery)가
주창한 보다 험난하고 변화성 있는 배리에이션 루트(More Difficult
Variation Route)를 갈망하는 머메리즘은 그가 떠난지 1세기란 세
월이 흘러갔음에도 불구하고 여전히 살아있다. 근대적인 스포츠 등
산의 산구자로서 고전적인 노멀 루트가 아닌 배리에이션 루트를 지
향하는 등반사조는 영원히 우리 인간에게 영향을 줄것이다.

등산의 시초는 알프스에서부터 시작되었다. 즉 알프스(Alps)는
산을 의미하는 켈트어 Alb 또는 Alp, 백(白)을 의미하는 라틴어 Alb
가 어원이 되어 '빙설로 덮인 흰 산' 이란 뜻으로 이름지어진 것으
로 알고 있다.

1760년 스위스의 학자 소쉬르(Saussure)가 일년 사계절 흰눈
으로 덮여 있고, 아무도 올라 보지 못한 신비스러운 산의 정체를 밝히
고 싶어 했다.

그 때까지만 해도 알프스의 산마을 사람들은 산꼭대기에는 악마
가 살고 있어 눈사태를 일으켜 인간들에게 재앙을 준다고 믿어왔다.
이에 알프스의 최고봉 "몽블랑 꼭대기에 누구든지 오르는 사람에게

많은 상금을 주겠다"라고 소쉬르가 발표한 후부터 미지의 세계에 대한 눈이 뜨여지고, 자연에 대한 막연한 두려움에서 벗어나 산에 오르려 하기 시작했다.

그 후 26년이 지난 1783년 마침내 부우리는 두 차례의 걸친 등반 시도는 실패하고 말았지만 드디어 1786년 8월 8일 오후 6시 32분 파카르(M, Paccard)와 발마(J.Balmat)에 의해 몽블랑(Mont Blanc·4,807m)이 정복되어 등산의 가치성을 인정받았다.

'알피니즘(Alpinism)'이란 말이 알프스(Alps)에서 비롯됨으로써 자연에 대한 인간의 위대한 힘을 깨달아 산에 대한 관심이 유럽을 중심으로 샤모니에서 대단히 높아졌다.

알프스에서도 험난하기로 이름난 몬테로자(4,638m), 융프라우(4,158m), 아이거(3,970m), 그랑조라스(4,208m) 등을 차례로 사람이 오르게 되었다.

1865년 마지막으로 남았던 마터호른(Matterhorn)을 에드워드 윔퍼(E.Whymper)가 처음 올랐다. 그러나 대원 7명 중 마닐라 로프가 끊어지는 바람에 4명이 떨어져 죽자 등산계에 커다란 충격을 주었다. '산에 왜 올라가야만 하는가?'란 의문과 함께 사회적인 비판의 소리가 더 높아지는 가운데 알프스의 황금시대는 서막이 시작되었다. 초등정의 시대가 끝나자 알프스 등반은 1865년 A. W. 무어 팀의 몽블랑 블렘바 능선의 초등반을 계기로 보다 곤란한 배리에이션 루트, 보다 곤란한 동계 등반으로 알피니스트의 흥미가 옮겨갔다. 이 사상적 배경을 만든 사람은 실로 알버트 머메리였다.

1855년 9월 10일 잉글랜드 켄트 주 도버 해안에서 태어난 머메리는 16세부터 등산을 시작했다. 동네에 있는 험난한 해안 절벽을 기어 오르면서 암벽 등반에 심취되어 젊음을 불사르다가 틈이 나면 등산활동의 무대를 알프스로 옮겨 나갔다. 그는 런던 대학에서 경제학을 배우고, 실업계에 투신하여 돈을 모으기 시작했다. 산이 인간에

근대 스포츠의 비조 알버트 머메리

게 주는 접근하기 힘든 미답의 봉우리에 대한 경건한 숭배자의
한 사람으로서 그는 정상에 어떻게 올라가느냐는 사실보다 좀 더
어려운 루트를 찾는 모험적인 등반을 끊임없이 추구하기 시작했
다. 누구도 밟지 못한 전인 미답의 루트에 등산의 참된 가치가 있
다고 그는 생각했다.

　1879년에는 마터호른의 츠무트 능선(Zmutt Ridge)을 오랜
자일파트너 부르게너와 함께 초등정의 영광을 시작으로 알프스
의 험난한 봉우리에 그는 수 없는 발자취를 남겨 놓았다. 때로는
천둥 번개와 소용돌이치는 눈발의 미친 듯한 자연의 변화에 쫓겨
후들거리는 발걸음을 돌릴 때도 있었다. 그러한 험난한 산이 주는
자연조건과 더불어, 나름대로의 아름다운 추억과 매력에 빠져들
었다. 때로는 바람 한점 없는 정상에 올라 온몸을 쭉 뻗고 드러누
워 고통이나 근심이 사라져 버린 행복에 스스로 놀라기도 했다.

　자연과의 험난한 싸움 속에 온 몸이 극한 상황에 이르도록 혹
사당하면서 승리에 대한 흥분된 기쁨은 산을 내려서는 순간에 평

온과 안정의 감정으로 되돌아오는 경험을 했다.

'품위 있는 등산가는 결코 같은 등반을 되풀이하지 않는다' 라는 말을 남기고 1880년 마터호른의 푸르켄릉을 시작으로 가장 근접하기 어려운 봉우리를 경건한 숭배자의 한사람으로서 더 없이 큰 기쁨으로 정상을 올랐다.

그는 1881년에는 몽블랑 인근에 험난한 코스로 이름난 그레퐁(3,482m)의 침봉을 가이드 없는 등반으로 오르기도 했다. 가이드를 따라가는 등산은 사람을 시들게 한다는데 큰 영향을 받은 것이다. 왜냐하면 진정한 등산의 기쁨을 누리고 싶은 사람은 오로지 자신의 기술과 지식으로 등반해야 된다는 사실을 터득했기 때문이다.

알프스의 유명한 가이드 오버란트는 '불가능하다' 고 충고했으나, 1882년에는 '모사는 남자가 하고 성사는 여자가 한다' 는 속담처럼, 여성 최초의 브리스토와 헤스팅즈와 함께 그레퐁을 또 오르자, 그의 등반 능력은 샤모니 사람들에게 인정받았고, 차츰 그의 명성이 유럽에서 널리 알려지기 시작했다.

1883년에 결혼하여 세계 최초의 산악단체인 영국의 알파인 클럽(The Alpine Club)에 들어간 그 해 1888년 4천미터 밖에 안돼는 알프스에서 눈을 돌려 구 소련의 카프카스(Kavkaz)산맥의 다익타우(Dykhtau·5,198m)를 초등정하여 더 높은 곳을 찾는 알피니즘의 발전에 큰 역할을 했다.

1895년은 머메리 생애의 마지막을 장식하는 해였다. 알프스 산록에서 젊음을 불태우다가 좀 더 높고 험난한 곳으로 무대를 옮겨 히말라야 쪽으로 눈을 돌렸다.

세계 최초의 낭가 파르바트(Nanga Parbat·8,126m)의 원정을 오랜산친구 헤스팅즈와(G.Hastings) 콜리(N. Collie)가 함께 도전했으나 결국 8월24일 서부능선의 안부 디아미르 콜(Diamir Col·6,200m)지점에 얼음 절벽을 오르다가 39세의 나이로 쿠르카병(兵)

376

라가비르와 함께 차디찬 라키오트(Rakhiot)빙하의 안개 속으로 사라졌다. 이들의 죽음은 히말라야에 바쳐진 첫 희생으로 기록되어졌을 뿐만 아니라 인간 생존의 한계를 넘어 8,000미터를 도전하려는 그의 집념이 알프스에서 히말라야로 향하는 문을 열게 한 것으로 평가받고 있다.

그 후 머메리즘의 등산 사조에 영향을 받은 이탈리아 등산가 기도 레이(Guido Rey)가 1899년 마터호른의 플루켄(Flucken)능선을 등정한 후, 「알피니즈모 아크로바티코 Alpinismo Acrobatico」를 저술하여 보다 발전된 등반기법과 등산의 가치에 대해서 논하였다. 그에 의해서 근대적인 알피니즘(Alpinism)을 한 차원 높게 승화시켰다.

'수직의 산책길에서 나는 내가 어느 곳에 있다는 것을 느끼지 못한다. 때문에 나는 암벽과 같이 있나는 깃민이 정상의 길을 택하는 마음이다.'

당시 알프스 중심으로 고전적인 등산을 즐기는 사람들에게는 쇠붙이를 사용하여 산을 오르는 행위는 자연을 파괴하는 광대와 같은 등산이다 라는 거센 비난을 받기도 했다.

그러나 기도 레이는 이에 아랑곳하지 않고, 머메리즘에 동화되어 벽공의 암벽을 기어오르는 등산가로 자리잡기 시작했다.

그 후부터 진보된 새로운 등반기술의 도입과 그에 따른 장비개발로 고전적 등반은 차츰 무너져 버리고, 인간의 접근을 거부하고 태양의 영향이 미치지 않는 눈과 얼음으로 뒤범벅된 북벽에 차츰 눈을 돌리게 되었다.

1931년 독일의 슈미트 형제의 시작으로 마터호른이 초등정되었고, 1935년에는 이태리의 리카르도 케신에 의해 그랑조라스, 1938년에는 헤크 마이어에 의해 아이거가 등정되어 알프스의 유명한 삼대 북벽이 허물어져 버리지 않았던가!

이제는 등산가의 끈질긴 집념의 시대를 맞이하여 새로운 알파인 스타일(Alpine Style)의 도입과 더불어 인간의 발걸음을 붙이지 못하는 좀 더 어려운 루트를 선택하여 정상을 향해 수직으로 오르는 직등주의(Directism)에 의해 하나 둘씩 세계의 거벽들이 허물어지기 시작했다.

　　머메리가 낭가 파르바트 원정을 시도하기 전 1895년 집필한 「알프스에서 카프카스로(My Climbs in the Alps and Caucasus)」란 책자에서 남긴 말은 좀 더 높고, 험난한 곳을 추구하는 영원한 동반자가 되어 우리의 가슴에 남는다.

　　"위대한 산릉이 때로는 희생을 요구할지 모른다. 그렇지만 등산가는 자신이 숙명적인 희생자가 되는 것을 알면서도 산에 대한 숭고한 이념을 버릴 수 없는 것이다."

　　산을 신성한 수도사처럼 여기고 종교적인 차원 속에 산과 사람이 존재하듯, 산이 주는 육체적인 고통을 마다하지 않고 죽음을 초월한 마음에서 산을 오르겠다는 말은 얼마나 숭고한 이념이 담긴 말인가.

　　머메리는 이 세상을 떠난지 한세기가 흘렀으나, 산이 거기 있는 한 머메리즘의 영혼은 루팔벽과 디아미르벽 그리고 라키오트의 빙하에서 되살아나 산이 거기 있는 한 항상 우리들과 함께 험난한 바위 기슭을 오르고 있을 것이다.

뒷풀이 글

아득하다. 박상열 대장을 기억해 내고 주섬 주섬 그 뒷 얘
기를 풀어내자면 40여년 전으로 거슬러 올라가야 하니 정말 아득하
다. 그건 마치 지리산 노고단 성삼재에서 출발하여 길고 긴 종주를
끝내고 천왕봉에 걸터 앉아 걸어왔던 아득한 길을 안개 속에서 더듬
어 보는 것과 크게 다르지 않다. 그러니까 확실한 기억들은 초점이
정확한 사진처럼 또렷하지만 어떤 것들은 세월의 풍상 속에 곰삭고
흐늘흐늘해져 긴가 민가 확실히 집히지 않는 부분이 한둘 아니다.

어쨌거나 우리 모두가 아끼고 사랑하는 박 대장이 등산인생을 결
산하는 책 「눈속에 피는 에델바이스」을 펴낸다니 희미해진 옛 기
억의 그림자를 붙잡고 잠시 과거로의 시간여행을 해보고자 한다.

박 대장을 처음 만난 건 1960년 늦봄 6월, 해마다 봄이 되면 팔공
산 밑 도학동 솔밭 어귀에 세워져 있는 고 서영석 선배의 추모비 앞에
각급학교 산악부원들이 모여 간단한 추모제를 지냈었다.

그 때 나는 경북대 문리대 산악부의 신입회원이었고, 박 대장은
대구고 산악부 2학년이었으니 우리가 그 때 선후배로서 통성명은 설
사 없었다고 해도 그 자리가 우리의 첫 만남이라 해도 과히 틀린 말은
아닌 성싶다.

그 해 10월 21일부터 24일까지 제 2회 전국 60킬로미터 극복 등
행대회가 3박 4일의 일정으로 팔공산 일원에서 열렸다. 나도 선수로

참가했고 박 대장은 지난해 1회 대회에 이어 2회 대회에도 고등부 우승을 목표로 선수로 참가하고 있었다. 3일째 막영지가 동화사 옆 언덕배기였던가 하여튼 그랬는데 박 대장이 캠프파이어가 한창 열리고 있는 와중에 텐트 속에서 담배를 피우다 서해창 선생에게 들켜 귓불을 잡히고 간이 무대 앞으로 끌려나와 무슨 노래를 불렀다. 그때 누가 "제가 누구냐" 니까 "대구고등 골통이야. 작년에는 구보 경기하다 칼로 다리를 찌른 애야" 라고 박 대장의 대구고 선배가 자랑삼아 말하는걸 곁에서 들었다.

이러한 박 대장의 약간은 어긋난 듯 하면서도 외골수로 집착할 줄 아는 천성이 결국 산으로 빠져들게 만들었으며 그의 말 대로 "명예도 돈도 얻은게 없지만 산 인생을 후회하지 않는다" 는 그런 마음가짐이 오늘의 대인의 자리에 우뚝 서게 만들었는지도 모른다.

박 대장과는 크게는 '경북학생산악연맹' 이란 조직의 일원이었지만 학교가 달랐기 때문에 함께 산행할 기회는 많지 않았다. 추모등반이나 60킬로미터 대회에 참가할 경우에도 얼굴이나 한번 슬쩍 쳐다 볼뿐 각자가 소속한 팀별로 행사를 했기 때문에 더욱 그랬다. 때문에 이런 글을 쓸 때 깨소금처럼 필요한 "어느 산에 가서 무슨 짓을 했다" 는 등의 소품적인 일화를 별로 들춰낼 것이 없어 아쉽기만 하다.

한 번은 이런 일이 있었다. 1978년 박 대장이 장가를 가고 얼마 되지 않은 어느 가을이었다.

경북학생산악연맹의 OB모임인 경북산악회 회원 중 대구 거주 회원과 서울 거주 회원이 대전에서 만나 계룡산을 등반하기로 했었다. 언제나 그렇듯 경북산악회의 월례 등반은 산행보다는 주행(酒行)이 더 앞서는 것이 그 당시의 대체적인 관례였는데 이 날도 예외는 아니었다.

산행 코스는 동학사에서 갑사로 넘어가는 코스였지만 술과 안주를 옮기기 쉬운 평퍼짐한 자리가 이 날 등반의 종착점이었다. 그러면서도 "누가 한 두번 동학사에서 갑사까지 안 넘어 본 사람 있느냐"하는 큰소리로 저마다 산행을 대신한 술 마시기를 정당화하기에 바빴다.

대구로 돌아오는 차 중에서도 술자리는 계속되었다. 고속도로 위에서 술이 떨어지고 말았다. 장난기 많은 박 대장이 뒷자리에 앉아 맥주병에 오줌을 누었다.

그 오줌맥주를 후배인 홍철호 군과 이상태 군을 시켜 앞으로 돌렸는데 공교롭게도 그 산이 내 앞에서 멈췄다. 술도 약간 취한 김에 후배들이 따라주는 술인지라 "이거 히야시는 통 안됐네"라고 한 마디하곤 훌쩍 마셔 버렸다.

그런데 맛이 찝찔하고 이상했다. "야 임마, 술맛이 와 이러노"하고 뒷자리를 향해 고함을 질렀다. 대답 대신 "활이 형이 상열이 형 오줌 마싯데이"하는 소리와 함께 폭소가 터져 나왔다. 토하고 싶었지만 토할 수도 없었다. 오징어 다리를 쭉 찢어 와락 와락 씹었더니 오줌기운이 다소 가라앉는 것 같았다. 그날 밤 대구에 도착하여 '어상' (이상태 군의 별명. 이 별명은 이군이 고교 재학시 명찰에 '이' 자가 잘못 새겨져 어상태로 되어 있었기 때문에 '어상'으로 불렸다)이 경영하는 캔맥주집 '수숫골'에서 마시고 또 마셨다. 오줌 맥주는 원초의 모습 대로 오줌으로 흘러 나왔고 새로 마신 그냥 맥주도 오줌 맥주를 따라 오줌으로 넘쳐 니왔다. 지금 생각해두 참으로 아름다운 젊은 날의 수채화로 가슴 깊숙한 곳에 간직되어있다.

박 대장이 '설악산에 진 에델바이스' 편에서 잠시 언급했지만 한국산악회의 히말라야 원정대 대원 10명이 설악산 죽음의 계곡에서 참변을 당한 그 해의 눈은 정말 굉장했었다. 방송에서는 2미터 50센티미터의 폭설이라고 떠들어댔지만 실제로 우리 경북산악회 구조대가 목격한 눈은 3, 4미터가 훨씬 넘는 것 같았다. 대구에서 설악동까지 도착하는데 만 5일이 걸렸으며 강릉을 지나 양양을 통과할 때는 눈길 30리를 무거운 룩색을 메고 밤중에 걸어야 했다. 도로 위에 쌓인 눈을 다져 만든 임시도로는 체인을 감은 군용 차량이나 간혹 다닐 뿐 민간 차량들은 일체 통행금지였다. 우리가 타고 오던 소형버스는 눈길에 쳐 박혀 일어설줄 몰랐다. 그래서 우리는 눈길에 미끌어지고 자빠지면서 휘영청 밝은 달빛이 비춰주는 눈길을 그렇게 걸었던 것이다.

"야, 열아, 술 한잔했음 좋겠다. 그지"

"그기야 말이라고요. 가만 있어 보이소. 아까 손익성이 기슬링에 소주 한빙 찡가 났는데… 야 익성아."

내보다 두배 가까운 짐을 지고도 씩씩하게 걸어가는 손익성 대원(당시 경북대 체육과 3년)을 불러 사이드 포킷에 감춰둔 소주를 꺼내 한 모금씩 나눠 마신 후 또다시 밤길을 걸었다.

설악동 입구에서는 공군 트럭을 얻어 탔던가. 좌우지간 구조본부가 진을 치고 있는 설악동에 도착하긴 했는데 여관방 하나 얻어걸리지 못하고 첫날밤을 영하 20도인 눈 속에서 텐트를 치고 잘 수밖에 없었다.

나는 당시 대구일보 기자 신분으로 구조대에 참여했기 때문에 취재가 우선이었다. 따라서 방한장비는 부실할 수밖에 없었다. 갖고 간 옷이란 옷은 죄다 껴입고 낡은 미제 닭털 침낭 속으로 들어갔다. 그런데 닭털은 머리부분과 발치로만 몰려 있어 등 부분은 홑이불이

나 다름없었다.

"야, 열아! 춥어 죽겠다. 아까 묵던 소주는 다 묵었나?"

"조병우 대장님 한 모금했지요. 종률이 형님과 상복이도 한 모금 마셨지요. 없심더"

"춥어 미치겠다"

"침낭을 거꾸로 들고 한번 털어 보이소. 닭털이 좀 올라오마 안 났겠능기요."

설악의 겨울밤은 길기도 했다. 추위를 잊기 위해 여름 산행을 떠올렸다. 1961년 여름 지리산 종주를 하면서 선비샘 부근에서 아래 위로 옷을 13개나 입고 비에 젖어 밤새도록 떨던 생각밖에 나지 않았다. 여관이 바로 코앞에 있지만 않았어도 이렇게 춥지는 않았을 테데. 빌어먹을….

다음날은 일주일 출장의 만기일이어서 구조대와 함께 행동을 하지 못하고 다시 공군 트럭을 타고 강릉으로 나와 서울을 거쳐 대구로 내려오고 말았다. 그 때 설악동에서 계성고 동기생인 강운구 악우 (당시 조선일보 사진기자)와 김택현 악우(당시 중앙일보 사진기자)를 만났으며 강운구 악우가 찍어준 사진 몇 커트를 지금도 소중하게 보관하고 있다.

1977년은 박 대장에겐 중요한 의미의 한 해였다. 대산련이 주관하는 77한국에베레스트 원정대의 일원으로 대망의 세계 최고봉을 향해 떠나는 해였다. 극지 적응훈련을 마치고 돌아온 박 대장을 퇴근 후 어느 술집에서 만났다.

"언제 출발하노." "일주일 뒤 서울에서 출발합니더." "그런데, 등정기록은 아무한테도 발설하지 말아라. 알겠제." "우리 신문 (당시 영남일보) 1면에 '에베레스트 등정기' 란 제목으로 20회쯤 연재하는 거다. "알겠제." "술 안 사주마 확 불어불랍니더."

　"오냐 오냐 묵자. 그런데 약속하제." "알겠심더". "우리 사장 한테 얘기해서 갔다오마 용돈도 좀 받아주게".

　박 대장은 며칠 뒤 에베레스트로 떠났다.

　나는 그가 성공하고 돌아오기를 학수고대했다. 박 대장과 셰르파 앙 푸르바가 해발 8천 8백미터까지 올라갔던 눈길을 고상돈 악우와 셰르파 펨바 노루브가 절반의 시간으로 주파하여 제3의 극지인 에베레스트 정상에 태극기를 꽂고 돌아왔다. 한국대의 정상 정복은 영광이자 환희 그 자체였다.

　그런데 첫 공격조로 나섰던 박 대장의 공로는 구름 속에 가려 버렸고 두 번째 공격조인 고상돈 악우만 와자지껄 매스컴을 탔고 갈채와 박수 속에 휩싸였다.

　축구를 비롯하여 스포츠 경기에서도 어시스트가 좋아야 절묘한 슈팅이 가능한 법인데 미처 거기까지 신경을 쓰지 못한 대산련의 집행부가 우리 박 대장의 상심한 마음을 달래주는 데는 다소 미흡한 감이 없지 않았나 싶다.

　그건 그렇고, 김포공항에 도착한 '77KEE 대원들은 환영행사를 끝내고 가족들의 품으로 돌아왔다. 이 틈을 비집고 경쟁신문사인 타신문(당시 매일신문)의 서울 주재기자가 박 대장에 달라붙어 에베레스트의 출발점인 카트만두 이야기를 내보다 한발 앞서 등정기의 1탄으로 터트려 버렸다.

　대구에 가만히 앉아 박 대장이 내려오기만을 기다리고 있던 나는 그야말로 한방 먹고 말았다.

　"병신같은 놈, 입 벌리지 말라고 했는데… 소새끼 말새끼 빌어묵을 놈" 있는 욕 없는 욕을 씨부려 가며 하루 늦게 박 대장을 만나러 서울행 오후 열차를 타지 않을 수 없었다.

서울역에서 만난 박 대장은 동상 걸린 다리로 절뚝거리며 나와 "씨야. 미안하구마. 나는 몇 마디 안했는데 글마가 간치고 초치고 아물따나 써뿌렸는데 낸들 우야겠능기요." "오냐, 알았다. 어디가서 밥이나 묵고 이야기 좀 하자."

우리는 그날 저녁 박 대장의 고모님 댁 근처의 여관방을 하나 잡아 박 대장은 맥주를 마셔가며 밤새도록 이야기했고, 나는 술 한잔 마시지 않고 새벽이 올 때까지 박 대장의 구술을 받아 적었다. 그리고는 대구행 첫 고속버스에 앉아 연재 1회분의 원고를 써야 했다.

출발은 하루가 늦었지만 내용면에서까지 지고 있을 수가 없어 경생신문이 카투민두에서 어물거리는 동안 나는 베이스 캠프를 차렸고 한 발 앞서 정상 공격에 나서는 것으로 위안을 삼았다.

그날 새벽 서울서 대구로 내려올 때 박 대장의 등산장비를 몽땅 지고 내려와 장비 사진을 찍어 연재물의 삽화로 이용하기도 했다. 그리고 그 장비를 옥상에 풀어 헤쳐놓고 초등학교 입학도 하지 않은 우리집 아이들에게 등산화를 신게 하고 피켈을 들려 찍은 사진들이 낡은 사진첩 속에 남아 있는 것도 추억이라면 추억이다.

박 대장의 등산 애기 중 대산련의 국토종주 삼천리행사 중 민주지산의 공비 오인사건은 너무도 유명한 일화다.

그 애기중에 주연급으로 나오는 나바론 즉 이대웅 씨를 빠뜨려 놓고 박 대장의 뒷풀이 글을 마무리 할 수는 없다.

나바론은 니의 1년 후배로 경북대학교 농대 출신이며 ROTC 3기생이다. 박 대장과 더불어 우리는 경북학생산악연맹이란 한 울타리에서 자랐고, 지금도 친동기간이나 다름없을 정도로 자주 만나며

끈끈한 우의를 나누고 있다.

나바론은 예나 지금이나 사람 좋은 그 심성은 변함이 없고 선후배 중에서 어느 누가 상(喪)이라도 당하면 궂은 일을 마다 않고 정말로 몸으로 헌신하는 산악인이다.

그런데 그런 사람일수록 한번 홀쳐매는 깡아리는 보통이 아니어서 간혹 약주가 과하여 그의 입에서 "귀하께서는…" 이란 접두어가 붙는 날이면 그의 주사를 감당하기가 힘들 정도이다.

각설하고, 나바론이 대산련 대구경북연맹의 전무이사로 있을 때인 1980년도 중반쯤으로 기억된다. 신년 연휴를 이용하여 30여명의 산꾼이 모여 설악산을 가게 되었다. 그때 대산련의 낡은 버스를 이용하기로 했는데 출발하려고 타고 보니 이 차는 움직이는 생맥주집 이었다.

대구백화점 앞에서 호프집을 운영하는 고 도대경 대원이 버스 안에 이동식 생맥주기계를 설치하여 해군함정의 기뢰처럼 생긴 생맥주 통을 5, 6개 쌓아 놓고 있었다.

포항 죽도시장에서 고래고기와 생새우 등을 박스떼기로 구입했고 1인당 과메기 한 줄씩을 허리에 차고 버스에 올랐다. 달리는 등산버스가 아니라 움직이는 술통이었다. 생맥주통에서 새어나온 거품은 버스 속에서 강물을 이뤘고 강릉에 도착하기도 전에 "소변 좀 보고 갑시다" 는 소리가 곳곳에서 터져 나왔다.

속초와 설악동으로 갈라지는 삼거리인 물치에서 저녁을 먹기로 했다. 이 때 벌써 두사람이 마주 들어야 하는 중환자가 생기기도 했다. 소주병과 오징어를 자신의 로고로 삼고 있는 스쿠버 다이빙의 귀재 장건웅 대원이 바로 장본인이다.

이튿날 아침 모두 다 멀쩡한 얼굴로 일어나긴 했지만 긴 산행은 무리였다. 목표를 울산바위로 잡았다. 그러나 그것도 적설량이 많아 대부분 비선대에 퍼질러 앉아 버렸다.

이 때 박 대장이 서브 색에서 가스 버너와 프라이팬을 끄집어 내 그가 근무하는 영남대 축산대에서 직접 만든 베이컨을 굽기 시작했다. 원래 베이컨은 얇게 썰어야 제 맛을 내는데 도마도 없고 칼도 잘 들지 않아 뭉텅 뭉텅 썬 베이컨이었지만 워낙 달려드는 손이 많아 구워 내기가 바빴다. 그런데 그것이 사고를 내고 말았다.

속살까지 익지 않은 베이컨과 눈 속에 박혀 있던 꽁꽁 얼은 맥주가 서로 만남전을 가졌으니 배탈이 날 수밖에…. 대원 2명이 심한 복통을 일으키고 말았다. 박 대장의 대구고 1년 선배인 '99대구고 안나프르나 원정대 단장을 맡았던 조영길 대원과 'TK' 란 별명을 가지고 있는 이태균 대원이 바로 그들. 특히 'TK' 는 행사가 끝난 후에도 병원에 입원하여 치료를 받기도 했다.

이 날 설악동 주차장에선 실로 진풍경이 벌어졌다. 맥주는 눈 속에 박스 채로 얼어 있었고 약간씩 취한 대원들 중 몇몇은 아랫도리를 드러낸 채 반나의 춤을 추었으니까.

환자 2명을 싣고 동해안을 따라 내려오는 버스는 여전히 술통 신세를 면치 못했다. 이 행사의 주역을 맡은 김특희 대원(히말라야 얄룽캉 원정대장)의 "약간의 주안상을 마련하겠습니다" 란 아나운스와 함께 부두의 시장마다 들러 날 오징어 등 회꺼리를 상자 채로 실어 올렸으나 싫다는 대원은 한 사람도 없었다.

한가위를 맞은 서라벌 사람들이 "더도 말고 덜도 말고 오늘만 같아라" 라고 했디지만 그 날 우리가 탔던 술통버스의 대원들도 "오늘만 같아라" 라고 속으로 중얼거렸을 것이다.

지금부터 15~16년 전 남해 우도에서 있었던 일이다. 하루는 여름 휴가철을 맞아 박 대장과 이대웅 씨가 사무실로 찾아왔다.

대뜸 욕지도 또는 연화도 근처의 작은 섬으로 스쿠버 다이빙을 가는 대원 명단을 짜자는 것이었다.

그래서 한국탐험협회 회장 고 장갑득 교수(당시 영남대)를 단장으로 고 김경환 씨(매일신문 주간국장), 고 도대경 씨(경북산악회), 고 박원 씨(경북산악회), 고 박훈 씨(박원 씨의 동생), 장건웅 씨(스쿠버 다이버), 전종학 씨(대구등산학교 운영위원장), 도명호 씨(대구시경 근무) 등과 우리 셋까지 대원은 11명으로 늘어났다.

8월 어느날 우리는 출발했다. 스쿠버 장비에 렁을 13개나 싣고 당시 충무를 거쳐 욕지도에 도착했다. 다시 욕지도에서 작은 통통배를 빌려 연화도를 거쳐 선장의 안내를 받아 상노대도로 들어갔다. 처음 우리가 배에서 내리자 우호적 태도를 보이던 주민들은 숙소로 마을 회관까지 빌려주겠다고 약속했다. 그러나 우리가 갖고간 13개의 공기통을 보더니 상륙 허가를 취소해 버리고 무조건 바다로 내몰았다.

상노대에서 쫓겨난 우리들은 다시 선장이 소개하는 우도로 들어갔다. 상노대의 경험을 거울삼아 장 대장과 김 국장이 미리 술 몇 병을 들고 우도의 마을 이장을 찾아가 며칠간의 민박을 청했다. 다행하게도 이장은 우도초등학교의 교실을 무상으로 빌려주어 2박3일 간의 여름휴가는 이 곳 우도에서 멋지게 보낼 수 있었다.

우도에서 한 일은 첫째가 술마시기였으며, 둘째도 마시는 일 뿐이었다. 우리가 섬으로 들어갈 때 싣고 갔던 소주 3박스와 맥주 2박스는 하룻밤 자고 나니 단 한 병도 남지 않았다. 그 때 우리는 아침밥을 먹고 나면 바다로 작살사냥을 나갔는데 렁 13개를 모두 소비했어도 조과는 시원치 않아 회꺼리 생선은 마을 주민들이 잡아온 잡어로 충당하기에 바빴다.

지금 생각해도 우도에 대한 기억은 술 마신 것밖에 없다. 그런데도 마음 한 구석에는 그 곳에 다시 한번 가고 싶은 섬으로 깊게 각인되어 있다. 당시 대원들 중 이미 다섯 사람은 고인이 되었고 겨우 여섯만 남았으니 우리 모두는 세월의 무상함을 절감하고 있다.

그나 저나 이제 박 대장도 불과 몇 년 안 있어 갑년을 맞는다. 신 새벽에 뜨는 태양을 보면 탯줄이 자신을 품고 있던 바다에 붙어 떨어지지 않으려고 버둥대지만 지는 해는 언제 서산으로 넘어갔는지 눈여겨 보지 않으면 잘 알지 못한다. 붉은 노을 기운만 적막을 이루다가 어둠을 불러올 뿐이다.

우리 인생도 이와 같다. 남아 있는 생이 과연 몇 년일지, 오늘 우리가 맞고 있는 이 겨울을 앞으로 몇 번 더 즐길 수 있을지는 아무도 모른다. 그러나 우리가 어린 시절부터 그렇게 지내온 것처럼 산에도 가고 물에도 가면서 끈끈한 우의가 변하지 않은 것만 해도 큰 다행이다. 모쪼록 히말라야 설산에서 다친 한 쪽 눈의 시력이 희생되기는 어렵겠지만 남아 있는 외눈으로라도 이 세상의 아름다운 풍경과 만날 때마다 웃음이 저절로 나오는 이쁜 사람들을 많이 많이 볼 수 있도록. 그리고 아침에 일어나서 만나는 나날이 즐거움의 연속이 되도록 빌어 본다.

具 活(전 매일신문 논설위원)

77 KEE 셰르파를 한국으로 초청하다.

내가 그 옛날 군용건빵을 먹으며 산에 다니는 어려웠던 시절이 그리워 한권의 책으로 엮었는지 모른다. 현대문명의 풍요로움은 오히려 그 삶에 지친 사람들이 더 많이 산에 오르게 하는 것 같다. 산악회 이름도 엄청나게 다양하다. 그러나 과연 그들이 산을 오르고 있는 이면에 산은 어떤한가?

자연이 파괴될 뿐 아니라 등산의 이념이 점점 퇴색되어 가고 있는 실정이다. 이제부터 알피니즘을 되찾아 등산의 의미를 한차원 높게 승화시켜 보고 싶은 욕심이다. 그리고 내가 걸어온 아득한 발자취에 산의 진실이 과연 담겨 있었는지 내자신을 돌이켜 반성하고 싶다.

새천년 초 겨울(11월 25일) 출판기념회에 많은 산악인들 가운데 두 사람의 네팔 사람을 초청했다. 기억도 새로운 1977년 9월9일에 베레스트 정상을 눈앞에 두고 영하 수십도가 내려가는 8천7백미터에서 함께 눈구덩 속에 비박(불시노영)을 하면서 죽음의 문턱 앞에 서로 생명을 나눈 앙 푸르바 세르파와 이튿날 꺼져가는 두 생명을 살려내기 위해 사우드 콜(7,985m)에서 산소를 갖고 올라와 사경을 해매는 나의 육신을 ABC 캠프까지 끌고 내려온 그 한 사람이 지금의 내 생명을 부지하게 한 펨버 라마 셰르파다. 이 생명의 은인들을 내 집에 데려와 지구의 끝 모퉁이에서 만년설이 맺어준 인연의 빚을 23년만에 갚고 싶었다.

✦ (참고로 1977년 에베레스트 정상에 고상돈 대원과 함께 오른 펨버 노루부와 베이스 캠프 메니저 락파 텐징은 그 다음해 한국으로 초청되어 정부가 수여하는 훈장을 받았다.)

그러나 안타깝게도 그들이 출판기념회 다음날 아침에 한국에 도착하는 통에 만년설에서 맺은 우정의 불꽃인 『눈속에 피는 에델바이스』출판기념식에 참석한 산악인들에게 소개하고 싶었으나 애석하게 무산되고 말았다. 그 나라의 비행기 사정 때문에 어쩔수 없는 일이었다.

김포 공항에 마중나간 조대행(77KEE 대원)씨는 오랜 세월이 흘러 입국장으로 빠져나오는 두 얼굴을 선뜻 알아보지 못해 사람을 찾느라고 소동을 벌였다고 했다. 다시 국내 여객기를 갈아타고 대구 공항에 도착하는 그들을 "나마스테(안녕하십니까)" 하면서 반갑게 맞이 했다. 라마는 『눈속에 피는 에델바이스』이 책 표지에 자기 모습이 크게 실려있자 무척 좋아했다.

이제는 모두 나이가 들어 원정대의 셰르파에 고용되지 못하고 카트만두에 있는 트레킹회사에 근무하면서 6천미터급의 산만 오르는 처지란다.

앙 푸르바는 영국에 네 번, 펨버 라마는 일본에 네 번씩이나 외국여행 경험이 있어 한국이 처음인데도 낯설지 않다는 듯 함박 웃음을 잃지 않았다. 출판기념회에 참석차 서울에서 내려온 77KEE 김영도 대장과 김병준 대원은 팔공산 기슭에 있는 참샘이라는 음식점에서 두 셰르파를 기다렸다는 듯 23년만의 재회의 기쁨을 나눴다.

한국의 첫날 밤을 우리집에서 보냈다. 셰르파가 아닌 귀한 손님에게 내딸 정완이는 들뜬 마음으로 손님을 맞이하는데 그렇게 분주할 수가 없다. 그 다음날 둘을 데리고 백화점에 가서 요즈음 유행하는 프라다 사파리를 카키색과 검정색으로 하나씩 사줬다. 두 사람은 만족해 했고 펨버 라마는 떠날 때까지 그 옷을 즐겨 입어 아내를 기쁘게 하려는 배려를 보여 주었다.

제주도로 여행을 떠나는 그날 내 심정을 알고 있다는 듯 장건웅 형이 함께 동행 해줘 흐뭇한 여행을 즐길 수 있었다. 바다가 없고 높은 산만이 즐비한 네팔이라 항공편보다 여객선을 이용 망망한 대해를 구경시켜 주고 싶었다. 부산 산사나이 곽수웅(77 KEE) 씨의 배려로 코아 아일랜드(7.000t)호 1등실에 자리잡아 라마가 네팔에서 갖고 온 캐러밴(Caravan)이라는 양주를 마시며 긴 항해를 즐겼다.

　이튿날 제주도 산악연맹 박훈규 부회장의 도움을 받아 한라산 기슭에 자리잡은 고상돈 대원의 비석 앞에 도착하여 머리숙여 명복을 빌며 헌화했다. 세월이 흘러 에베레스트 대원 19명중에 3명(고상돈, 한정수, 전명찬)이 세상을 떠났다고 말해주니 77KEE의 네팔 셰르파 3명도 질병과 교통사고로 사망했다고 진해줘 비석앞에 선 우리들은 세월의 무상함에 눈시울을 적셨다.

　제주시 KAL호텔 앞 해장국집에 들렀을 때 일이었다. 등산복 차림에 검은 얼굴의 두 셰르파를 본 주인여자는 외국에서 돈벌러 온 노무자의 불법 체류자로 비쳤던지 "무슨 일자리를 구하러 왔느냐?" 라고 의아스럽게 묻는다. 곽수웅 씨는 기가찬 듯 "아지매 말 조심하세요 이 사람들이 누군줄 알아요?" 라고 대들자 주인이 멈칫했다. "한국 최초로 에베레스트를 오른 고상돈을 알고 있느냐" 라고 되물었다. 이 고장 사람치고 그를 모를리 없다. "제주도의 영웅" 이라고 대답한다. "바로 이 두 사람이 상돈이를 에베레스트 정상에 올려 보낸 장본인들이야" 라고 말하자 주인여자는 그제서야 깜짝 놀라면서 아들의 공책을 들고 나와 싸인 받으려고 한다. 사람 행색을 보고 인품을 평가하는 주인여자가 보기싫어 밥맛이 떨어졌다.

　제주도에서 여행을 즐기는 동안 선배와 친구(안흥찬, 양하선 회장, 박훈규 부회장)의 푸짐한 대접을 받다 보니 셰르파들은 아침 해장술

에베레스트 사지에서 생명을 지켜 준 셰르파들을 초청하다.(좌·앙 푸르바, 우·펨버 라마)

에서 부터 한번도 먹어 본적이 없는 회로 배를 채우니 "굿모닝 락시(소주)라 아침부터 술을 마신다" 라는 말로 비유하면서 여행의 즐거움을 느끼는 듯 했다. 제주도에서 2박3일의 여행 소감을 묻자 중문단지에 있는 식물원이나 돌고래 쇼 보다 표고 100미터가 조금 넘는 성산포 일출봉이 매우 아름답다고 말한다. 대구로 돌아오는 여객기 창문에 팔공산이 들어오자 "높이가 얼마냐?" 라고 묻는다.

"1.192미터다" 라고 말하니 자기가 사는 쿰중은 3.600미터가 된다고 한다.

내일이면 다정한 친구들이 대구를 떠나 네팔로 돌아가는 마지막 이별의 밤이다. 오늘 만큼은 안방에서 자리를 옮겨 그들의 곁에서 하룻밤을 보내고 싶었다. 긴 여행에 지친 듯 코를 골고 있는 그들

가운데로 파고 들어갔다. 23년 전의 눈구덩이에서 보낸 악몽의 밤이 생각나 앙 푸르바를 꼭 껴안으니 23년 전에 에베레스트의 북쪽 밤하늘에 반짝이는 주먹만한 무수한 별들은 보이지 않고 술취한 내눈동자에는 천장이 오르내리락거려 이불을 걷어차고 내방으로 돌아와 아내 곁에 누워 버렸다.

내가 초대한 손님을 77KEE대원 못지않게 챙겨준 대구직할시 산악연맹 임문현 회장, 백두현 명예회장, 우상택 자문위원, 이상시 부회장, 차재우, 장병호, 김종길 이사, 산과계곡의 강진수 사장, 제일등산사 이창기 사장, 에이스 산악회 박지원 회장 또한 셰르파의 비행기 표를 마련해준 77KEE 장문삼 등반대장과 조대행 씨 등 많은 분들께 감사드린다.

에베레스트에서 못다푼 한을 이 한권의 책과 두 셰르파를 한국으로 초청한 기쁨으로 대신하리라

2000년 12월 17일 늦은 밤.

글쓴이 박상열

박 상 열

1959년 경북학생산악연맹 입회(대구고등학교 1년)
1964년 경북산악회 입회
1971년 로체 샬(8,383m) 등반대원
1977년 에베레스트(8,848m) 등반부대장(대한산악연맹)
　　　 체육훈장 맹호장 수상
　　　 자랑스러운시민상(대구시)수상
1983년 카라코람 K2(8,602m) 정찰대장(대한산악연맹)
1989년 초 오유(8,201m) 원정대장 (대구직할시 산악연맹)
　　　 대통령 표창
1992년 아콩카쿠아(6,985m) 원정대장(대구직할시 산악연맹)
1999년 캉첸중가(8,586m) 원정부단장 (대한산악연맹)
2000년 에베레스트(8,848m) 원정단장(대한산악연맹)
　　　 현 대한산악연맹 부회장
　　　 현 대구직할시산악연맹 부회장
　　　 현 영남대학교 직원산악회 회원

눈속에 피는 에델바이스

글쓴이　·　박상열
펴낸이　·　이수용
펴낸곳　·　秀文出版社

2000년 11월 26일 초판 발행
2000년 12월 12일 2판 1쇄
2001년 1월 11일 3판 1쇄

출판등록 1988. 2. 15. 제7-35호
132-033 서울 도봉구 쌍문3동 103-1
994-2626, 904-4774 Fax 906-0707
e mail 3mmount@chollian.net

ISBN 89-7301-073-5